Roger J. Tayler

**Sterne**

Aufbau und Entwicklung

# Spektrum der Astronomie

C. Payne-Gaposchkin, Sterne und Sternhaufen
R. J. Tayler, Sterne. Aufbau und Entwicklung
R. J. Tayler, Galaxien. Aufbau und Entwicklung

*Beratendes Komitee*
Prof. Dr. Michael Grewing, Tübingen
Prof. Dr. Rudolf Kippenhahn, München
Dr. Hans Michael Maitzen, Wien
Prof. Dr. Karl Rakos, Wien
Prof. Dr. Roman U. Sexl, Wien
Dr. Werner W. Weiss, Wien

*Herausgeber dieses Bandes*
Dr. Hans Michael Maitzen, Wien

Roger J. Tayler

# Sterne
Aufbau und Entwicklung

Mit 89 Bildern

Übersetzt von Hans Michael Maitzen

Friedr. Vieweg & Sohn    Braunschweig/Wiesbaden

CIP-Kurztitelaufnahme der Deutschen Bibliothek

**Tayler, Roger J.:**
Sterne: Aufbau u. Entwicklung/Roger J. Tayler.
Übers. von Hans Michael Maitzen. [Hrsg. dieses Bd.
Hans Michael Maitzen]. — Braunschweig; Wiesbaden:
Vieweg, 1985.
  (Spektrum der Astronomie)
  Einheitssacht.: The stars ⟨dt.⟩
  ISBN 3-528-08463-4


Dieses Buch ist die deutsche Übersetzung von

R. J. Tayler

The Stars: their structure and evolution

First published 1970 by Wykeham Publications Ltd., London.
Reprinted 1972, 1974 and 1978 (with minor corrections)
© 1978 R. J. Tayler


Alle Rechte an der deutschen Ausgabe vorbehalten
© Friedr. Vieweg & Sohn Verlagsgesellschaft mbH, Braunschweig 1985

Die Vervielfältigung und Übertragung einzelner Textabschnitte, Zeichnungen oder Bilder, auch für Zwecke der Unterrichtsgestaltung, gestattet das Urheberrecht nur, wenn sie mit dem Verlag vorher vereinbart wurden. Im Einzelfall muß über die Zahlung einer Gebühr für die Nutzung fremden geistigen Eigentums entschieden werden. Das gilt für die Vervielfältigung durch alle Verfahren einschließlich Speicherung und jede Übertragung auf Papier, Transparente, Filme, Bänder, Platten und andere Medien.

Umschlaggestaltung: Horst Dieter Bürkle, Darmstadt
Satz: Vieweg, Braunschweig
Druck und buchbinderische Verarbeitung: Wilhelm + Adam, Heusenstamm
Printed in Germany


ISBN 3-528-08463-4

# Inhaltsverzeichnis

Vorwort ............................................... VI

Zusammenstellung wichtiger Symbole und Größen ............ VIII

1 Einführung ........................................... 1

2 Die beobachteten Eigenschaften der Sterne ............... 9

3 Die Gleichungen des Sternaufbaus ....................... 52

4 Die Physik des Sterninneren ............................ 92

5 Der Aufbau von Hauptreihensternen ..................... 127

6 Die frühe Hauptreihen-Entwicklung und das Alter von Sternhaufen ........................................... 157

7 Die fortgeschrittenen Entwicklungsphasen ............... 189

8 Die Endstadien der Sternentwicklung: Weiße Zwerge, Neutronensterne und Gravitationskollaps ...... 206

9 Schlußfolgerungen und mögliche zukünftige Entwicklungen ... 217

Ergänzungen anläßlich des vierten Nachdrucks der Originalausgabe 224

Anhang Thermodynamisches Gleichgewicht .................. 227

Weiterführende Literatur ................................ 229

Sachwortverzeichnis ..................................... 230

# Vorwort

Viele Zweige der Physik wie Gravitation, Thermodynamik, Atomphysik und Kernphysik tragen zur Bestimmung des inneren Aufbaus der Sterne bei. Die physikalischen Bedingungen sind in Sternen extremer als auf der Erde. Eine erfolgreiche Erforschung ihres Aufbaus sollte zeigen, inwieweit man die auf der Erde erprobten physikalischen Gesetze auf diese Bedingungen extrapolieren kann.
Ein beachtlicher Fortschritt konnte bei der Erklärung der beobachteten Eigenschaften der Sterne bereits erzielt werden, viele Beobachtungen können aber noch nicht vollständig gedeutet werden. Ein Hauptanliegen dieses Buches ist es, den Leser in ein sich entwickelndes Gebiet einzuführen und dabei die Unsicherheiten gegenwärtiger Theorien entsprechend herauszustellen.
Außer in einigen Sonderfällen, wie beispielsweise bei den Einheiten Parsec und Elektronenvolt, werden alle numerischen Größen in SI-Einheiten angegeben. Eine Liste der wichtigeren in diesem Buch benützten Symbole und ein Verzeichnis der numerischen Werte physikalischer Konstanten (mit der benötigten Genauigkeit) findet man auf den nachfolgenden Seiten. Da dies vermutlich das erste astronomische Buch ist, das SI-Einheiten benützt, muß sich der Leser darauf einstellen, in anderer Literatur c.g.s.-Einheiten anzutreffen.
Viele Autoren haben zu unserem gegenwärtigen Wissensstand in der Sternentwicklung beigetragen, es erscheinen aber nur wenige Namen im Text, da es unmöglich ist, entsprechende Erwähnungen bei jedem Beitrag zum Gegenstand in einem Buch dieses Umfangs anzubringen. Die meisten meiner Diagramme beruhen auf den Resultaten anderer Astronomen, weswegen ich ihnen zu Dank verpflichtet bin. Mein Dank gilt D. H. Meyer für das Anfertigen der Abbildungen und Frau Pearline Daniels für die sorgfältige Herstellung des Manuskriptes. In besonderer Weise danke ich meinen "schoolmaster"-Mitarbeiter, Alan Everest, für zahlreiche Anregungen, die zu wesentlichen Verbesserungen in diesem Buch geführt haben.

**Bemerkung zum vierten Nachdruck der Originalausgabe (1978)**

Obwohl dies nicht eine zweite Herausgabe darstellt, habe ich die Gelegenheit wahrgenommen, einige Änderungen oder Erklärungen im Text anzubringen und einen neuen Abschnitt anzuschließen, in dem einige der bedeutendsten Weiterentwicklungen der Thematik seit 1970 kurz erwähnt werden.

Lewes, Januar 1978 *R. J. Tayler*

# Zusammenstellung wichtiger Symbole und Größen

**Verzeichnis wichtiger Symbole**

| | |
|---|---|
| $A$ | Anzahl der Nukleonen im Kern |
| $B_\nu(T)$ | Planck-Funktion (Plancksche Strahlungsformel) |
| $E$ | Energie |
| $i$ | Neigungswinkel einer Doppelsternbahn |
| $L$ | Leuchtkraft |
| $m$ | scheinbare Helligkeit (S. 14), Molekulargewicht (S. 63), mittlere Teilchenmasse (S. 64), Massenanteil (S. 130) |
| $M$ | absolute Helligkeit (Größe) (S. 20), Masse (S. 56) |
| $n$ | Anzahl von Teilchen pro Kubikmeter |
| $N$ | Anzahl der Neutronen im Kern |
| $P$ | Periode eines Doppelsternes (S. 25), Druck (S. 55) |
| $Q$ | Kernbindungsenergie |
| $r$ | Entfernung vom Sternmittelpunkt |
| $t$ | Zeit |
| $T$ | Temperatur |
| $T_e$ | effektive Temperatur |
| $u$ | thermische Energie pro Masseneinheit |
| $U$ | gesamte thermische Energie eines Sternes |
| $U, B, V$ | lichtelektrische Sternhelligkeiten |
| $X, Y, Z$ | Massenanteile von Wasserstoff, Helium und den schwereren Elementen |
| $Z$ | Anzahl der Protonen im Kern |
| $\gamma$ | Verhältnis der spezifischen Wärmen |
| $\epsilon$ | Energiefreisetzungsrate (Energieerzeugungsrate) |
| $\kappa$ | Opazität |
| $\lambda$ | Wellenlänge |
| $\mu$ | mittleres Molekulargewicht |
| $\nu$ | Frequenz |
| $\omega$ | Winkelgeschwindigkeit |
| $\Omega$ | potentielle Gravitationsenergie |

Die Indizes c, s und $\odot$ beziehen sich auf die Werte beim Mittelpunkt bzw. an der Sternoberfläche bzw. auf solare Werte.

## Fundamentale physikalische Konstanten

| | | |
|---|---|---|
| $a$ | Konstante der Strahlungsdichte | $7{,}55 \cdot 10^{-16}\,\mathrm{J\,m^3\,K^{-4}}$ |
| $c$ | Lichtgeschwindigkeit | $3{,}00 \cdot 10^8\,\mathrm{m\,s^{-1}}$ |
| $G$ | Gravitationskonstante | $6{,}67 \cdot 10^{-11}\,\mathrm{N\,m^2\,kg^{-2}}$ |
| $h$ | Plancksche Konstante | $6{,}62 \cdot 10^{-34}\,\mathrm{J\,s}$ |
| $k$ | Boltzmannkonstante | $1{,}38 \cdot 10^{-23}\,\mathrm{J\,K^{-1}}$ |
| $m_e$ | Elektronenmasse | $9{,}11 \cdot 10^{-31}\,\mathrm{kg}$ |
| $m_H$ | Masse des Wasserstoffatoms | $1{,}67 \cdot 10^{-27}\,\mathrm{kg}$ |
| $N_A$ | Loschmidt-Avogadrosche Zahl | $6{,}02 \cdot 10^{23}\,\mathrm{mol^{-1}}$ |
| $\sigma$ | Stefan-Boltzmannsche Strahlungskonstante | $5{,}67 \cdot 10^{-8}\,\mathrm{W\,m^{-2}\,K^{-4}}$ |
| $\mathscr{R}$ | Gaskonstante $(k/m_H)$ | $8{,}26 \cdot 10^3\,\mathrm{J\,K^{-1}\,kg^{-1}}$ |

## Astronomische Größen und Einheiten

| | | |
|---|---|---|
| $L_\odot$ | Leuchtkraft der Sonne | $3{,}90 \cdot 10^{26}\,\mathrm{W}$ |
| $M_\odot$ | Masse der Sonne | $1{,}99 \cdot 10^{30}\,\mathrm{kg}$ |
| $r_\odot$ | Radius der Sonne | $6{,}96 \cdot 10^8\,\mathrm{m}$ |
| $T_{e\odot}$ | effektive Temperatur der Sonne | $5780\,\mathrm{K}$ |
| Parsec | (Entfernungseinheit) | $3{,}09 \cdot 10^{16}\,\mathrm{m}$ |

# Kapitel 1
## Einführung

Dieses Buch befaßt sich mit dem Aufbau und der Entwicklung, also mit der Lebensgeschichte der Sterne. Es soll zeigen, wie man aus den Beobachtungen stellarer Eigenschaften und den Erkenntnissen vieler Zweige der Physik unter Einsatz entsprechender mathematischer Verfahren ein unserer Meinung nach gutes Grundverständnis dieses Themas erhält. Da die Sterne so weit von uns entfernt sind, erscheint es uns zunächst verwunderlich, etwas über ihre physikalischen Eigenschaften, ihren inneren Aufbau und sogar über ihre Entwicklung erfahren zu können. Die Massen und Radien von einigen wenigen Sternen kann man direkt (= geometrisch) bestimmen, aber bei den meisten Sternen ist die einzige Informationsquelle das Licht (Spektrum), das wir von ihnen empfangen. Es gibt Aufschluß über die Temperatur, die chemische Zusammensetzung der *äußersten Sternschichten* und den gesamten Lichtausstoß (*Leuchtkraft*) der Sterne. Wir erhalten hingegen keinen direkten Hinweis über die physikalischen Bedingungen im Inneren der Sterne, ausgenommen vielleicht durch die im Sonnenzentrum ausgestrahlten Neutrinos (Kapitel 4 und 6), die bis zur Erde gelangen und dort nachgewiesen werden könnten. Die gesamte den Beobachtungen entnehmbare Information erscheint uns zu gering, um den inneren Aufbau der Sterne zu einem bestimmten Zeitpunkt verstehen zu können. Für gänzlich ausgeschlossen würden wir es demnach halten, auch noch die Entwicklungsgeschichte des Sternaufbaus ableiten zu können, weil diese normalerweise in Zeiträumen von Millionen und Milliarden Jahren abläuft. Es gibt zwar einige Fälle, bei denen man die (Weiter-)Entwicklung eines Sterns beobachten konnte, sie können aber kaum als Beispiele normaler Sternentwicklung angesehen werden. Manche Sterne zeigen Massenverlust, andere ändern ihre Helligkeit, und gelegentlich explodiert auf dramatische Weise ein Stern als Supernova, aber bei normalen Sternen können wir keine Veränderung ihrer Eigenschaften feststellen.

Im Fall der Sonne, des uns am nächsten gelegenen Sterns, bedarf es keiner tiefschürfenden Argumente dafür, daß ihre Entwicklung tatsächlich sehr langsam vor sich gehen muß. Eine kleine Veränderung im Verhalten der Sonne würde ausreichen, um die Erde für Menschen unbewohnbar zu machen, und doch gibt es Menschen auf der Erde seit Hunderttausenden, wenn nicht Millionen von Jahren. Aus der Geologie wissen wir, daß die Erdkruste schon seit einigen Milliarden Jahren fest gewesen sein muß und daß sich die Leuchtkraft der Sonne in dieser Zeit nicht wesentlich geändert haben kann. Das gibt uns eine Vorstellung von der Länge der Zeit, die mit der Entwicklung der Sonne verknüpft ist. Wir werden später sehen, daß sich massereichere Sterne schneller entwickeln, aber selbst dann haben wir es noch mit Zeitabläufen von über einer Million Jahren zu tun.

Wie also können wir in dieser Frage dennoch weiterkommen? Wir stützen uns darauf, daß die Physik eine *relativ* einfache Wissenschaftsdisziplin ist, weil sie nur auf einer kleinen Zahl von Grundgesetzen beruht. Wenn wir den inneren Aufbau eines Sterns betrachten, müssen wir uns zunächst mit den Kräften befassen, die ihn im Gleichgewicht halten. Gegenwärtig glauben wir, daß es in der Natur nur vier grundlegende Kräfte gibt (Gravitation, Elektromagnetismus, starke und schwache Wechselwirkung) und daß nur sie für den Sternaufbau verantwortlich sein können. Starke und schwache Wechselwirkung haben nur eine äußerst kurze Reichweite und können große Körper nicht wirksam zusammenhalten. Die Gesamtstruktur eines Sterns wird bestimmt durch die Gravitation, die den Stern zu komprimieren trachtet; ihr wirkt aber der thermische Druck der Sternmaterie entgegen.

Es ist eine wichtige Beobachtungstatsache, daß Sterne kontinuierlich Energie in den Raum abstrahlen. Diese Energie muß von einer Quelle im Sterninneren freigesetzt und von dort zur Sternoberfläche transportiert worden sein. Man könnte zwar zunächst annehmen, die Sterne würden als sehr heiße Körper entstehen und im Lauf der Zeit allmählich abkühlen, aber im Kapitel 3 werden wir sehen, daß dies unvereinbar ist mit der über so lange Zeit gleichbleibenden Leuchtkraft der Sonne. Verwerfen wir diese Annahme, so muß die abgestrahlte Energie der Sterne das Produkt einer Energieumwandlung im Sterninneren sein. Dabei sind Gravitationsenergie, chemische oder nukleare Energie zu berücksichtigen. Bei der genauen Betrachtung des Energieversorgungsproblems der Sonne im Kapitel 3 wird uns klar, daß nur die Kernenergie den Bedingungen entspricht und daß im wesentlichen nur ein Prozeß, nämlich die Um-

wandlung von Wasserstoff in Helium unter Freisetzung der Kernbindungsenergie, den Energienachschub gewährleistet.
Natürlich waren diese Tatsachen, die uns heute einleuchtend erscheinen, nicht immer so klar. Aufbau und Entwicklung von Sternen wurden schon untersucht, bevor noch die Eigenschaften der Kernbindungsenergie vollständig bekannt waren, und es wurde damals angenommen, daß es eine neue, unbekannte Energiequelle geben müsse, wie vielleicht die *vollständige* Annihilation (Verschwinden) von Materie in Strahlung. Früher wurde angenommen, daß die Sternmittelpunkte für den Ablauf von Kernreaktionen nicht heiß genug wären. Damals machte Eddington seinen berühmten Vorschlag, daß sich die Kernphysiker nach einem heißeren Ort umsehen sollten, wenn ihnen die Sternzentren nicht heiß genug wären. Wir werden im Kapitel 4 sehen, daß sich diese Suche durch die Entwicklung der Quantentheorie erübrigte.
Obwohl es nur wenige Grundkräfte der Natur gibt, gestaltet sich die Berechnung des Sternaufbaus keineswegs einfach, weil viele physikalischen Prozesse im Detail berücksichtigt werden müssen. Man braucht mathematische Ausdrücke für die Wirksamkeit vieler Kernreaktionen, die zur Freisetzung von Energie beitragen. Sogar die Umwandlung von Wasserstoff in Helium besteht aus mehreren aufeinanderfolgenden Reaktionen. Die bei den Kernreaktionen freigesetzte Energie muß von ihrem Entstehungsort an die Oberfläche gebracht werden, von wo sie dann in den Raum abgestrahlt wird. Wir müssen daher untersuchen, ob die Energie hauptsächlich durch Wärmeleitung, Konvektion oder Strahlung transportiert wird und welche Prozesse im einzelnen an diesem Energietransport beteiligt sind. Wie schon erwähnt, widersetzt sich der Druck der Sternmaterie der Schwerkraft, die den Stern zu verkleinern trachtet. Es muß also der thermodynamische Zustand der Sternmaterie daraufhin untersucht werden, wie dieser Druck von Temperatur und Dichte abhängt.
Bei der Diskussion über Ursprung und Transport der Strahlung und über den Druck der Sternmaterie werden die Ergebnisse von der chemischen Zusammensetzung des Sterns abhängen. Gewisse Rückschlüsse auf die chemische Zusammensetzung der äußeren Sternschichten können aus dem Auftreten der für ein Element typischen Spektrallinien der Sternstrahlung gewonnen werden, man muß sich dabei aber im klaren sein, daß diese Schichten nicht repräsentativ für die chemischen Zusammensetzung des Sterns im ganzen sein müssen.
Da nur beschränkte Informationen über die Eigenschaften *konkreter* Sterne vorliegen, neigen die theoretischen Astrophysiker eher dazu, die

Struktur eines großen Auswahlbereichs *möglicher* Sterne zu berechnen als die Eigenschaften eines Einzelsterns zu erklären. Nach den heutigen theoretischen Vorstellungen bestimmen im wesentlichen nur wenige grundlegende Eigenschaften den Aufbau und die Entwicklung eines Sterns. Als wichtigste Faktoren betrachtet man seine Masse und seine chemische Zusammensetzung. Dementsprechend berechnet man den Sternaufbau für eine Vielfalt von Wertekombinationen dieser Faktoren. Es erweist sich dann zweckdienlicher zu fragen, ob die Theorie eine Beziehung zwischen den Eigenschaften von Sternen verschiedener Masse und chemischer Zusammensetzung korrekt voraussagt, als zu prüfen, ob sie die nur ungefähr bekannten Eigenschaften eines Einzelsterns reproduziert. Wie wir im nächsten Absatz sehen werden, ist diese Vorgangsweise sehr sinnvoll, weil die beobachteten Eigenschaften der Sterne wichtige Regelmäßigkeiten aufweisen. Von dieser eher statistischen als individuellen Behandlung der Sterne ist die Sonne ausgenommen, weil wir über sie eine Menge detaillierter Informationen besitzen.

Ein Hauptanstoß zur Erforschung der Sternentwicklung geht von der Tatsache aus, daß eine Untersuchung der Sterne, deren Masse, Radius und Oberflächentemperatur wir kennen, ergibt, daß nicht alle Kombinationen dieser Größen gleich wahrscheinlich sind. Radius, Leuchtkraft und Oberflächentemperatur sind nicht voneinander unabhängig, denn die pro Flächeneinheit der Sternoberfläche abgestrahlte Energie hängt im wesentlichen davon ab, wie heiß die Oberfläche ist. Nehmen wir Masse, Leuchtkraft und Oberflächentemperatur als unabhängige Größen an, so können wir sie in zwei unabhängigen Diagrammen zueinander in Beziehung setzen. Es ist üblich, Masse und Leuchtkraft (Bild 1), sowie Leuchtkraft und Oberflächentemperatur (Bild 2) gegeneinander aufzutragen. In beiden Diagrammen liegen die meisten Sterne auf ziemlich schmalen Streifen, und große Bereiche der Diagramme enthalten gar keine Sterne. Man findet z.B., daß Sterne mit höherer Masse im Schnitt höhere Leuchtkraft und höhere Oberflächentemperatur haben als solche mit geringerer Masse. Eine der ersten Aufgaben der Theorie des Sternaufbaus liegt in der Erklärung dieser Gesetzmäßigkeit. Dabei scheint eine annehmbar einfache Erklärung möglich.

Man nimmt an, daß die drei Hauptfaktoren, welche die Eigenschaften eines Sterns bestimmen, seine *Masse*, seine *chemische Zusammensetzung (zur Zeit seiner Entstehung)* und sein *Alter* sind. Eine Komplikation bei der Beobachtung tritt dadurch ein, daß sich die Sterne in unterschiedlicher Entfernung von unserer Erde befinden und daß ferner staub-

*Einführung*

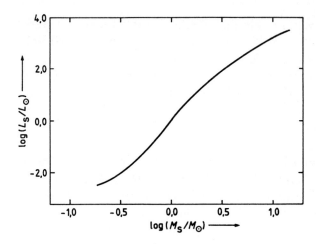

**Bild 1**

Masse-Leuchtkraft-Beziehung. Die Leuchtkraft $L_S$ ist gegen die Masse $M_S$ aufgetragen. $L_\odot$ und $M_\odot$ sind die Leuchtkraft bzw. die Masse der Sonne. Sterne mit genau bekannter Leuchtkraft und Masse liegen nahe der gezeigten Kurve.

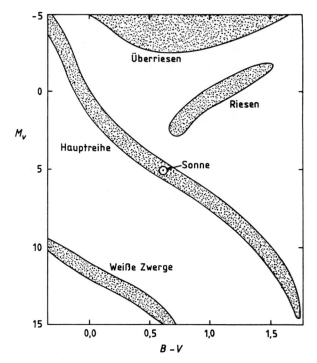

**Bild 2**

Hertzsprung-Russell-Diagramm der nahen Sterne. Die visuelle Größe $M_V$ ist aufgetragen gegen den Farbindex $B-V$. Die meisten Sterne sind in vier wohldefinierten Gruppen anzutreffen. ($M_V$ ist proportional $-\log L_S$ und $B-V$ steht in Beziehung zur Oberflächentemperatur entsprechend der Tabelle 1, Seite 19.)

förmige, interstellare Materie wie eine Art Nebel das Licht der Sterne schwächt. Jeder Versuch, die Eigenschaften jener Gruppe von Sternen zu interpretieren, für die wir gute und detaillierte Beobachtungsdaten besitzen, wird auch dadurch erschwert, daß die Sterne unterschiedliche Masse, chemische Zusammensetzung und Alter haben. Leichter wird die Sache dadurch, daß wir Sterne betrachten, die in den sogenannten Sternhaufen liegen. Diese sind echte physische Gruppierungen und nicht nur zufällige Anhäufungen von Sternen, die sich zwar in der gleichen Himmelsgegend, aber in sehr unterschiedlichen Entfernungen befinden. Bei einem kompakten Haufen kann man annehmen, daß sich von den oben erwähnten fünf Faktoren, die das Erscheinungsbild eines Sterns beeinflussen, vier – nämlich ursprüngliche chemische Zusammensetzung, Alter, Entfernung und verdunkelnde Materie in der Sichtrichtung – von Stern zu Stern nur schwach unterscheiden. Ist diese Hypothese richtig, *dann liegt der Hauptgrund für die großen Unterschiede der beobachteten Sterneigenschaften in der Tatsache, daß die Sterne unterschiedliche Massen besitzen.* Dies ist bis heute die Grundlage der meisten Forschungsarbeiten über Sternentwicklung und wird im Kapitel 6 behandelt werden. Natürlich variieren die fünf genannten Faktoren von Stern zu Stern, aber alles weist darauf hin, daß die Unterschiede in der Masse am wichtigsten sind.

Wir haben bereits erwähnt, daß sich die Eigenschaften der Sonne gegenwärtig nur sehr langsam ändern. Wir glauben darüber hinaus, daß die langsame Veränderung der beobachteten Eigenschaften charakteristisch ist für jene Entwicklungsphase, bei der im Sterninneren Wasserstoff in Helium umgewandelt und dabei jene Energie frei wird, die der Stern ausstrahlt. Diese langsame Entwicklung verhindert die Beobachtung von Veränderungen in den Sterneigenschaften. Andererseits hat sie eine sehr nützliche Konsequenz für die Theorie des Sternaufbaus. Da die Phase des Wasserstoffbrennens so lange dauert, befindet sich der Stern in einem Zustand, der von seiner Vorgeschichte nahezu unabhängig ist. Das ist deshalb wichtig, weil es bis heute noch keine vollständige Theorie darüber gibt, wie Sterne entstehen. Wäre die Untersuchung von Sternaufbau und -entwicklung abhängig vom Vorhandensein umfassender Theorien über die Sternentstehung, so wären Fortschritte auf diesem Gebiet viel langsamer erzielt worden. Glücklicherweise war es aber möglich, das Wasserstoffbrennen als erste Phase der Sternentwicklung anzusehen.

Obwohl die grundlegenden physikalischen Prozesse wie Energietransport und -freisetzung seit 30 Jahren bekannt sind und Sternaufbaurechnungen schon durchgeführt wurden, bevor noch alle physikalischen Prozesse verstanden waren, konnte die Sternentwicklung erst in den letzten Jahren im Detail studiert werden. Die dafür benötigten Großrechner sind erst seit ungefähr zehn Jahren verfügbar. Nur mit ihrer Hilfe können die Gleichungen des Sternaufbaus und der Sternentwicklung unter Berücksichtigung der gesamten Physik des Sterninneren gelöst werden. Durch den Einsatz schneller Großrechner konnte nämlich plötzlich eine große Zahl von Einzelheiten in den Studien berücksichtigt werden. Dies bedeutet jedoch nicht, daß es keinen Sinn hat, weniger detaillierte Rechnungen anzustellen, bei denen genäherte Werte für manche physikalischen Größen verwendet werden, um die Gleichungen leichter behandeln zu können. Denn man kann den allgemeinen Trend von Leuchtkraft und Oberflächentemperatur als Funktion der Masse aufgrund vereinfachter physikalischer Gesetze verstehen (Kapitel 5). Dennoch bedarf jeder eingehende Vergleich zwischen Theorie und Beobachtung der Verwendung genauer mathematischer Ausdrücke für die physikalischen Gesetze. Wir wollen betonen, daß dieses Buch einen in der Entwicklung befindlichen Themenkreis und nicht ein Gebiet behandelt, von dem wir schon alles verstehen. Noch gibt es bedeutende Lücken in unserem Wissen. Ich stelle dies absichtlich heraus, weil ich nicht vorgeben möchte, sie würden gar nicht existieren. Dennoch können wir das gute Gefühl haben, ein allgemeines Verständnis unseres Themas zu besitzen, und annehmen (vielleicht irrigerweise), daß künftige Änderungen nur Einzelheiten und nicht die großen Grundzüge betreffen.

Dieses Buch soll auch eine Vorstellung davon vermitteln, wie Wissenschaftler ein Problem angehen. Wenn ein Aufgabenbereich abgeschlossen ist, könnte man seine Entwicklung völlig logisch darstellen, wobei sich jeder Schritt zwanglos aus dem vorherigen ergäbe. Dies ist aber nicht der Fall, wenn ein Gebiet noch in Entwicklung begriffen ist. Die Situation gleicht dann eher einem Puzzle-Spiel: Einzelstücke müssen versuchsweise zusammengesetzt und die Konsequenzen vieler Vermutungen durchprobiert werden. Teile werden unabhängig von anderen untersucht in der Hoffnung, daß sie ohne Schwierigkeiten in das sich später ergebende Ganze hineinpassen werden. Dies gilt für einige Kapitel dieses Buches, vor allem für den Inhalt der Kapitel 7 und 8.

Jetzt schon sollte klar sein, daß die Erforschung des Sternaufbaus Kenntnisse aus vielen Bereichen der Physik voraussetzt, z.B. aus Atomphysik, Kernphysik, Thermodynamik und Gravitation. Andererseits ist zu betonen, daß unser Gebiet nicht nur physikalische Grundlagen heranzieht, sondern auch zur Entwicklung von physikalischen Erkenntnissen anregt. Wie später erwähnt, wurden z.B. Entwicklungen in der Kernphysik stimuliert durch die Notwendigkeit, die Gesetze der Energiefreisetzung im Sterninneren beschreiben zu können. Die Untersuchung der Endstadien der Entwicklung massiver Sterne hat Interesse für das Verhalten des Gravitationsgesetzes in Materie extrem hoher Dichte geweckt. Die physikalischen Gesetze, wie wir sie verstehen, wurden aus Versuchen auf der Erde und ihrer Umgebung abgeleitet. *Wenn wir Sterne und ferne Bereiche des Universums studieren, nehmen wir an, daß die Gesetze der Physik unveränderlich sind und überall im Universum gleiche Gültigkeit besitzen.* Dies könnte eine falsche Annahme sein; wir müssen daher beim Versuch, astrophysikalische Phänomene mit bestehenden physikalischen Gesetzen zu erklären, im Auge behalten, daß dies möglicherweise falsch ist.

Die weitere Gliederung des Buches ist folgende: Beobachtete Eigenschaften der Sterne und Beobachtungstechniken werden kurz im Kapitel 2 beschrieben. Die Gleichungen, die den Sternaufbau bestimmen, werden in Kapitel 3 erörtert. Diese Gleichungen enthalten Größen, deren Zahlenwerte nur aus einer eingehenden Betrachtung der Physik des Sterninneren hervorgehen. Dies ist Gegenstand von Kapitel 4. Im Kapitel 5 folgt der Aufbau von wasserstoffbrennenden Sternen zu Beginn ihrer Entwicklung, wenn Kernreaktionen eben erst begonnen haben, die Energie zu liefern, die dann von den Sternen abgestrahlt wird. Die frühe Entwicklung dieser Sterne wird in Kapitel 6 behandelt, die späteren Entwicklungsstadien in Kapitel 7 und 8. Schließlich werden einige Problemstellungen für künftige Untersuchungen in Kapitel 9 dargelegt.

# Kapitel 2
## Die beobachteten Eigenschaften der Sterne

**Einführung**

Dieses Buch behandelt die Sterne, im besonderen die Eigenschaften von Einzelsternen. Dennoch wollen wir, bevor wir in die Diskussion dieser Eigenschaften eintreten, noch eine allgemeine Beschreibung des Universums geben, in dem sich die Sterne befinden und dessen wichtigste Komponente sie möglicherweise sind. Wir sagen bewußt „möglicherweise". Bis vor einigen Jahren hegte man kaum einen Zweifel daran, daß die Sterne der bedeutendste Bestandteil des Universums sind. Erst vor kurzer Zeit wurde offenbar, daß eine beträchtliche Menge von Materie nicht in Form von Sternen im Universum vorhanden ist. Bei dieser Kurzbeschreibung des Universums soll nicht versucht werden zu erklären, wie die betreffenden Ergebnisse gewonnen wurden. Hingegen wird später im einzelnen dargelegt werden, wie man die Sterneigenschaften aus der Beobachtung ableiten kann.

In einer klaren Nacht kann man mit bloßem Auge einige tausend Sterne beobachten. Man sieht dabei auch eine Himmelsgegend, Milchstraße genannt, die sich aus unzähligen schwachen Sternen großer räumlicher Dichte zusammensetzt. Schon mit einem kleinen Fernrohr wächst die Zahl der erkennbaren Sterne enorm an. Heute weiß man, daß das Sonnensystem einem riesigen flachen Sternsystem angehört, unserer *Galaxis* (oder *Milchstraße*), die wahrscheinlich rund 100 Milliarden Sterne enthält. Schematische Ansichten unserer Galaxis, wie sie sich von außen ergeben würden, zeigen die Bilder 3 und 4. Die Mehrzahl der Sterne in der Milchstraße befindet sich in einer extrem flachen Scheibe, die eine zentrale Verdickung (Kern) besitzt. Dennoch sind Sterne in kleinerer Zahl auch über einen annähernd sphärischen Halo verteilt. Der Durchmesser der Scheibe beträgt ungefähr 100 000 Lichtjahre (1 Lichtjahr entspricht jener Distanz, die vom Licht in einem Jahr zurückgelegt

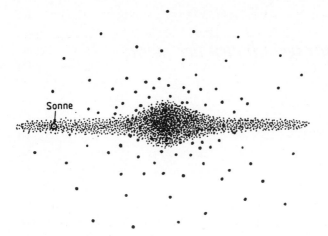

**Bild 3** Schematische Seitenansicht der Milchstraße mit der dünnen galaktischen Scheibe und der Verdickung des zentralen Kernbereiches. Die Lage der Sonne ist durch das Sonnensymbol markiert, die dicken Punkte stellen die Kugelhaufen dar. Die Kugelhaufen gehören zum galaktischen Halo. Die Ausdehnung der Milchstraße beträgt etwa 100 000 Lichtjahre.

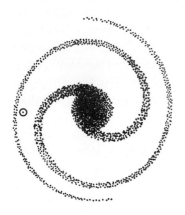

**Bild 4**
Schematische Ansicht der Milchstraße von oben. Die Spiralstruktur ist eingezeichnet, die Lage der Sonne ist durch das Sonnensymbol markiert.

wird, also $9{,}5 \cdot 10^{15}$ m)[1]). Die Scheibe ist nur rund 1000 Lichtjahre dick, woraus man leicht ihre extreme Flachheit sehen kann.

Viele Sterne unserer Galaxis sind Mitglieder von Doppel- oder Mehrfachsystemen. Ein Doppelstern(-System) besteht aus zwei Sternen, die durch ihre gegenseitige Anziehungskraft (Schwerkraft) zusammengehalten werden und Bahnen um ihren Systemschwerpunkt beschreiben.

---

[1]) Diese Einheit wird von professionellen Astronomen selten gebraucht. Sie benützen hauptsächlich das Parsec (Definition auf Seite 21).

*Einführung* 11

Mehrfachsysteme sind größere Sterngruppen, die ebenfalls durch die gegenseitige Schwerkraftwirkung zusammengehalten werden. Weiter unten werden wir sehen, daß viele unserer Erkenntnisse über die Sterne aus dem Studium der Doppelsterne stammen. Es ist klar, daß sich jeder Stern in unserer Milchstraße unter dem Einfluß der von allen anderen Sternen auf ihn ausgeübten Schwerkraft bewegen muß. Wenn aber ein Stern keine nahegelegenen Nachbarn hat, wird er sich für lange Zeitabschnitte mehr oder weniger geradlinig fortbewegen. Viele Sterne sind Mitglieder größerer Untersysteme, der sogenannten Sternhaufen, deren Existenz wichtig ist für die Themenstellung dieses Buches. Man unterscheidet zwei Haupttypen, die kugelförmigen und die offenen Sternhaufen, wenngleich es keine scharfe Trennung zwischen beiden gibt. Typische Erscheinungsformen der beiden Arten sind in Bild 5 und 6 dargestellt. Kugelförmige Sternhaufen (kurz: Kugelhaufen) sind kompakt und kreisförmig, sie sind über die ganze Galaxis und ihren Halo verteilt, es gibt wenigstens 100 von ihnen und sie enthalten jeweils zwischen hunderttausend und einer Million Sterne. Die offenen Sternhaufen (kurz: offene Haufen) enthalten viel weniger Sterne. Sie liegen zur Milchstraßenebene konzentriert und heißen „offen" wegen ihres eher diffusen, kaum kompakten Erscheinungsbildes. Wir kennen ein paar hundert offene Sternhaufen.

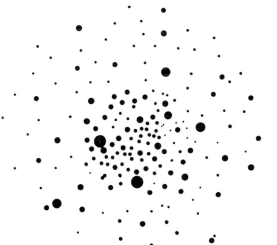

**Bild 5**

Verteilung der Sterne in einem Kugelhaufen. Die hellsten Sterne sind größer gezeichnet als sie in einer Fotografie erscheinen würden.

Bild 6
Verteilung der Sterne in einem offenen Sternhaufen

Wie Bild 4 zeigt, besitzt die Scheibe der Milchstraße eine Spiralstruktur. Viele der hellsten Sterne in der Galaxis werden in oder nahe bei Spiralarmen gefunden. Die Milchstraße enthält neben Sternen auch Wolken von Gas und Staub, die ebenfalls in den Spiralarmen konzentriert sind und einen Anteil von ungefähr 1/20 bis 1/10 an der Gesamtmasse haben. Das interstellare Gas ist das Ausgangsmaterial für die Entstehung von Sternen. Die hellen Sterne in den Spiralarmen sind solche, die sich erst vor relativ kurzer Zeit (bezogen auf die Lebenszeit der Galaxis) gebildet haben. Man kann sich leicht vorstellen, daß sie daher noch in enger Verbindung mit der interstellaren Materie stehen, aus der sich noch heute Sterne bilden.

Früher glaubte man, daß die Milchstraße dem ganzen Universum gleichzusetzen wäre, obwohl man schon Objekte kannte, die als Spiral- und elliptische Nebel bezeichnet wurden und deren Position in der Milchstraße unklar war. Mittlerweile weiß man, daß diese Nebel ebenfalls Galaxien sind und daß einige der Spiralnebel unserer Galaxis sehr ähnlich sind. Man hat Galaxien bis zu Entfernungen von einigen Milliarden Lichtjahren beobachtet. Das bedeutet, daß es bei einer typischen gegenseitigen Entfernung von einigen Millionen Lichtjahren viele Millionen Galaxien geben muß. Die Sterne in diesen Galaxien sind ähnlich den Sternen unserer eigenen Galaxis. Die Theorie des Sternaufbaus, die in diesem Buch behandelt wird, sollte auch auf alle von ihnen anwendbar sein, obwohl nur in der unmittelbaren Nachbarschaft in unserer Milchstraße die Eigenschaften der Sterne im Detail beobachtet werden können. Die Diskussion der Eigenschaften aller Galaxien im Universum würde uns bald in eine Diskussion kosmologischer Theorien verwickeln.

Letztere befassen sich damit, ob das Universum einen zeitlichen Ursprung hatte oder ob es schon immer existierte, ob alle Galaxien annähernd gleichzeitig entstanden oder ob noch heute Galaxien entstehen, und mit vielen ähnlichen Fragen. Wir diskutieren nicht Kosmologie in diesem Buch, und tatsächlich ist das Studium der Lebensgeschichte von Sternen in unserer Milchstraße im wesentlichen unabhängig von größeren kosmologischen Fragen.
Kehren wir zurück zur Betrachtung der Eigenschaften von Einzelsternen. Trotz vieler Lücken in unserem Wissen wird sich dabei zeigen, daß ein recht zusammenhängendes Bild von ihnen entsteht.

**Leuchtkraft, Farbe, Oberflächentemperatur**

Den größten Teil der Information über Sterne erhält man aus dem Licht und der übrigen elektromagnetischen Strahlung, die sie emittieren. Die Beobachtung gibt uns Aufschluß sowohl über die *Menge* als auch über die *Qualität* dieses Lichts. Wir können also prinzipiell die Menge der Sternstrahlung messen, die pro Flächeneinheit auf die Erdoberfläche fällt, und wir können untersuchen, wie sich diese Strahlung auf die verschiedenen Wellenlängen verteilt. Viele verschiedene Strahlungsempfangssysteme (Detektorsysteme) sind in Gebrauch. Dazu gehört die Direktfotografie mit einer fotografischen Platte, die in einem ziemlich breiten Wellenlängenbereich empfindlich ist, und der Einsatz von Prismen oder Beugungsgittern zur spektralen Aufspaltung des Lichts, bevor dieses auf die fotografische Platte fällt. Viele Geräte beruhen auf dem lichtelektrischen Effekt, wobei Elektronen nachgewiesen werden, die von einer *lichtempfindlichen Schicht* emittiert wurden. In den meisten Fällen verwendet man Filter, um alles Licht auszusperren, das nicht einem eng begrenzten Wellenlängenbereich entstammt. Dies bezeichnet man als *lichtelektrische Fotometrie schmaler Bandbreite*. Wenn der gesamte Energieausstoß eines Sterns unabhängig von der Wellenlänge gemessen werden soll, verwendet man *Bolometer* oder *Pyrometer*, welche die empfangene Energie in Form von Wärme messen.
Für manche Aufgabenstellungen ist es nützlich oder wichtig, die Strahlung in schmalen Bandbreiten zu messen, während bei anderen Problemen Detektoren mit möglichst breitem Empfindlichkeitsbereich erforderlich sind. Gegenwärtig ist es für den theoretischen Astrophysiker leichter, den gesamten Strahlungsausstoß eines Sterns gegebener Masse und chemischer Zusammensetzung zu berechnen als dessen genaue Verteilung über die Wellenlänge. Für den Vergleich mit der Theorie ist es

daher wünschenswert, die Strahlung in einem möglichst breiten Spektralbereich zu messen, und zwar entweder mittels vieler über den ganzen Bereich verteilter Schmalbanddetektoren oder mit Hilfe eines Bolometers, das den ganzen interessierenden Wellenlängenbereich erfaßt. Im folgenden beziehen wir uns speziell auf zwei Arten der Beobachtung: spektroskopische Beobachtungen, die für die Diskussion der chemischen Zusammensetzung von Sternen wichtig sind, und lichtelektrische Messungen in den drei als U (= ultraviolett), B (= blau) und V (= visuell = gelb) bezeichneten Wellenlängenbereichen, die weiter unten genauer definiert werden.

### Größenklassen

Messungen des von einem Stern empfangenen Lichts drückt man üblicherweise in Größenklassen aus. Diese sind ein logarithmisches Maß für die Helligkeit, wobei die hellsten Sterne den kleinsten Größenklassen entsprechen. Diese Konvention kam dadurch zustande, daß die griechischen Astronomen die dem bloßen Auge zugänglichen Sterne ursprünglich in sechs Größenklassen aufteilten, wobei die erste Größenklasse den hellsten Sternen zugeordnet wurde. Als man im 19. Jahrhundert zum ersten Mal ein quantitatives System einführte, wurde dieses so definiert, daß es so gut wie möglich die alten Messungen wiedergab. Demnach gilt

$$m = \text{const} - 2{,}5 \log L, \tag{2.1}$$

wobei $m$ die Größenklasse und $L$ die Helligkeit (die gesamte empfangene Lichtenergie) im betrachteten Wellenlängenbereich darstellt. Die Konstante dient zur Festlegung des Nullpunkts der Größenklassenskala. Eine solche Größenklassenskala, mit geeignet gewähltem Nullpunkt, ergibt eine gute Übereinstimmung mit den alten Schätzwerten, weil das menschliche Auge nicht direkte (lineare), sondern logarithmische Helligkeitsstufen erfaßt.

Wir halten fest, daß es sich bei der Helligkeit in Gl. (2.1) um die scheinbare Helligkeit handelt, weil sie sich auf die auf der Erde registrierte Strahlungsmenge bezieht. Wenn man die Eigenschaften der Sterne diskutieren will, muß man die scheinbare Helligkeit in die absolute umwandeln. Letztere ist ein Maß für die vom Stern pro Sekunde ausgestrahlte Energie. Um diese Umwandlung durchführen zu können, müssen wir zunächst die Entfernung des Sterns von der Erde kennen. Dann kann man die pro Flächeneinheit auf die Erdoberfläche gelangende

# Größenklassen

Strahlungsmenge mit $4\pi d_*^2$ multiplizieren ($d_*$ ist die Entfernung Stern—Erde). Das allein ist schon schwierig, weil es nicht viele Sterne gibt, deren Distanz direkt gemessen werden kann (siehe die Diskussion weiter unten in diesem Kapitel).

Die Situation kompliziert sich noch dadurch, daß die Sternstrahlung durch Materie gestreut oder absorbiert wird, die sich zwischen uns und dem Stern befindet (Bild 7), und zwar sowohl durch Gas und Staub im interstellaren Raum als durch die Erdatmosphäre. Bis vor kurzem waren astronomische Beobachtungen auf jene Wellenlängenbereiche beschränkt, in denen ein atmosphärisches *Fenster* vorhanden ist (Bild 8). Auf den ersten Blick erscheint es als glücklicher Umstand, vermutlich ist es aber keineswegs ein Zufall, daß das sichtbare *Fenster* der Atmosphäre annähernd mit jenem Spektralbereich zusammenfällt, in dem das menschliche Auge empfindlich ist, und dies jener Bereich ist, in dem die

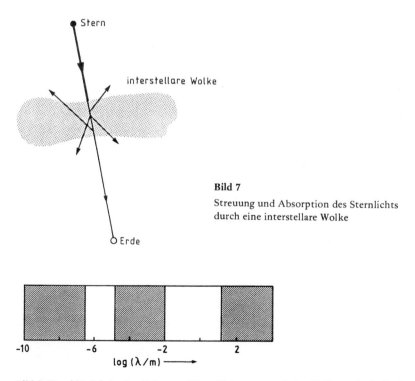

**Bild 7**
Streuung und Absorption des Sternlichts durch eine interstellare Wolke

**Bild 8** Durchlässigkeit der Edatmosphäre. Elektromagnetische Wellen mit Wellenlängen, die den grau gerasterten Bereichen entsprechen, werden fast vollständig in der Erdatmosphäre absorbiert. Dazwischen liegt das sichtbare und das Radiofenster.

Sonne und viele andere Sterne den größten Teil ihrer Strahlung emittieren. Durch die Verfügbarkeit von Raketen, künstlichen Satelliten und die Möglichkeit, Teleskope im Raum über der Erdatmosphäre zu plazieren, wurde die erwähnte Einschränkung wenigstens teilweise beseitigt. Dies gilt aber nicht für den Effekt der interstellaren Materie. Obwohl es möglich ist, ihren Einfluß abzuschätzen, bleiben gewisse Unsicherheiten bestehen.

Wir können eine Gleichung aufstellen, welche die vom Stern emittierte Strahlungsmenge zu der beobachteten in Beziehung setzt. $L_\lambda \, d\lambda$ sei die gesamte Energie, die vom Stern im Wellenlängenbereich zwischen $\lambda$ und $\lambda + d\lambda$ ausgestrahlt wird; dann ist die Leuchtkraft (Gesamtrate der Energieabstrahlung)

$$L_s = \int_0^\infty L_\lambda \, d\lambda. \qquad (2.2)$$

Wäre die Erdatmosphäre und der interstellare Raum für die Strahlung transparent, so würde die Energie, welche pro Sekunde im Bereich $d\lambda$ pro Flächeneinheit auf die Erdoberfläche fällt, $L_\lambda \, d\lambda / 4\pi d_*^2$ betragen. Wir führen eine Größe $t_\lambda$ ein, die Wahrscheinlichkeit, daß Strahlung der Wellenlänge $\lambda$ die Erdoberfläche erreicht, und eine weitere Größe $s_\lambda$, die Empfindlichkeit des benützten Detektorsystems. Dann ist die Energiemenge, die pro Flächeneinheit und pro Sekunde im Wellenlängenintervall $d\lambda$ um die Wellenlänge $\lambda$ empfangen wird,

$$l_\lambda \, d\lambda = L_\lambda \, d\lambda \, t_\lambda \, s_\lambda / 4\pi d_*^2 \qquad (2.3)$$

und die empfangene Gesamtenergie

$$l_s = \int_0^\infty (L_\lambda \, t_\lambda \, s_\lambda / 4\pi d_*^2) \, d\lambda. \qquad (2.4)$$

**Oberflächentemperatur**

Unter der *Qualität* der Strahlung, die von einem Stern ausgeht, verstehen wir ihre Verteilung mit der Wellenlänge bzw. der Frequenz[2]. Ein grobes Maß für die Qualität des Lichts ist dessen Farbe; sie taucht

---

[2] Von nun an werden wir die Strahlung eher als Funktion der Frequenz als der Wellenlänge beschreiben. Beide sind ja durch $\lambda \nu = c$ verknüpft.

oft bei der Bezeichnung von Sternen auf, wenn z.B. von roten Riesen, weißen Zwergen oder blauen Überriesen gesprochen wird. Eine vollständige Beschreibung der Lichtqualität erfordert die Messung von $l_\lambda$ bei allen Wellenlängen. Die Lichtqualität wird nicht von der Entfernung des Sterns beeinflußt, da die Strahlungsmenge bei allen Wellenlängen um denselben geometrischen Faktor $4\pi d_*^2$ reduziert wird. Einen gewissen Einfluß übt hingegen der Dopplereffekt aus, wenn wir es also mit Sternen zu tun haben, die sich mehr oder weniger schnell auf uns zu oder von uns weg bewegen. Obwohl dieser Effekt (= Verschiebung der Spektrallinien ins Blaue bzw. ins Rote) zur Ableitung der radialen Sterngeschwindigkeit verwendet werden kann, hat er einen wesentlichen Einfluß auf die Qualität der Strahlung nur dann, wenn die Geschwindigkeiten mit jener des Lichtes vergleichbar sind. Dies gilt für ferne Galaxien, die sich von uns mit hohen Geschwindigkeiten wegbewegen, nicht aber für Sterne unserer eigenen Milchstraße oder benachbarter Galaxien. Entsprechend der Gl. (2.3) wird die Lichtqualität von Absorption und Streuung (Faktor $t_\lambda$) beeinflußt, und zwar in unterschiedlicher Weise über den ganzen Wellenlängenbereich. Daraus kann man schließen, wieviel auf dem Weg vom Stern zur Erde absorbiert worden ist.

Die Farbe eines Sterns steht in Beziehung zu seiner Oberflächentemperatur, obwohl letztere nicht eindeutig definiert werden kann. Eine Temperatur kann man dann definieren, wenn sich ein System im Zustand des *thermodynamischen Gleichgewichts*[3]) befindet. In diesem Fall ist die Verteilung der Strahlung mit der Frequenz eindeutig durch die Temperatur gegeben und folgt dem *Planckschen Strahlungsgesetz* als *Schwarzer Strahler*. Unter solchen Umständen ist die Menge der Strahlungsenergie, die pro Frequenz- und Zeiteinheit durch eine Einheitsfläche in den Einheitsraumwinkel senkrecht zu dieser Fläche geht,

$$B_\nu(T) = \frac{2h\nu^3}{c^2} \frac{1}{\exp(h\nu/kT) - 1}. \qquad (2.5)$$

$B_\nu$ wird als Planck-Verteilung bei der Temperatur $T(K)$ bezeichnet, $\nu$ ist die Frequenz, $c$ die Lichtgeschwindigkeit ($3 \cdot 10^8\,\mathrm{m\,s^{-1}}$), $h$ ist die Plancksche Konstante ($6{,}6 \cdot 10^{-34}\,\mathrm{J\,s}$) und $k$ die Boltzmann-Konstante ($1{,}4 \cdot 10^{-23}\,\mathrm{J\,K^{-1}}$). In der Praxis verwenden wir häufig das Wort Temperatur auch dann, wenn der Zustand des thermodynamischen Gleich-

---

[3]) Dieser Begriff wird im Anhang erörtert.

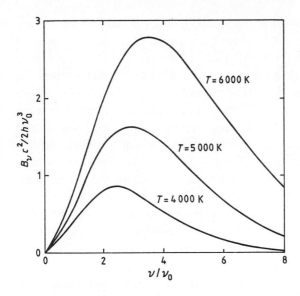

**Bild 9**
Planck-Kurven für drei Temperaturwerte. Die Frequenzen sind auf die Normalfrequenz $\nu_0 = 10^{14}$ s$^{-1}$ bezogen.

gewichts nicht vorliegt. Man benützt es oft als Maß für die mittlere kinetische Energie der vorhandenen Teilchen. Im Fall der Sterne haben wir keine sehr direkte Information über die Teilchen, und wir müssen versuchen, eine Oberflächentemperatur aus der empfangenen Strahlung abzuleiten. Planck-Kurven für drei Werte von $T$ sind in Bild 9 dargestellt. Es gibt Sterne, deren Energieverteilung nicht zu stark von der eines Schwarzen Strahlers abweicht. Für sie läßt sich eine Oberflächentemperatur leicht definieren. Bei anderen ist dies schwieriger. Deswegen benützt man ein weniger subjektives Maß für die Qualität der Strahlung, nämlich einen *Farbenindex* statt der Oberflächentemperatur. Ein Farbenindex ist die Differenz der Größenklassen zweier Wellenlängenbereiche. Im Fall der *UBV*-Fotometrie können wir daher drei Farbendizes *U-B, B-V, U-V* definieren, wobei z.B. das Symbol *U* für die Größenklasse des *U*-Bereichs steht. Die Filter, die für die Isolierung dieser Wellenlängenbereiche (Breite ca. 1000 Å) verwendet werden, sind zentriert auf die Wellenlängen

$$\lambda_U \approx 3650 \text{ Å}, \quad \lambda_B \approx 4400 \text{ Å}, \quad \lambda_V \approx 5480 \text{ Å}. \tag{2.6}$$

Bei einem schwarzstrahlenden Stern läßt sich der Farbenindex direkt zum Logarithmus der Oberflächentemperatur in Beziehung setzen. Im allgemeinen ist er ein genähertes Maß für die Oberflächentemperatur und weniger subjektiv als die Schätzungen der Oberflächentemperatur, weil er eine direkte Meßgröße ist.

## Effektive Temperatur und bolometrische Korrektion

Weiter unten werden wir uns mit dem Vergleich der beobachteten Eigenschaften der Sterne und der Ergebnisse der Lösungen von Sternaufbaugleichungen beschäftigen. Wie schon erwähnt, ist es für den theoretischen Astrophysiker leichter, die Gesamtenergie der Sternstrahlung als ihre Verteilung mit der Frequenz zu berechnen. Die Theoretiker definieren eine *effektive Temperatur* für einen Stern so, daß diese der Temperatur eines Schwarzen Strahlers vom gleichen Radius und gleicher Gesamtstrahlungsenergie entspricht. Die Definitionsgleichung für die effektive Temperatur $T_e$ eines Sterns ist daher:

$$L_s = \pi a c r_s^2 T_e^4 \equiv 4\pi r_s^2 \sigma T_e^4, \qquad (2.7)$$

wobei $r_s$ der Sternradius, $a$ die Konstante der Strahlungsdichte ($7{,}55 \cdot 10^{-16}$ J m$^{-3}$ K$^{-4}$) und $\sigma$ ($= ac/4$) die Stefan-Boltzmannsche Konstante ($5{,}67 \cdot 10^{-8}$ W m$^{-2}$ K$^{-4}$) ist.

Ein Hauptproblem beim Vergleich von Theorie und Beobachtung von Sternen ist die Beziehung von effektiver Temperatur zum Farbenindex oder die Beziehung anderer Schätzwerte der Oberflächentemperatur sowie der bolometrischen Helligkeit zur Größenklasse eines bestimmten Wellenlängenbereiches. Man ist z.B. oft an der Transformation von $(L_s, T_e)$ in $(V, B-V)$ interessiert. Letztlich kann eine solche Transformation nur durch die Messung des Gesamtenergieausstoßes mit Hilfe eines Bolometers oder durch Messung einer großen Zahl von schmalen Wellenlängenbereichen erzielt werden. In der Praxis können solche Beobach-

**Tabelle 1** Die Beziehungen zwischen dem Farbindex $B-V$, der absoluten visuellen Helligkeit $M_V$, dem Logarithmus der effektiven Temperatur und der absoluten bolometrischen Helligkeit $M_{Bol}$ für Hauptreihensterne

| $B-V$ | $M_V$ | $\log T_e$ | $M_{Bol}$ | $B-V$ | $M_V$ | $\log T_e$ | $M_{Bol}$ |
|---|---|---|---|---|---|---|---|
| −0,3 | −4,4 | 4,48 | −7,6 | 0,5 | 3,8 | 3,80 | 3,8 |
| −0,2 | −1,6 | 4,27 | −3,5 | 0,6 | 4,4 | 3,77 | 4,3 |
| −0,1 | 0,1 | 4,14 | −0,8 | 0,7 | 5,2 | 3,74 | 5,1 |
| 0,0 | 0,8 | 4,03 | 0,4 | 0,8 | 5,8 | 3,72 | 5,6 |
| 0,1 | 1,5 | 3,97 | 1,3 | 0,9 | 6,2 | 3,69 | 5,9 |
| 0,2 | 2,0 | 3,91 | 1,9 | 1,0 | 6,6 | 3,65 | 6,2 |
| 0,3 | 2,3 | 3,87 | 2,2 | 1,1 | 6,9 | 3,62 | 6,4 |
| 0,4 | 2,8 | 3,84 | 2,8 | 1,2 | 7,3 | 3,59 | 6,6 |

tungen nur für eine begrenzte Zahl von Sternen durchgeführt werden, aber diese kann man verwenden, um eine empirische Beziehung zwischen effektiver Temperatur und Farbenindex sowie zwischen bolometrischer Größe und visueller Größe aufzustellen, die dann auf andere Sterne angewandt werden kann. Solche Beziehungen für Hauptreihensterne (Definition auf Seite 37) sind in Tabelle 1 wiedergegeben.

**Absolute Größe (Helligkeit)**

Die Definition der Größe(nklasse) in Gl. (2.1) bezieht sich auf die Strahlungsmenge, die pro Flächeneinheit auf der Erdoberfläche empfangen wird. Sie heißt *scheinbare Größe* oder Helligkeit eines Sterns. Wir wollen aber oft eine Größe verwenden, die ein Maß ist für die Gesamtstrahlung eines Sterns. Die *absolute Größe* (Helligkeit) ist gleich der scheinbaren, wenn der Beobachter 10 parsec vom Stern entfernt ist (Definition des Parsec im nächsten Absatz). Beträgt die Distanz eines Sterns $d$ parsec, so gilt folgende Beziehung zwischen seiner absoluten Größe $M$ und seiner scheinbaren Größe $m$:

$$M = m - 5 \log(d/10). \tag{2.8}$$

**Entfernung**

Um scheinbare Größen in absolute zu verwandeln, benötigt man also die Entfernung der Sterne. Für eine relativ kleine Zahl naher Sterne kann man deren Entfernungen trigonometrisch bestimmen. Betrachten wir die Bewegung der Erde um die Sonne (Bild 10). Die Richtung eines nahen Sterns ändert sich relativ zur Position weit entfernter Sterne während des jährlichen Umlaufs der Erde um die Sonne. Ist diese Richtungsänderung meßbar groß, so kann man aus dem Dreieck EE′S′ die Entfernung der Erde (oder Sonne) vom betreffenden Stern bestimmen. Den Winkel zwischen ES′ und SS′ nennt man *parallaktischen Winkel* oder *Parallaxe*. Die allernächsten Sterne haben eine Parallaxe kleiner als 1″, d.h. selbst diese Sterne haben eine sehr große Distanz.

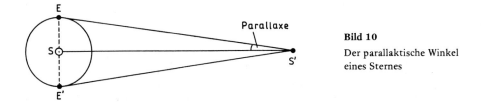

**Bild 10**
Der parallaktische Winkel eines Sternes

# Entfernung

Wegen der Größenordnung astronomischer Entfernungen benützen die Astronomen eine Entfernungsskala, die auf einer Entfernung beruht, bei der die Parallaxe 1″ beträgt. Diese Strecke wird Parsec genannt (abgekürzt: pc) und es gilt:

$$1 \text{ pc} = 3{,}09 \cdot 10^{16} \text{ m} \tag{2.9}$$

oder

$$1 \text{ pc} = 3{,}26 \text{ Lichtjahre.} \tag{2.10}$$

Die erwähnte trigonometrische Entfernungsmeßmethode ist eine vereinfachte, denn es wurde dabei angenommen, daß sich der beobachtete Stern in Ruhe zur Sonne befindet. Tatsächlich befinden sich die Sterne unserer Milchstraße keineswegs in Ruhe zueinander, sondern beschreiben Bahnen in den gegenseitigen Gravitationsfeldern jeweils der anderen Sterne. Die dabei auftretenden Relativgeschwindigkeiten sind von der Größenordnung $10^4$ bis $10^6$ m s$^{-1}$. Wenn ein Stern senkrecht zur Linie SS′ in den sechs Monaten, welche die Erde von E nach E′ benötigt, eine mit der Entfernung EE′ vergleichbare oder größere Wegstrecke zurücklegt (was bei den angegebenen Relativgeschwindigkeiten durchaus möglich ist), so wird die beschriebene Methode zu einer falschen Entfernung führen. Hierbei ist die Bewegung in der Sichtrichtung bedeutungslos, da winzig im Vergleich zur Distanz SS′ selbst bei den nahen Sternen.

Die Bewegungen der Sterne sind aber — ausgenommen jene von engen Doppelsternkomponenten — gleichförmig und geradlinig über Zeiträume von Jahren. Erst nach Tausenden oder Millionen von Jahren würden Abweichungen feststellbar. Daraus folgt, daß man durch Beobachtungen während mehrerer Jahre die Eigenbewegung eines Sterns trennen kann von seiner periodischen (= parallaktischen) Bewegung (Bild 11).

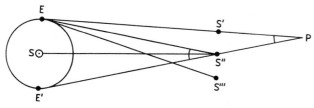

**Bild 11** Die Parallaxe eines bewegten Sternes. Wenn sich die Erde von E nach E′ und zurück nach E bewegt, verschiebt sich der Stern von S′ nach S″ und S‴. Bei einem fernen Stern ist der wahre parallaktische Winkel ES″S, der nicht direkt beobachtet werden kann. Die Winkel EPE′ und S′ES″ können beobachtet werden. Wenn sich der Stern mit konstanter Geschwindigkeit bewegt, kann die Parallaxe aus einfachen geometrischen Überlegungen berechnet werden.

## Kapitel 2 Die beobachteten Eigenschaften der Sterne

Man mag sich wundern, daß man überhaupt Parallaxen messen kann, wo doch die größte bereits kleiner ist als 1". Tatsächlich wurden die ersten Parallaxen, nämlich die der Sterne 61 Cygni, α Lyrae und α Centauri[4]), erst 1838 von drei verschiedenen Beobachtern gemessen. Man kann Parallaxen von einiger Genauigkeit bis herunter zu 1/50" (= bis zu Entfernungen von 50 pc) bestimmen. Dadurch sind Parallaxen für einige tausend Sterne bekannt. Im Verhältnis zu den früher erwähnten Dimensionen unserer Milchstraße sind 50 pc eine sehr kleine Entfernung. Wir können also direkte Entfernungsbestimmungen nur für die uns nächsten Sterne durchführen. Bei weiter entfernten Sternen müssen indirekte Methoden eingesetzt werden, wovon einige etwas später in diesem Kapitel erwähnt werden.

### Eigenbewegung

Bei der Entfernungsbestimmung haben wir die periodische Ortsveränderung eines Sterns, die durch die Erdbewegung verursacht wird, von jener Verschiebung abgetrennt, die von der Bewegung des Sterns *relativ zur Sonne* herrührt. Diese scheinbare Winkelbewegung der Sterne senkrecht zur Sichtrichtung nennt man *Eigenbewegung*. Ihre Messung gibt einen Hinweis darauf, wie sich Sterne bewegen, aber die scheinbare Bewegung kann nur dann in eine wahre Geschwindigkeit verwandelt werden, wenn

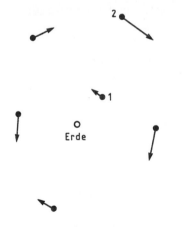

**Bild 12**
Die in einer bestimmten Zeit beobachteten Bewegungen von sechs Sternen sind durch die Längen der Pfeile angedeutet. Ihre *Eigenbewegung* in diesem Zeitintervall ist der Winkel, unter dem diese Pfeile von der Erde aus gesehen werden. Die Sterne 1 und 2 haben verschiedene wahre Bewegungen, aber identische Eigenbewegungen.

---

[4]) Sternnamen beziehen sich auf die zugehörigen Sternbilder. Die hellsten Sterne werden mit griechischen Buchstaben, schwächere durch Zahlen bezeichnet. α Lyrae (auch Vega genannt) ist also der hellste Stern in der Leier. Sternbilder sind im Gegensatz zu Sternhaufen nur scheinbare Gruppierungen.

die Entfernung der Sterne bekannt ist (Bild 12). Dennoch sind Eigenbewegungsbeobachtungen nützlich, weil sie uns helfen nahegelegene Sterne zu entdecken, deren Entfernung meßbar ist. Parallaxen können zwar für nahe Sterne gemessen werden, aber diese Sterne tragen kein Schildchen mit der Aufschrift „naher Stern". Es gibt zwei Wege, die nahen Sterne aufzuspüren. Der erste besteht darin, daß man annimmt, die hellen Sterne sind zum überwiegenden Teil auch nahe Sterne. Der andere geht über die Suche nach Sternen großer Eigenbewegung. Da ein stetiges Anwachsen der Sterngeschwindigkeiten mit der Entfernung von der Sonne unwahrscheinlich ist (die Sonne befindet sich ja nicht im Zentrum der Galaxis), sind mit großer Wahrscheinlichkeit Sterne mit großer Eigenbewegung auch nahe Sterne.

Das Studium der Parallaxen, Eigenbewegungen und Radialgeschwindigkeiten (Geschwindigkeiten in der Sichtrichtung, abgeleitet aus Dopplerverschobenen Spektrallinien) führt zu Erkenntnissen über die Positionen und Bewegungen der Sterne und damit über die Struktur unserer galaktischen Umgebung. Das ist aber nicht das Thema dieses Buches.

**Sternmassen**

Es gibt nur einen direkten Zugang zur Sternmasse, und zwar über die Dynamik von Doppelsternsystemen. Methodisch muß man dabei zwischen engen und weiten Sternpaaren unterscheiden. Nach den Keplerschen Gesetzen bewegen sich die Sterne eines physischen Doppelsystems auf elliptischen Bahnen (Bild 13) um ihren gemeinsamen Schwerpunkt. Wenn beide Sterne genügend weit (bezogen auf die Distanz zur Erde) voneinander entfernt sind, lassen sie sich getrennt beobachten, und man kann ihre Bahnen über eine genügend lange Zeit verfolgen. Wenn die Parallaxe eines Doppelsterns gemessen werden kann, also seine Entfernung von der Erde bekannt ist, kann man die scheinbaren Durch-

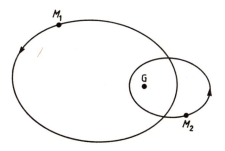

Bild 13
Die elliptischen Bahnen zweier Sterne der Massen $M_1$ und $M_2$ um ihren Schwerpunkt G

messer der Bahnen in wahre Größen verwandeln. Aus der Bahndimension und der Umlaufperiode lassen sich die Massen beider Sterne aufgrund der Keplerschen Gesetze berechnen (s. Seite 25).
Das Problem ist aber nicht ganz so einfach. In Bild 14 sind die Bahnen so gezeichnet, wie sie sich ergeben, wenn die Bahnebenen senkrecht zur Sichtrichtung von der Erde liegen. Ist dies nicht der Fall, dann würde man durch genügend genaue und über entsprechend lange Perioden verteilte Positionsmessungen herausfinden, daß der Schwerpunkt nicht mit dem Brennpunkt der scheinbaren (weil projizierten) Bahnen zusammenfällt. Man könnte dann aus der Tatsache, daß sich der Schwerpunkt im Brennpunkt der wahren Bahnen befinden muß, die Neigung der Bahnebenen zur Sichtrichtung bestimmen, was in der Praxis aber schwierig ist. Das Problem wird einfacher, wenn die Exzentrizitäten der Bahnellipsen klein sind, weil bei Neigung einer kreisförmigen Bahn deren Durchmesser gleich ist dem größten scheinbaren Durchmesser.
Nehmen wir an, ein Doppelsternsystem habe eine bekannte Parallaxe, also bekannte Entfernung, und beide Sterne würden sich in kreisförmigen Bahnen bewegen. Da die Entfernung bekannt ist, kann man die scheinbare Dimension der Bahn in eine wahre umwandeln, so daß die Radien $r_1$ und $r_2$ der beiden Bahnen bekannt sind. Das Bahnzentrum ist der Schwerpunkt des Systems, so daß $M_1 r_1 = M_2 r_2$ oder

$$M_1/M_2 = r_2/r_1, \qquad (2.11)$$

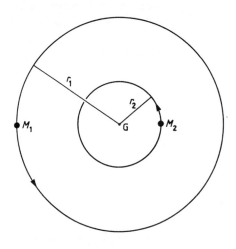

**Bild 14**
Doppelsternsystem mit kreisförmigen Bahnen

wobei $M_1$ und $M_2$ die Massen der beiden Komponenten sind. Mit $r_2$ und $r_1$ ist also bereits das Massenverhältnis bekannt. Eine weitere Beziehung zwischen den Massen besteht aufgrund des dritten Keplerschen Gesetzes. Dabei werden die Bahnradien, die Summe der Massen und die Umlaufperiode $P$ miteinander in Beziehung gebracht:

$$P^2 = 4\pi^2 (r_1 + r_2)^3 / G (M_1 + M_2). \qquad (2.12)$$

Aus den Gln. (2.11) und (2.12) lassen sich dann die beiden Massen berechnen. Wenn jedoch die Parallaxe eines Doppelsterns unmeßbar ist und nur die scheinbaren Dimensionen der Bahnen bekannt sind, können die Massen der Einzelsterne nicht bestimmt werden, wohl aber das Massenverhältnis aus Gl. (2.11). Ist $M_2$ sehr viel größer als $M_1$, so wird es wahrscheinlich unmöglich sein, $r_2$ genau zu bestimmen, selbst wenn die Parallaxe meßbar ist. In diesem Fall läßt sich die Gl. (2.12) in genäherter Form wie folgt darstellen:

$$P^2 = 4\pi^2 r_1^3 / G M_2. \qquad (2.13)$$

Damit erhält man die Masse der Hauptkomponente.

## Bedeckungsveränderliche

Auch von einigen engen Doppelsternsystemen lassen sich die Massen bestimmen, allerdings mit einer völlig anderen Methode. Dazu werden die Spektren der beiden Systemkomponenten herangezogen. Bevor wir aber diese Massenbestimmung bei *spektroskopischen Doppelsternen* besprechen, wollen wir uns zuerst den *Bedeckungsveränderlichen* (Doppelsternen) zuwenden. Ein solches Doppelsystem läßt sich am einfachsten beschreiben, wenn angenommen wird, daß sich die masseärmere Komponente in einer kreisförmigen Bahn um die massereichere bewegt. Wenn die Sichtrichtung von der Erde nahezu in der Bahnebene liegt, so besteht die Möglichkeit, daß ein Stern den anderen in einer bestimmten Phase der Bahnbewegung entdeckt (Bild 15). Durch diese Bedeckung wird eine scheinbare Änderung im Lichtausstoß des Doppelsternsystems hervorgerufen (Bild 16). Einer solchen Lichtkurve läßt sich eine beträchtliche Menge an Informationen entnehmen. Zunächst kann man die Umlaufzeit der Sekundärkomponente um die Primärkomponente bestimmen. Die Dauer der Bedeckungsphasen, verglichen mit dem zeitlichen Abstand aufeinanderfolgender Bedeckungen, gibt einen Hinweis über die Radien der Sterne relativ zur Dimension der Bahn. Schließlich kann

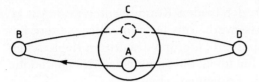

**Bild 15** Ein Bedeckungsveränderlicher. In der Lage A bedeckt der kleinere Stern einen Teil des größeren Sterns, bei C wird der kleinere Stern vollständig bedeckt.

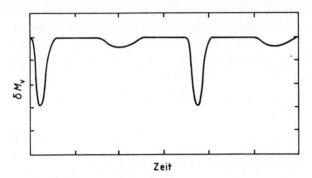

**Bild 16** Lichtkurve eines Bedeckungsveränderlichen. Eine solche Lichtkurve würde sich für das System von Bild 15 ergeben, wenn der kleinere Stern sehr viel heißer wäre. Das tiefe Minimum entspräche dann der Bedeckung des kleinen Sternes.

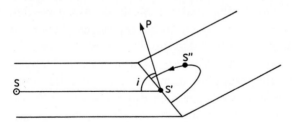

**Bild 17** Neigungswinkel eines Doppelsternsystems. S stellt die Sonne dar und S' und S" die Komponenten des Doppelsystems, wobei S' einfachheitshalber der massereichere Stern von beiden ist. S'P steht senkrecht auf die Bahnebene und der Winkel $i$ (SS'P) wird als Neigungswinkel bezeichnet.

man aus der Tiefe der Bedeckung etwas über den Winkel zwischen der Bahnebene und der Sichtrichtung erfahren. Der Neigungswinkel $i$ wird definiert als Winkel zwischen der Sichtrichtung und der Senkrechten auf die Bahnebene (Bild 17). Bei Bedeckungsveränderlichen muß er nahe 90° liegen.

## Spektroskopische Doppelsterne

Bei einer Reihe von Doppelsternen lassen sich im Spektrum die Linien der beiden Komponenten trennen. Wenn sich die Sterne in einer Phase der Bahnbewegung befinden, in der sich ein Stern zur Erde hin und der andere von ihr weg bewegt, dann sind die Spektrallinien durch den Dopplereffekt getrennt, und man kann die Geschwindigkeiten der beiden Sterne bestimmen. Wenn der Neigungswinkel 90° wäre, könnten wir die tatsächlichen Geschwindigkeiten beider Sterne beobachten, anderenfalls kann man nur $v_1 \sin i$ und $v_2 \sin i$ bestimmen, wobei $v_1$ und $v_2$ die Geschwindigkeiten der beiden Sterne sind. Da beide Sterne die gleiche Umlaufperiode haben, ist die Geschwindigkeit eines jeden Sterns proportional seinem Bahnradius. Nach Gl. (2.11) ist daher die Geschwindigkeit umgekehrt proportional zur Masse:

$$\frac{v_1 \sin i}{v_2 \sin i} \equiv \frac{v_1}{v_2} = \frac{r_1}{r_2} = \frac{M_2}{M_1} . \tag{2.14}$$

Die Beobachtung von $v_1 \sin i$ und $v_2 \sin i$ ergibt also unmittelbar das Massenverhältnis des Doppelsternsystems. Wenn $v_1$ und $v_2$ bekannt wären, könnten wir die Radien der (kreisförmig angenommenen) Bahnen aus der beobachteten Periode mit Hilfe der Beziehungen

$$v_1 P = 2\pi r_1, \quad v_2 P = 2\pi r_2 \tag{2.15}$$

berechnen. Da aber nur $v_1 \sin i$ und $v_2 \sin i$ beobachtbar sind, erhält man nur $r_1 \sin i$ und $r_2 \sin i$. Gl. (2.12) läßt sich dann schreiben:

$$(M_1 + M_2) \sin^3 i = 4\pi^2 (r_1 + r_2)^3 \sin^3 i / G P^2 . \tag{2.16}$$

Alle Größen auf der rechten Seite von Gl. (2.16) sind aus den Beobachtungen erhältlich. Da der Neigungswinkel beliebige Werte annehmen kann, läßt sich nur eine untere Grenze für die Massensumme mittels der Gl. (2.16) angeben:

$$M_1 + M_2 \geqslant 4\pi^2 (r_1 + r_2)^3 \sin^3 i / G P^2 . \tag{2.17}$$

Ist ein spektroskopischer Doppelstern gleichzeitig auch bedeckungsveränderlich, so kann man weitere Fortschritte erzielen. Zunächst muß der Neigungswinkel nahe bei 90° liegen, damit Bedeckungen überhaupt stattfinden können. Gl. (2.17) wird also zu

$$M_1 + M_2 \approx 4\pi^2 (r_1 + r_2)^3 \sin^3 i / G P^2 , \tag{2.18}$$

und die Massen beider Sterne können aus den Gln. (2.14) und (2.18) berechnet werden. Man erhält aber auch die wahren Bahndimensionen aus den Gln. (2.15). Somit erlaubt ein Vergleich der Länge der Bedeckungsphase mit der Umlaufperiode $P$ Rückschlüsse auf die Radien der Sterne. Dies ist eine der wenigen Möglichkeiten, Sternradien zu schätzen.

**Sternradien**

Es gibt drei Methoden zur Bestimmung von Sternradien. Dazu gehören direkte Messungen von Winkeldurchmessern mit Interferometrie, die soeben beschriebene Untersuchung von Bedeckungsveränderlichen und die Beziehung (2.7) zwischen Leuchtkraft, Radius und effektiver Temperatur. Die einfachste interferometrische Methode ist folgende: Wenn man Licht aus einer Punktquelle auf einen Schirm mit zwei Spalten (Bild 18) fallen läßt und das Licht dann hinter den Spalten auf einen zweiten Schirm fällt, so beobachtet man auf diesem zweiten Schirm ein Muster von hellen und dunklen Linien. Diese Erscheinung ist als Interferenz bekannt und läßt sich aus der Wellennatur des Lichts erklären. Sie war eines der wichtigsten experimentellen Ergebnisse, die zur Entwicklung der Wellentheorie des Lichts führten. Die Abstände zwischen aufeinanderfolgenden Maxima und Minima der Intensität sind jeweils

$$x = D\lambda/d, \qquad (2.19)$$

wobei $\lambda$ die Wellenlänge des Lichts, $D$ der Abstand beider Schirme und $d$ der Abstand der beiden Spalte ist.

Ist die ursprüngliche Lichtquelle nicht punktförmig oder sind die Spalte zu breit, wird das Interferenzmuster zerstört. Wenn also der Winkeldurchmesser der Quelle am Spalt $\vartheta$ beträgt (Bild 19), überlappen sich die Interferenzstreifen, die von verschiedenen Teilen der Quelle her-

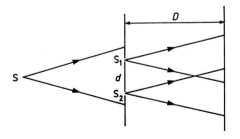

**Bild 18**

Interferometrie. Licht aus der Quelle S fällt auf einen Schirm mit zwei Spalten $S_1$ und $S_2$, worauf sich ein Muster von hellen und dunklen Streifen auf dem zweiten Schirm bildet.

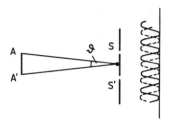

**Bild 19**
Wenn die Quelle von Bild 18 ausgedehnt ist und einen Durchmesser AA' besitzt, verursacht das Licht aus den verschiedenen Teilen der Quelle auf dem zweiten Schirm verschiedene Interferenzmuster, die schematisch durch zwei Linienzüge angedeutet sind. Das Interferenzmuster verschwindet, wenn die einzelnen Intensitätsmuster genügend gegeneinander verschoben werden.

rühren. Die Interferenzstreifen verschwinden, wenn der Abstand beider Spalte größer ist als

$$d = A\lambda/\vartheta. \tag{2.20}$$

$A$ ist eine Zahl der Größenordnung 1 und hängt von der Form und Leuchtdichte der Quelle ab. Für eine gleichmäßig helle kreisförmige Scheibe beträgt $A = 1{,}22$. $A$ wird größer für eine Scheibe, die am Rand dunkler ist, wie wir es bei der Sonnenscheibe feststellen. Dieses Anwachsen von $A$ bei Quellen, deren Emission zum Zentrum hin konzentriert ist, läßt sich leicht einsehen. Eine solche Quelle entspricht einer Quelle mit kleinerem Winkeldurchmesser; aus Gl. (2.20) sehen wir, daß ein kleineres $\vartheta$ denselben Effekt ergibt wie ein größeres $A$.
Die meisten Sterne haben so kleine Winkeldurchmesser, daß man mit realisierbar großen Spaltabständen immer noch das Interferenzmuster beobachtet und die Sterne daher als Punktquellen erscheinen. Einige haben allerdings genügend große Winkeldurchmesser, so daß es möglich ist, jenen Wert von $d$ zu finden, bei dem das Interferenzmuster verschwindet. Dies führt zu einem Schätzwert für den Winkeldurchmesser, vorausgesetzt, daß $A$ bekannt ist. Theoretisch bestimmte Werte von $A$ liegen für Sterne verschiedener Typen vor. Wenn der Winkeldurchmesser eines Sterns bekannt ist, so läßt sich der lineare Durchmesser berechnen, wenn auch die Entfernung bekannt ist. Natürlich liefert diese Methode vornehmlich Durchmesser für nahe Sterne, die einen großen Durchmesser besitzen.
Eine Radiusbestimmung, die sich auf die Beobachtung von Bedeckungsveränderlichen stützt, wurde weiter oben kurz beschrieben. Dazu ist noch folgendes zu sagen. Zur Zeit der Bedeckung bewegt sich der Stern senkrecht zur Sichtrichtung, abgesehen von einer eventuellen Bewegung des ganzen Systems zur Sonne hin oder von ihr weg. Bei zwei anderen Umlaufphasen bewegt sich der Stern entweder auf die Sonne zu oder

von ihr weg. Aus der dabei gemessenen Geschwindigkeitsdifferenz läßt sich die *wahre* Bahngeschwindigkeit des Sterns bestimmen. Die Dauer der Bedeckung ergibt in Verbindung mit dieser Geschwindigkeit den Sternradius, wobei die Messung nicht die Kenntnis der Entfernung des Doppelsterns voraussetzt.

Es gibt noch eine weitere Bedeckungsmethode zur Bestimmung von Sternradien. Diese benützt Sterne, die vom Mond bedeckt (okkultiert) werden. Grundsätzlich liefert die Zeit zwischen dem ersten Kontakt und dem Verschwinden des Sterns einen Wert für seinen Winkeldurchmesser, weil die Winkelgeschwindigkeit des sich über ihn hinwegbewegenden Mondes gut bekannt ist. Bei bekannter Entfernung kann man daraus wiederum einen linearen Durchmesser erhalten. Tatsächlich ist die Methode der Mondbedeckungen wegen der Beugung des Sternlichts am Mondrand nicht ganz so einfach. Dennoch kann man den Winkeldurchmesser aus den Eigenschaften des Beugungsmusters bestimmen. Interferometrische Techniken und die Methode der Mondbedeckungen werden von den Radioastronomen häufig für Untersuchungen der Winkeldurchmesser von kosmischen Radioquellen benutzt.

Schließlich kann der Sternradius auch aus der Gl. (2.7) gewonnen werden, aber diese Methode ist viel weniger verläßlich als die beiden anderen. Wenn Sterne wirklich Schwarze Strahler wären, gäbe es dabei kein Problem. Die Verteilung der Strahlung mit der Wellenlänge würde die Oberflächentemperatur des Sterns ($T_*$) ergeben. Die pro Flächeneinheit auf der Erdoberfläche empfangene Strahlungsmenge in einem gegebenen Wellenlängenbereich könnte gemessen und die Strahlung pro Flächeneinheit eines Körpers der Temperatur $T_*$ im selben Wellenlängenbereich könnte aus der Planck-Funktion bestimmt werden. Das Verhältnis der beiden Größen wäre $r_*^2/d_*^2$ ($r_*$ der Radius, $d_*$ die Entfernung des Sterns). Mit bekanntem $d_*$ ließe sich der Radius berechnen.

Sterne sind aber keine Schwarzen Strahler. Man hat versucht, mit Hilfe eines Bolometers die Gesamtstrahlung eines Sterns zu messen, die pro Flächeneinheit auf die Erde gelangt. Diese beträgt

$$L_*/4\pi a_*^2 = acr_*^2 T_{e*}^4/4d_*^2. \tag{2.21}$$

Wenn $d_*$ bekannt ist, so ist auch das Produkt $r_*^2 T_{e*}^4$ bekannt. Wenn die Strahlung des Sterns nicht stark von der eines Schwarzen Strahlers abweicht, kann man $T_{e*}$ bestimmen und somit auch $r_*$.

Leider ist die Unsicherheit in $r_*$ proportional zur Unsicherheit in $T_{e*}^2$, daher ist dies nur eine sehr approximative Methode zur Ableitung von Sternradien.

Schließlich soll bemerkt werden, daß die Sonne der einzige Stern ist, der als Scheibe erscheint, und man daher einen viel direkteren Zugang zum Winkeldurchmesser und Radius hat.

**Chemische Zusammensetzung; Spektren**

In der Mitte des vergangenen Jahrhunderts wurde bekannt, daß die chemischen Elemente eigene charakteristische Spektren besitzen. Ein durch Aufheizen zum Leuchten gebrachtes Element emittiert Strahlung bei verschiedenen wohldefinierten Frequenzen; wenn man das Element zwischen den Beobachter und eine weiße Lichtquelle bringt, absorbiert es Licht bei denselben Frequenzen. Zu Beginn des Jahrhunderts stellte Bohr sein Atommodell auf, in dem sich die Elektronen auf verschiedenen Bahnen bestimmter Energie um den positiv geladenen Atomkern befinden, wobei Energie entweder emittiert oder absorbiert wird, wenn sich ein Elektron von einem Energieniveau auf ein anderes begibt. Das ergab zwanglos eine Erklärung für die Spektrallinien der Elemente. Obwohl spätere Entwicklungen der Quantentheorie zeigten, daß Bohrs Theorie in Einzelheiten nicht richtig ist, reicht sie für unsere Zwecke völlig aus.

Man kann die charakteristischen Spektrallinien vieler Elemente (manchmal auch Moleküle) im Licht der Sterne beobachten. Manchmal erscheinen sie als *Emissionslinien* (das Licht einer bestimmten Frequenz ist verstärkt), hauptsächlich aber als *Absorptionslinien* (die Lichtemission ist bei bestimmten Frequenzen schwächer als in der Umgebung). In beiden Fällen zeigen sie die Anwesenheit eines bestimmten Elements in den äußeren Schichten des Sterns. Da die Wegstrecke, welche die Strahlung im Innern des Sterns zurücklegen kann, bevor sie absorbiert wird, im Vergleich zum Sternradius sehr klein ist, kann man eine direkte Information über die chemische Zusammensetzung nur für die äußersten Schichten erhalten, von denen aus die Strahlung den Stern verläßt. Wie wir später zeigen werden, gibt es guten Grund zur Annahme, daß die Zusammensetzung der äußeren Schichten manchmal sehr wenig repräsentativ ist für den Stern als ganzen. Kurz nach dem Entstehen der Spektroskopie fand man heraus, daß die meisten der chemischen Elemente in den äußeren Schichten der Sonne vorkommen. Das Element Helium wurde zuerst im Sonnenspektrum entdeckt und erst nachher auch auf der Erde nachgewiesen.

**Spektraltypen**

Nachdem man die Spektren einer großen Zahl von Sternen bearbeitet hatte, fand man heraus, daß sich die Sterne sehr gut in eine Folge von Klassen oder *Spektraltypen* einordnen lassen. Die Aufteilung in Klassen war nicht scharf abgegrenzt, aber für die meisten Sterne eindeutig. Die Spektralklassen wurden definiert nach den Elementen, die in den Spektren der Sterne dominierten. Diese änderten sich beträchtlich von Stern zu Stern. In der Harvard-Klassifikation wurden die Spektraltypen mit den Großbuchstaben A, B, C ... bezeichnet. Später kam man darauf, daß einige der Gruppen überflüssig waren, und daß die sinnvollste Folge der übriggebliebenen sich als Sequenz OBAFGKMRNS ergab[5]). Die wichtigsten Kennzeichen dieser Spektraltypen sind in Tabelle 2 angegeben.

Ursprünglich dachte man, daß sich diese Beobachtungen im wesentlichen auf die chemische Zusammensetzung der Sterne bezögen und daß die herausragendsten Elemente in den Spektren auch die häufigsten in

**Tabelle 2** Hauptmerkmale in den Spektren von Sternen der verschiedenen Spektraltypen

| Spektraltyp | Wichtige Eigenschaften |
|---|---|
| O | Ionisiertes Helium, ionisierte Metalle, Wasserstoff schwach. |
| B | Neutrales Helium, ionisierte Metalle, Wasserstoff stärker. |
| A | Balmer-Linien des Wasserstoffs dominierend, einfach ionisierte Metalle. |
| F | Wasserstoff schwächer, Metalle neutral und einfach ionisiert. |
| G | Einfach ionisiertes Calcium am stärksten, Wasserstoff noch schwächer, Metalle neutral. |
| K | Metalle neutral, es erscheinen Molekülbanden. |
| M | Titanoxid dominierend, neutrale Metalle. |
| R, N | CN, CH, neutrale Metalle. |
| S | Zirkoniumoxid, neutrale Metalle. |

---

[5]) Merkhilfe: "Oh be a fine girl kiss me right now, sweetheart".

den jeweiligen Sternen wären. Später erkannte man, daß auch die Oberflächentemperaturen der Sterne eine wichtige Rolle spielen und daß die Folge OBA... im wesentlichen eine Anordnung nach fallender Oberflächentemperatur darstellt.

Der Grund, warum die Temperatur von großer Bedeutung für die Sternspektren ist, besteht in folgendem. Wenn eine bestimmte Spektrallinie in einer Sternatmosphäre absorbiert oder emittiert werden soll, so müssen Atome vorhanden sein, bei denen sich Elektronen auf den für die Absorption oder Emission relevanten Energieniveaus befinden. Bei niedrigen Temperaturen befinden sich alle Atome im sogenannten *Grundzustand*, d.h. die Elektronen befinden sich nahe beim Atomkern. Wenn die Temperatur steigt, gelangen manche der Elektronen in die höheren, *angeregten Energiezustände*, und später werden die Atome sogar ionisiert. Wasserstoff hat nur ein Elektron. Die Spektrallinien des Wasserstoffs, die im sichtbaren Teil des Spektrums auftreten, entstehen durch Übergänge vom und zum ersten angeregten Zustand (Bild 20). Diese

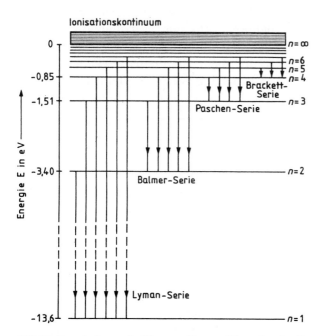

**Bild 20** Energieniveaus des Wasserstoffatoms. Die senkrechte Koordinate stellt die Energiedifferenz zwischen den angeregten Zuständen und dem Grundzustand ($n = 1$) dar. Die mit Pfeilen angedeuteten Übergänge zum ersten angeregten Zustand ($n = 2$) entsprechen Emissionslinien der Balmer-Serie.

**Tabelle 3** Effektive Temperatur als Funktion des Spektraltyps für Hauptreihensterne. Jeder Spektraltyp (durch einen Großbuchstaben gekennzeichnet) wird in Unterklassen unterteilt, die durch nachgestellte Ziffern angezeigt werden. Die Sonne hat den Spektraltyp G2.

| Spektraltyp $T_e/K$ | O 50 000 | B0 25 000 | A0 11 000 | F0 7 600 | G0 6 000 |
|---|---|---|---|---|---|
| Spektraltyp $T_e/K$ | K0 5 100 | M0 3 600 | M5 3 000 | R,N,S 3 000 | |

Linien bilden die Balmer-Serie. Sie sind am stärksten bei Sternen mittlerer Oberflächentemperatur; bei niedrigen Temperaturen sind alle Wasserstoffatome im Grundzustand (die entsprechenden Absorptionslinien liegen im Ultraviolett), bei hohen Temperaturen ist der Wasserstoff mehr oder weniger ionisiert. Sobald man erkannt hatte, daß die Sequenz der Spektren hauptsächlich der Temperatur zuzuschreiben ist, wurde es klar, daß sich die chemische Zusammensetzung von Stern zu Stern nur schwach ändert. Die ungefähre Relation von Oberflächentemperatur und Spektraltyp ist in Tabelle 3 enthalten. Bei den kühlsten Sternen der Spektraltypen M–S haben bereits relativ kleine Häufigkeitsunterschiede einen deutlichen Effekt auf die beobachteten Spektren, weil sie die Entstehung der Moleküle beeinflussen.

**Elementhäufigkeiten**

Obwohl die Erkenntnis, daß die Temperatur die Schlüsselrolle für das spektrale Erscheinungsbild spielt, sofort zeigte, daß es nur relativ geringe Unterschiede in der chemischen Zusammensetzung der Sterne gibt, so besteht noch immer eine beträchtliche Schwierigkeit, die rohen Beobachtungsdaten in verläßliche chemische Zusammensetzungen umzuwandeln. Viele Faktoren spielen mit, wie z.B. die genaue Struktur der Sternatmosphäre und viele Atomeigenschaften. Deshalb muß man mit einer Revision der chemischen Zusammensetzungen rechnen, wenn die Theorie von der Struktur der Sternatmosphären verbessert wird. Sogar im Fall der Sonne, die viel genauer beobachtet werden kann als jeder andere Stern, wurden die Häufigkeitsabschätzungen der häufigeren Elemente vor kurzem revidiert. Im allgemeinen lassen sich die Beobachtungen ziemlich gut interpretieren. Wasserstoff ist das häufigste

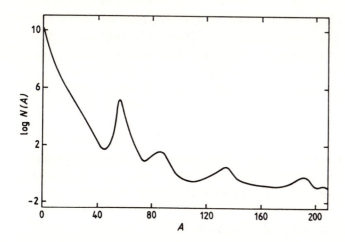

**Bild 21** Schematische Kurve der Häufigkeitsverteilung. $A$ ist das Atomgewicht und $N(A)$ die Zahl der Atome des Atomgewichts $A$. Die Zahlen sind so gewählt, daß es $10^6$ Siliciumatome gibt. Die wahre Häufigkeitskurve ist viel unregelmäßiger.

Element, nur Helium ist damit noch vergleichbar. Zu höheren Atomgewichten fallen die Häufigkeiten ab, wobei allerdings in der Umgebung von Eisen ein deutliches lokales Maximum auftritt. Auch bei höheren Atomgewichten gibt es einige lokale Nebenmaxima. Eine schematische Häufigkeitskurve ist in Bild 21 wiedergegeben. Sie zeigt den Logarithmus der Häufigkeit als Funktion des Atomgewichts.

## Der Ursprung der Elemente

Obwohl die Häufigkeiten von Stern zu Stern nur schwach differieren, sind doch die bestehenden Unterschiede sehr interessant und wichtig, weil sie auf das Problem der Entstehung der chemischen Elemente hinführen. So zeigt sich zum Beispiel, daß die Elemente, die schwerer als Wasserstoff und Helium sind, weniger häufig in Sternen vorkommen, die in der Frühzeit der Milchstraßengeschichte entstanden, als in jenen Sternen, die erst vor relativ kurzer Zeit gebildet wurden. Es ist also vorstellbar, daß es zur Zeit der Entstehung der Milchstraße in ihr noch keine schweren Elemente gab und daß diese erst durch Kernreaktionen in den Sternen während der Lebenszeit der Milchstraße erzeugt wurden. Weiter unten werden wir erfahren, daß es eine Folge von Kernreaktionen in Sternen gibt, die allmählich die leichten in schwerere Elemente umwandeln. Wir werden auch sehen, daß je massiver ein Stern ist, er desto schneller seine Lebensgeschichte durchläuft. Auf diese Weise könnten die frühesten massiven Sterne jene schweren Elemente produziert haben, die wir in den erst vor kurzem entstandenen Sternen finden. Dazu gehört natürlich die Voraussetzung, daß die einst gebildeten schweren Elemente wenigstens teilweise in den interstellaren Raum hinausgestoßen wurden, so daß sie zur Bildung neuer Sterne beitragen konnten. Es ist ein sehr schwieriges Problem zu entscheiden, ob eine sehr einfache ursprüngliche chemische Zusammensetzung sich in die in Bild 21 gezeigte verwandeln konnte. Dies liegt außerhalb der Aufgabe dieses Buches, obwohl es für viele unserer Themen relevant ist.

**Allgemeiner Charakter der Beobachtungen**

Am Anfang dieses Kapitels haben wir diskutiert, wie die Eigenschaften von Sternen beobachtet werden können, aber wir haben nicht die numerischen Werte von Masse, Radius, Leuchtkraft usw. besprochen. Es ist meist praktisch, die Eigenschaften der Sterne auf jene der Sonne zu beziehen. Letztere sind im folgenden gegeben (Index $_\odot$ für ‚Sonne'):

$$\left. \begin{array}{l} M_\odot = 1{,}99 \cdot 10^{30} \text{ kg}, \\ L_\odot = 3{,}90 \cdot 10^{26} \text{ W}, \\ r_\odot = 6{,}96 \cdot 10^{8} \text{ m}, \\ T_{e\odot} = 5780 \text{ K}. \end{array} \right\} \quad (2.22)$$

In Abhängigkeit von den Sonnenwerten können wir jetzt angeben, welche Bereiche für $M$, $L$, $r$ und $T_e$ bei anderen Sternen gefunden wurden. Diese sind ungefähr:

$$\left. \begin{array}{l} 10^{-1} M_\odot < M_s < 50\, M_\odot, \\ 10^{-4}\, L_\odot < L_s < 10^{6}\, L_\odot, \\ 10^{-2}\, r_\odot < r_s < 10^{3}\, r_\odot, \\ 2 \cdot 10^{3} \text{ K} < T_e < 10^{5} \text{ K}. \end{array} \right\} \quad (2.23)$$

Die extrem hohen Leuchtkräfte explodierender Supernovae wurden dabei nicht berücksichtigt. Man sieht, daß sich alle Größen über einen großen Bereich erstrecken, wobei allerdings der für die Leuchtkraft der weitaus größte ist. Die angegebenen Zahlenwerte beziehen sich auf tatsächlich beobachtete Sterne. Möglicherweise gibt es noch Sterne, die kleinere Massen, Radien und Leuchtkräfte besitzen als die in den Ungleichungen (2.23) angegebenen.

## Das Hertzsprung-Russell-Diagramm

Obwohl die Ungleichungen (2.23) eine Vorstellung vom Bereich stellarer Eigenschaften vermitteln, so ist es noch wichtiger, die Information zu untersuchen, die in den gegenseitigen Beziehungen dieser Größen enthalten ist. Eine dieser Beziehungen zeigt sich im sogenannten Hertzsprung-Russell-Diagramm. Ursprünglich trug man in diesem Diagramm die absolute Größe eines bestimmten Wellenlängenbereichs gegen den Spektraltyp auf. Da man bald erkannte, daß die Änderungen im Spektraltyp Änderungen in der Oberflächentemperatur entsprachen, konnte man den Spektraltyp durch den Logarithmus der Oberflächentemperatur ersetzen. Da es aber, wie oben gezeigt, schwierig ist, eine Oberflächentemperatur unzweideutig zu definieren, trägt heute der Beobachter die Helligkeit gegen einen Farbenindex auf, z.B. $M_V$ gegen $B$-$V$, wobei $M_V$ die der scheinbaren Helligkeit $V$ entsprechende absolute Helligkeit ist. Das so erhaltene Diagramm wird auch als Farben-Helligkeits-Diagramm bezeichnet.

Zeichnet man ein solches Diagramm für die nahen Sterne bekannter Entfernung, so ergibt sich eine Darstellung wie in Bild 2. Die Sterne konzentrieren sich in vier Hauptzonen. Das Band, das die große Mehrheit der Sterne enthält, wird *Hauptreihe* genannt, die anderen Gruppen heißen Riesen, Überriesen und weiße Zwerge. Diese Namen wählte man, weil Riesen und Zwerge große bzw. kleine Radien besitzen. Es ist wichtig, daß die Sterne nicht gleichmäßig über das ganze HR-Diagramm (= Hertzsprung-Russell-Diagramm) verteilt sind. Die Tatsache, daß sich die Sterne nur in bestimmten Regionen aufhalten und dabei eine gewisse Korrelation zwischen Helligkeit und Farbe zeigen, läßt berechtigt hoffen, daß wir die beobachteten Eigenschaften von Einzelsternen erklären können.

Da sich die Sterne mit der Zeit verändern müssen, weil sie Energie in den Raum abstrahlen, können wir fragen, wie sich ihre Position im HR-Diagramm im Laufe ihrer Entwicklung verändert. Wir müssen erwarten, daß sich die Eigenschaften eines Sterns am Beginn und am Ende seines Lebens stark von den Eigenschaften unterscheiden, die er während der meisten Zeit seines Lebens besitzt. Ändern sich aber seine Eigenschaften wesentlich während dieser Zeit? Ungefähr 90 % unserer Nachbarsterne sind Hauptreihensterne. Sind *sie* Hauptreihensterne während ihres ganzen aktiven Lebens oder sind *alle Sterne* Hauptreihensterne während des größten Teils ihres Lebens? Mit solchen Fragen beschäftigen wir uns weiter unten.

**Die Masse-Leuchtkraft-Beziehung**

Betrachten wir nun gerade jene Hauptreihensterne, deren Massen bekannt sind, so finden wir, daß für sie eine Beziehung zwischen Masse und Leuchtkraft besteht (Bild 1). Die massiveren Sterne sind auch die leuchtkräftigeren, und die Leuchtkraft wächst mit einem ziemlich hohen Exponent der Masse, $L_s \propto M_s^5$, an der steilsten Stelle der Kurve. Auch diese Relation müssen wir von der Theorie her zu erklären versuchen. Die weißen Zwerge bekannter Masse gehorchen nicht der Hauptreihenbeziehung zwischen Masse und Leuchtkraft. Sie haben normale Sternmassen, obwohl sie sehr viel weniger Leuchtkraft besitzen als Hauptreihensterne. Wie wir in Kapitel 6 sehen werden, gibt es gute Gründe zur Annahme, daß auch Rote Riesen und Überriesen nicht der Masse-Leuchtkraft-Beziehung von Hauptreihensternen folgen. Leider ist gegenwärtig nicht einmal eine wirklich verläßliche Masse eines Riesen bekannt.

**HR-Diagramme von Sternhaufen**

Wie erwähnt, gibt es nur eine beschränkte Zahl naher Sterne, bei denen direkte Entfernungsmessungen (also absolute Helligkeitsmessungen) durchgeführt werden können. Wenn wir uns allein auf diese verlassen müßten, wären wir kaum in der Lage, ein gutes theoretisches Verständnis der Sternentwicklung zu bekommen. Sehr hilfreich ist dabei die Existenz der früher erwähnten Sternhaufen. Hierzu gehören die großen Kugelhaufen mit vielleicht 100 000 oder sogar 1 000 000 Sternen und die kleineren offenen Sternhaufen. Beide Haufentypen sind ziemlich kompakt und zeigen einen inneren physischen Zusammenhalt.
Haufendistanzen können nicht direkt bestimmt werden. Wir können aber eine sehr grobe Abschätzung der Haufenentfernungen dadurch erhalten, daß wir annehmen, die hellsten Haufensterne seien im allgemeinen ähnlich den hellen Sternen in der Sonnenumgebung. Diese erste grobe Abschätzung können wir aber noch verbessern. Der Winkeldurchmesser eines Haufens am Himmel liefert uns einen Wert für das Verhältnis des Haufendurchmessers zur Haufenentfernung. Das heißt, alle Sterne eines Haufens stehen praktisch in derselben Entfernung von uns, und zusätzlich schwächt die zwischen uns und dem Haufen liegende interstellare Materie ihr Licht in gleicher Weise.
Da die Sterne eines Sternhaufens physisch miteinander verbunden sind, ist es einleuchtend, daß sie gemeinsam zu etwa derselben Zeit entstan-

den sind. Und wenn sie alle aus derselben Wolke interstellaren Gases gebildet wurden, so dürften sie alle im wesentlichen dieselbe chemische Zusammensetzung haben. Wir beginnen also bei unserem Versuch, die Eigenschaften von Sternen in Haufen zu verstehen, mit der Annahme, daß *alle Haufenmitglieder dasselbe Alter und dieselbe chemische Zusammensetzung besitzen.* Wenn dem so ist, so besteht der einzige Grund für das Auftreten verschiedenartiger Sterne in Sternhaufen darin, daß die Sterne verschiedene Mengen von Materie enthalten. *Der Hauptdifferenzierungsfaktor in einem Sternhaufen ist also die Masse der Sterne.* Damit soll nicht gesagt werden, daß andere Faktoren nicht von Stern zu Stern variieren. Diese Unterschiede dürften aber relativ unbedeutend sein. Man kann das HR-Diagramm eines Sternhaufens mit der scheinbaren statt mit der absoluten Helligkeit zeichnen. Dabei findet man, daß die Haufen-HR-Diagramme Hauptreihen und Riesenäste enthalten, hingegen die Streuung in den Diagrammen geringer als im HR-Diagramm der nahen Sterne ist (Bild 2). Ferner gibt es in vielen Fällen einen kontinuierlichen Übergang zwischen der Hauptreihe und dem Riesenast; nur sehr wenige (wenn überhaupt) Sterne liegen auf der Hauptreihe oberhalb der Stelle, an der sich der Riesenast mit der Hauptreihe vereint. Daß die HR-Diagramme von Sternhaufen so gut definiert sind, verstärkt die Hoffnung, daß Haufensterne sehr homogene Gruppen bilden und die einzelnen Sterne sich nur durch ihre Masse unterscheiden. Es wäre wünschenswert, die scheinbaren Helligkeiten dieser Haufensterne in absolute verwandeln zu können, da ja bei den theoretischen Studien absolute Helligkeiten berechnet werden. Obwohl man Sternhaufendistanzen nicht direkt messen kann, ausgenommen für die nächstliegenden Haufen, gibt es dennoch glücklicherweise Möglichkeiten für eine solche Umwandlung. Die meisten dieser Methoden beruhen auf einem Zusammenspiel von Theorie und Beobachtung. Der einfachste Weg geht von der Annahme aus, daß die Sterne irgendwelcher Farbe auf der Haufenhauptreihe dieselbe absolute Helligkeit besitzen wie die Hauptreihensterne derselben Farbe in der Sonnenumgebung. Wir brauchen also nur eine Haufenhauptreihe im HR-Diagramm vertikal solange zu verschieben, bis diese mit der Hauptreihe der nahen Sterne zusammenfällt. Dies wird in Bild 22 illustriert. Da die Breite einer Haufenhauptreihe gewöhnlich geringer ist als die der Hauptreihe der Nachbarsterne, muß eine Übereinstimmung zwischen der Haufenhauptreihe und der mittleren Linie der Reihe für die benachbarten Sterne gefunden werden. In Kapitel 5 werden wir sehen, wie dieses Verfahren weiter ver-

40   Kapitel 2  Die beobachteten Eigenschaften der Sterne

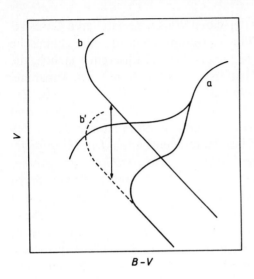

**Bild 22**
Vergleich von HR-Diagrammen zweier Sternhaufen. Unter Verwendung der scheinbaren Helligkeit $V$ fallen die Hauptreihen der beiden Haufen auseinander. Wenn man annimmt, daß sie dieselbe absolute Größe haben, kann man das Diagramm des Haufens b vertikal so lange verschieben, bis seine Hauptreihe mit jener des Haufens a zusammenfällt. Von dieser Hauptreihe kann man dann annehmen, daß sie dieselbe absolute Größe besitzt wie jene in Bild 2.

bessert werden kann, wenn wir eine Vorstellung davon haben, was die Hauptreihe verbreitert.

Wenn wir die scheinbaren in absolute Helligkeiten verwandelt haben, so ergeben sich die HR-Diagramme von kugelförmigen und offenen Sternhaufen nach dem in den Bildern 23 und 24 gezeigten Schema. In Bild 23

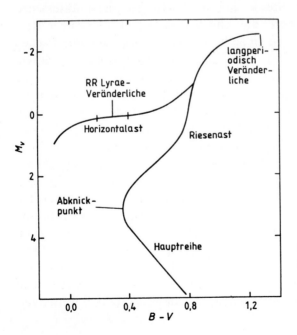

**Bild 23**
HR-Diagramm eines Kugelhaufens

# HR-Diagramme von Sternhaufen

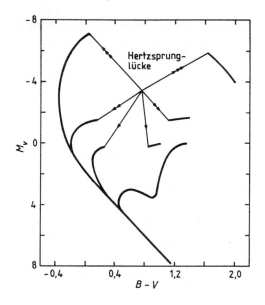

**Bild 24**
HR-Diagramme einiger offener Sternhaufen

erkennen wir das Diagramm eines typischen Kugelhaufens. Alle Kugelhaufendiagramme sind diesem Bild ähnlich. Bei den HR-Diagrammen von offenen Haufen gibt es eine viel größere Vielfalt; vier von diesen sind in Bild 24 schematisch dargestellt. Ein charakteristisches Merkmal aller dieser Diagramme ist der Abknickpunkt der Hauptreihe. Unterhalb dieses Punktes zeigt der Haufen eine wohldefinierte Hauptreihe, während sich oberhalb dieses Punktes nur wenige Sterne auf der Hauptreihe befinden.

Wir haben oben von den *Sternen in einem Sternhaufen* gesprochen, müssen aber darauf hinweisen, daß es nicht möglich ist, mit hundertprozentiger Sicherheit Sterne als Mitglieder eines Sternhaufens zu bezeichnen. In der Sichtrichtung zu einem Haufen gibt es meistens Sterne zwischen uns und dem Haufen, aber auch (vor allem bei näher gelegenen Haufen) hinter dem Haufen. Wenn wir nur statistische Untersuchungen über die Zahl der Sterne in einem Haufen anstellen wollen, ohne einzelne Haufenmitglieder als solche zu identifizieren, so können wir dies erreichen, indem wir die Sterne eines dem Haufen nahen Gebiets zählen und die so gewonnene Zahl der Sterne pro Flächeneinheit vom Zählergebnis im Haufen abziehen. Es ist schwieriger, genau jene Sterne zu identifizieren, die Haufenmitglieder sind. Bei nahen Haufen können Radialgeschwindigkeiten und Eigenbewegungen zur Elimination von

Nichtmitgliedern herangezogen werden. Im allgemeinen müssen allerdings indirektere Methoden benützt werden, und so bleiben gewisse Unsicherheiten in dieser Frage.
Die Haupteigenschaften der Haufen-HR-Diagramme in den Bildern 23 und 24 sind folgende:

*Kugelhaufen:*
1. Sie besitzen den Abknickpunkt der Hauptreihe mehr oder weniger an derselben Stelle. Der Riesenast schließt an dieser Stelle an die Hauptreihe an.
2. Ihr Horizontalast verläuft etwa vom oberen Ende des Riesenastes zur Hauptreihe oberhalb des Abknickpunktes.
3. In vielen Haufen gibt es einen Abschnitt des Horizontalastes, in dem sich nur Sterne veränderlicher Helligkeit befinden. Diese werden RR Lyrae-Sterne genannt nach dem ersten Stern, der von dieser Gattung untersucht wurde. Sie werden auf Seite 46 besprochen werden.

*Offene Haufen:*
1. Es gibt große Unterschiede bezüglich der Position des Abknickpunktes. Dabei entspricht der niedrigste Abknickpunkt ungefähr denen, die bei Kugelhaufen festgestellt werden.
2. Bei vielen Haufen beobachtet man eine Lücke zwischen der Hauptreihe und dem Riesenast: die Hertzsprung-Lücke.

Wir werden später sehen, wie die Theorie des Sternaufbaus und der Sternentwicklung ein allgemeines Verständnis davon vermittelt, wie die kugelförmigen und offenen Sternhaufen zu ihren HR-Diagrammen kommen.

### Expandierende Sternassoziationen

Neben den kugelförmigen und offenen Haufen gibt es noch die expandierenden Assoziationen. Das sind gewöhnlich Gruppen von O und B-Sternen hoher Leuchtkraft im Hauptreihenstadium, die sich in derselben Himmelsgegend befinden. Bei der Untersuchung ihrer Eigenschaften stellt man fest, daß sie sich offensichtlich von einem gemeinsamen Zentrum entfernen und zwar so, daß ihre Geschwindigkeiten ungefähr proportional sind ihrer Distanz von diesem Zentrum (Bild 25). Wenn wir ihre gegenwärtigen Geschwindigkeiten zurückextrapolieren, so waren sie vor wenigen Millionen Jahren ganz nahe beieinander. Es gibt aber auch expandierende Assoziationen von Sternen mit irregu-

*Besondere Sterntypen* 43

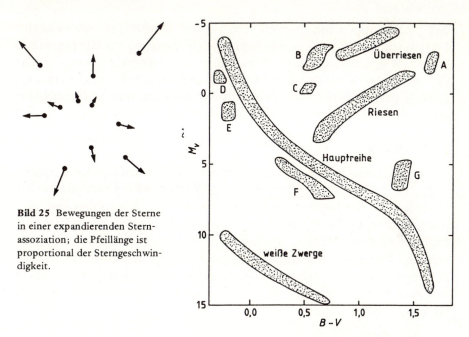

**Bild 25** Bewegungen der Sterne in einer expandierenden Sternassoziation; die Pfeillänge ist proportional der Sterngeschwindigkeit.

**Bild 26** Zusammengesetztes HR-Diagramm bestehend aus: A: langperiodische (Mira-)Veränderliche, B: Cepheiden, C: RR-Lyrae-Variable, D: Wolf-Rayet-Sterne, E: Kerne planetarischer Nebel und alte Novae, F: Unterzwerge und G: T-Tauri-Sterne.

lären Helligkeitsänderungen, die als T-Tauri-Sterne bezeichnet werden und die wir kurz auf Seite 46 diskutieren werden. Selbstverständlich müssen wir fragen, wo sich die Sterne einer expandierenden Assoziation befanden, bevor sie so nahe beieinander waren. Man ist der Auffassung, daß diese Sterne vorher noch gar nicht existieren und daß wir in einer expandierenden Assoziation die Nachwehen einer Mehrlings-Geburt von Sternen in der jüngsten Geschichte der Milchstraße beobachten.

**Besondere Sterntypen**

Wenn wir ein zusammengesetztes HR-Diagramm zeichnen, das nicht nur die nahen Sterne, sondern auch die Mitglieder der Sternhaufen enthält, deren Entfernung auf indirekte Weise gewonnen wurde, so erhält man das in Bild 26 gezeigte Schema. Es sind darin einige spezielle Sterntypen angegeben, die wir jetzt kurz besprechen wollen. Zunächst sei bemerkt, daß jene Gruppen von Sternen, deren Auswahlkriterium weder Leuchtkraft noch Farbe war, ziemlich kompakte Gruppen im HR-Diagramm bilden. Wie schon erwähnt, haben manche Sterne eine veränderliche Helligkeit. Dazu ist zu sagen, daß in manchen Bereichen des HR-Diagramms praktisch nur variable Sterne vorkommen, während umgekehrt andere Gebiete nur konstante Sterne enthalten.

**Weiße Zwerge**

Über diese besonders interessante Gruppe von Sternen werden wir mehr in Kapitel 8 sagen. Der bekannteste weiße Zwerg und der erste als solcher entdeckte ist der Begleiter des hellen Sterns Sirius. Obwohl viel weniger leuchtkräftig als Sirius, besitzt er dennoch dieselbe Farbe und fast die Hälfte von dessen Masse, ist bezüglich der Masse also der Sonne sehr ähnlich. Wenn für ihn nicht eine ganz außergewöhnliche Beziehung zwischen Farbe und effektiver Temperatur besteht, bedeutet dies, daß er einen wirklich sehr geringen Radius haben muß. Dies folgt aus der Gl. (2.7)

$$L_s = \pi a c r_s^2 T_e^4,$$

wobei Leuchtkraft und effektive Temperatur aus der Farbe abgeschätzt werden. Alles weist darauf hin, daß dies stimmt und daß daher *eine Streichholzschachtel voll Materie eines weißen Zwerges eine Tonne wiegen muß*. Dies bedeutet, daß die Materiedichte in weißen Zwergen um Größenordnungen über allen auf der Erde angetroffenen oder herstellbaren Dichten liegen muß. Dementsprechend können wir uns bei der theoretischen Deutung dieser Sterne nicht auf irdische Laborexperimente verlassen, wenn wir etwas über das Verhalten der Materie bei den im Sterninneren vorhandenen Bedingungen erfahren wollen. In vielen Fällen müssen wir uns auf die Theorie stützen, um die Eigenschaften der Materie bei physikalischen Bedingungen zu beschreiben, die wir nicht experimentell überprüfen können.

**Veränderliche Sterne**

Es gibt verschiedene Gruppen von Sternen, deren Lichtausstoß sich mit der Zeit ändert, wobei diese Änderungen vom Stern selbst und nicht von einer Bedeckung in einem Doppelsternsystem herrühren. Einige dieser Sterne sind regelmäßig und periodisch veränderlich und zeigen einen fast sinusförmigen Verlauf des Lichtwechsels, andere sind zwar

# Cepheiden

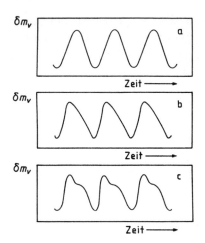

Bild 27
Lichtkurven typischer periodischer Veränderlicher. Einige sind wie a) sehr symmetrisch, viele haben wie b) einen steilen Anstieg zum Maximum verglichen mit dem Abstieg zum Minimum, und andere haben wie bei c) sekundäre Buckel.

periodisch, aber nicht sinusförmig variabel, wieder andere zeigen eine irreguläre Veränderlichkeit ohne erkennbare Periodizität. Bild 27 zeigt die Form einiger typischer Lichtkurven von periodisch veränderlichen Sternen. Die auftretenden Perioden liegen zwischen wenigen Stunden bis zu mehreren hundert Tagen. Einige Gruppen von regulär variablen Sternen sind in Bild 26 markiert. Dazu gehören die RR-Lyrae-Sterne mit Perioden von einigen Stunden, die Cepheiden mit typischen Perioden von ungefähr einer Woche und die langperiodischen oder Mira-Variablen mit Perioden bis zu mehreren hundert Tagen[6]. Es scheint bedeutsam, daß sich jeder dieser Typen in einem ziemlich eng begrenzten Bereich des HR-Diagramms befindet. Daraus kann man schließen, daß die Lichtvariabilität keine zufällige Erscheinung, sondern die Folge einer bestimmten Kombination physikalischer Bedingungen ist.

## Cepheiden

Die Cepheiden spielten schon immer eine besonders wichtige Rolle für unser Verständnis vom Aufbau der Galaxis und des Universums. Man hatte bald herausgefunden, daß bei ihnen eine Beziehung zwischen der Periode und der mittleren Helligkeit (die „Periode-Leuchtkraft-Beziehung") besteht. Somit kennt man die absolute Helligkeit eines Cephei-

---

[6]) Jede dieser Gruppen erhielt ihren Namen vom erstentdeckten Stern dieses Typs, also von RR Lyrae, δ Cephei und Mira Ceti.

den, wenn man dessen Periode bestimmt hat. Mit der scheinbaren Helligkeit kann dann die Entfernung des Sterns gewonnen werden. Cepheiden werden als „*Standardkerzen*" für die Ermittlung der Entfernungen von benachbarten Galaxien benutzt, wenn sie in diesen beobachtet werden können. Die Periode-Leuchtkraft-Beziehung ist natürlich keine exakte Relation, so daß die mit ihrer Hilfe erhaltenen Distanzen etwas unsicher sind. Lange Zeit kannte man keine Cepheiden in Sternhaufen, jetzt kennt man einige wenige davon. Sie können ins HR-Diagramm (im Bereich der Hertzsprung-Lücke) eingepaßt werden und ergeben so — neben der Anpassung an die Hauptreihe — eine weitere Möglichkeit der Entfernungsbestimmung für den Sternhaufen.

RR-Lyrae-Variable, die kürzere Perioden als die Cepheiden besitzen, findet man in großer Zahl in Kugelhaufen. Alle RR-Lyrae-Sterne haben annähernd dieselbe Leuchtkraft, daher haben die Horizontaläste aller Kugelhaufen ebenfalls annähernd dieselbe Leuchtkraft. Man kann daher durch eine Anpassung der Horizontaläste eine zweite Entfernungsbestimmung für Kugelhaufen durchführen. Die RR-Lyrae-Sterne besitzen eine geringere Leuchtkraft als die Cepheiden, aber eine sehr ähnliche Oberflächentemperatur. Wie wir später sehen werden, nimmt man an, daß derselbe physikalische Prozeß die Veränderlichkeit der beiden Typen hervorruft. Die Mira-Variablen mit den sehr langen Perioden treten ebenfalls in Kugelhaufen auf, wir werden aber auf sie nicht näher eingehen.

Neben den regelmäßig Variablen gibt es auch veränderliche Sterne, deren Helligkeit sich irregulär verändert. Dazu zählen die T-Tauri-Sterne (Variablen), die wie erwähnt in expandierenden Assoziationen vorkommen, die aber auch in einigen offenen Haufen etwas oberhalb der unteren Hauptreihe gefunden wurden. Ihre Helligkeit schwankt ziemlich stark und unregelmäßig. Es gibt außerdem Hinweise auf radiale Materiebewegungen an ihrer Oberfläche. Im Kapitel 5 wird gezeigt, daß man die T-Tauri-Sterne als Sterne ansehen kann, die sich noch im Prozeß der Entstehung befinden.

### Novae und Supernovae

Dies sind Sterne mit dramatischen und irregulären Variationen. Sie nehmen plötzlich um viele Größenordnungen an Helligkeit zu. Bei beiden Typen ist dieser Helligkeitsanstieg von einem explosiven Massenverlust begleitet. Im Falle der Novae ist der Verlust relativ gering (manche Sterne zeigten bereits mehrfach einen Nova-Ausbruch), bei den Supernovae hingegen zerstört die Explosion den ganzen Stern. Im letzten Jahrtausend hat man in unserer Milchstraße nur fünf Supernovae beobachtet. Es hat wahrscheinlich noch viel mehr gegeben, aber die Beobachtungsbedingungen waren zu ungünstig. Supernovae sind so hell, daß sie sogar in weit entfernten Galaxien beobachtet werden. Die Sterne, die Novae oder Supernovae werden, sind nur schwer im HR-Diagramm zu lokalisieren, weil ihre Eigenschaften vor dem Ausbruch mit großer Wahrscheinlichkeit nicht beobachtet wurden. Die Überbleibsel von Supernovae sind kompakte Objekte (z.B. Neutronensterne), die im Kapitel 8 besprochen werden. Post-Novae können ins HR-Diagramm eingetragen werden (Bild 26).

**Planetarische Nebel**

Auch bei anderen Sternen wird ein Massenverlust registriert, der aber auf nicht-katastrophale Weise vor sich geht. Das sind im besonderen die in Bild 26 eingetragenen planetarischen Nebel, also Sterne, die von einer sphärischen Gashülle umgeben sind. Da die Hülle vom Stern wegexpandiert, muß sie zu einem früheren Zeitpunkt vom Stern abgestoßen worden sein. Diese Objekte werden planetarische Nebel genannt, weil sie im Teleskop oft als schwache grünliche Scheibchen erscheinen, die irgendwie an einen Planeten erinnern. Man erwartet von der Theorie des Sternaufbaus, daß sie erklärt, warum manche Sterne explodieren und andere Sterne auf weniger gewaltsame Weise Masse verlieren.

**Unterzwerge**

So werden alle Sterne genannt, die deutlich unterhalb der von den Sternen der Sonnenumgebung definierten Hauptreihe liegen. Einige haben zusätzliche Besonderheiten, im allgemeinen zeichnen sich Unterzwerge aber dadurch aus, daß bei ihnen alle Elemente, ausgenommen Wasserstoff und Helium, in geringerer Häufigkeit vorkommen als z.B. auf der Sonne. Im Kapitel 5 werden wir sehen, daß dieser geringere Gehalt an schwereren Elementen für die Lage der Unterzwerge im HR-Diagramm verantwortlich ist.

**Wolf-Rayet-Sterne**

Dies sind sehr leuchtkräftige blaue Sterne, die offensichtlich Materie mit Geschwindigkeiten bis zu $10^6$ m s$^{-1}$ von ihrer Oberfläche wegschleudern.

Wir sehen, daß viele dieser Sondergruppen mit einer Variabilität des Lichtausstoßes und/oder stellarer Instabilität verknüpft sind.

**Sternpopulationen**

1944 stellte W. Baade sein Konzept von der Existenz zweier Sternpopulationen in unserer Milchstraße (und in anderen Galaxien) vor. Dieses Konzept beeinflußte nachhaltig alle weiteren Arbeiten über Struktur und Entwicklung der Milchstraße sowie die Entwicklung der Sterne. Bei der Untersuchung der uns nächstgelegenen großen Galaxie, des Andromedanebels (M 31), und ihrer beiden Begleiter zeigte es sich, daß die zusammengesetzten HR-Diagramme der Begleiter und der Zentralgebiete von M 31 jenen eines Kugelhaufens ähneln (Bild 23). Die hellsten Sterne in diesen Systemen waren rote Überriesen. Im Gegensatz dazu war das HR-Diagramm der äußeren Regionen von M 31 ähnlich einem offenen Sternhaufen (Bild 24), wobei die hellsten Sterne blaue Hauptreihensterne waren. Baade bezeichnete die Sterne vom Typ der offenen Sternhaufen als Population-I-Sterne und jene vom Kugelhaufentyp als Population-II-Sterne. Er entdeckte, daß das Zentralgebiet und der Halo unserer Milchstraße den Zentralbereichen der Andromedagalaxie gleichen, also Population-II-Sterne enthalten, während sich die Scheibe aus Population-I-Sternen zusammensetzt. Zusätzlich bemerkte er, daß viele der oben diskutierten Sondergruppen von Sternen je nach ihrer Lage in der Milchstraße der Population I oder II zugerechnet werden können. Zur Population I rechnete er die Cepheiden, T-Tauri-Sterne, Wolf-Rayet-Sterne und die expandierenden Assoziationen. Auch den galaktischen Staub und das galaktische Gas fand er vornehmlich im Bereich der Population-I-Sterne. Zur Population II gehörten die RR-Lyrae und Mira-Variablen, die planetarischen Nebel, Unterzwerge und Novae.

In Baades ursprünglicher Klassifikation bestimmte die Position eines Sterns in der Milchstraße vorrangig seine Populationszugehörigkeit. Später zeigte es sich, daß auch sein Entstehungsort von Bedeutung ist. So kann es z.B. sein, daß ein in Sonnenumgebung befindlicher, schnell bewegter Stern nicht der ihr entsprechenden Population I angehört, sondern der Population II, da er im galaktischen Halo entstanden war. Seit Baades ursprünglicher Klassifikation fand man aber auch, daß es erstens keine scharfe Grenze zwischen beiden Populationen, sondern einen allmählichen Übergang zwischen zwei Extremen gibt, und daß zweitens das Alter und die chemische Zusammensetzung die Hauptunterscheidungsfaktoren für beide Populationen sind. Die genauen Verhältnisse werden später dargestellt werden, man kann aber jetzt schon generell sagen, daß die Population-I-Sterne die jüngeren sind und einen größeren Anteil an schweren Elementen enthalten als die Population-II-Sterne. Das Auftreten von Gas und Staub im Bereich der Population-I-Sterne bedeutet, daß sich dort neue Sterne bilden können.

## Abriß des Inhalts der folgenden Kapitel

Wir werden sehen, daß die Hauptaufgabe der Sternentwicklungstheorie bis jetzt darin bestand, eine Erklärung für die charakteristische Gestalt der HR-Diagramme von offenen und Kugelhaufen zu finden. In den Kapiteln 3 und 4 wird gezeigt, daß Kernfusionsreaktionen, in denen leichte Elemente in schwerere umgewandelt werden, als einzige Prozesse in Frage kommen, die über genügend lange Zeiten die Strahlungsenergie der Sterne liefern können. Im Kapitel 5 wird gezeigt, daß die Hauptreihe von Sternen besetzt ist, die die gleiche chemische Zusammensetzung besitzen und sich im Stadium der Verbrennung von Wasserstoff zu Helium befinden. Diese Annahme führt zur Vorhersage einer Hauptreihe und einer Hauptreihenbeziehung zwischen Masse und Leuchtkraft, die qualitativ gut mit den Beobachtungen übereinstimmen.
Im Kapitel 6 wird beschrieben, wie ein Stern die Eigenschaften eines roten Riesen annimmt, wenn durch die Umwandlung von Wasserstoff in Helium das Innere des Sterns mit Helium angereichert wurde, wobei aber die äußeren Gebiete des Sterns noch ihre ursprüngliche chemische Zusammensetzung behalten. Da die Leuchtkraft eines Sterns sehr rasch mit seiner Masse anwächst, sein Vorrat an nuklearem Brennstoff bei gegebener chemischer Zusammensetzung aber nur linear damit steigt, bewegen sich die massereicheren Sterne (die höher oben auf der Hauptreihe liegen) rascher in das Gebiet der Riesen im HR-Diagramm hinein als die masseärmeren Sterne. In Bild 28 sieht man schematisch, wie die Entwicklung zum Riesenast ganz natürlich zum Auftreten eines Abknickpunktes im HR-Diagramm führt. Je älter ein System von Sternen ist, desto niedriger sind die Massen der Sterne, die sich schon deutlich von der Hauptreihe wegentwickelt haben. Wenn wir also offene Sternhaufen mit sehr verschiedenen Lagen des Abknickpunktes beobachten, so handelt es sich dabei um Systeme sehr unterschiedlichen Alters.
Bevor wir aber darauf näher eingehen, müssen wir uns in den nächsten beiden Kapiteln mit den Grundtatsachen auseinandersetzen, die den

# Kapitel 2 Die beobachteten Eigenschaften der Sterne

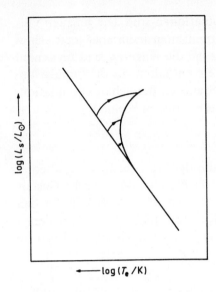

**Bild 28**
Frühe Sternentwicklung. Die einzelnen Sterne entwickeln sich entlang der mit Pfeilen angedeuteten Entwicklungswege weg von der Hauptreihe.

Aufbau eines Sterns bestimmen, und die physikalischen Faktoren diskutieren, die zur Beschreibung der stellaren Eigenschaften herangezogen werden müssen.

**Zusammenfassung von Kapitel 2**

Wir haben die Haupteigenschaften der Sterne beschrieben, die im Prinzip aus den Beobachtungen abgeleitet werden können. Das sind Masse, Radius, Leuchtkraft, Oberflächentemperatur und chemische Zusammensetzung der äußeren Sternschichten. Schätzwerte von Oberflächentemperatur und chemischer Zusammensetzung können erhalten werden für alle Sterne, die uns so nahe sind, daß wir die Verteilung des von ihnen emittierten Lichts mit der Wellenlänge genau untersuchen können.
Die immer meßbare scheinbare Helligkeit eines Sterns kann in die wahre (= absolute) Helligkeit umgewandelt werden, wenn die betreffenden Sterne so nahe sind, daß ihre Entfernung direkt gemessen werden kann. Massen und Radien können nur für eine sehr begrenzte Zahl von Sternen bestimmt werden.
Ein Fortschritt beim Studium von Sternaufbau und -entwicklung wäre nur sehr begrenzt möglich gewesen, gäbe es keine Regelmäßigkeiten in den erwähnten Sterneigenschaften. Es gibt für die meisten Sterne eine deutliche Korrelation zwischen den Werten von Masse und Leuchtkraft,

und die meisten Sterne liegen in wohldefinierten Bereichen des Hertzsprung-Russell-Diagramms, das Leuchtkraft und Oberflächentemperatur zueinander in Beziehung setzt. Ein wirklicher Fortschritt in der theoretischen Deutung stellarer Eigenschaften ist dadurch möglich, daß viele Sterne Mitglieder von Sternhaufen sind, welche homogenere Gruppen von Sternen darstellen als eine willkürliche Auswahl nahegelegener Sterne. Obwohl es gewöhnlich nicht möglich ist, alle Eigenschaften einzelner Haufenmitglieder zu beobachten, kann man Gruppen von Sternen in Sternhaufen finden, die nahen Sternen ähnlich sind. Dadurch wird eine Abschätzung der Haufenentfernung und der Helligkeit der Haufensterne möglich. Im restlichen Teil dieses Buches werden wir häufig theoretische Ergebnisse heranziehen, um die HR-Diagramme von Sternhaufen verstehen zu können.

Wir haben in diesem Kapitel auch einige Sondergruppen von Sternen identifiziert, die eine bestimmte Sondereigenschaft gemeinsam aufweisen. Dazu gehören einige Typen von veränderlichen Sternen, Novae, Supernovae und weiße Zwerge. Die Theorie muß nicht nur das Verständnis der Eigenschaften von *gewöhnlichen* Sternen, wie z.B. der Sonne liefern, sondern auch erklären, warum manche Sterne außergewöhnliche Eigenschaften besitzen.

# Kapitel 3
## Die Gleichungen des Sternaufbaus

**Einführung**

In diesem Kapitel betrachten wir die grundlegenden physikalischen Prozesse, die den Aufbau der Sterne bestimmen, sowie die Gleichungen, die gelöst werden müssen, um die Einzelheiten dieses Aufbaus beschreiben zu können. Gleich zu Beginn ist festzustellen, daß der theoretische Astrophysiker normalerweise nicht versucht, die Eigenschaften eines bestimmten beobachteten Sternes zu berechnen. Wie wir im letzten Kapitel erfahren haben, ist die Anzahl der im Detail beobachteten Sterne zu gering, um ein solches Vorgehen zu rechtfertigen. Stattdessen bemüht sich der Theoretiker, jene Faktoren herauszuarbeiten, die im wesentlichen die Eigenschaften der Sterne definieren, um dann den Aufbau für eine Mannigfaltigkeit möglicher Sterne zu berechnen. Wir werden sehen, daß die Masse und die ursprüngliche chemische Zusammensetzung sowie die seit der Sternentstehung vergangene Zeit die wichtigsten Größen sind. Im folgenden werden wir uns oft auf die *Geburt* eines Sternes, sein *Alter* und die *chemische Zusammensetzung bei seiner Geburt* beziehen. Wenn die Rechnungen für einen Wertebereich von Massen, chemischen Zusammensetzungen und Sternaltern durchgeführt sind, kann man die Resultate mit den allgemeinen Eigenschaften der Sterne vergleichen, nicht aber mit individuellen Eigenschaften bestimmter Einzelsterne. Ein solcher Vergleich ist Gegenstand der Kapitel 5 bis 8. Für einen einzigen Stern, die Sonne, besitzen wir aber äußerst detaillierte Beobachtungen, die zu verstehen man schon seit langem sehr intensiv bemüht ist.

Die Beobachtungen der Sternstrahlung geben Information nur über die Oberflächenschichten. Es ist daher die Aufgabe der Theorie des Sternaufbaus, die Oberflächeneigenschaften von Sternen eines großen Bereichs von Massen, chemischen Zusammensetzungen und Sternaltern rechnerisch darzustellen. Obwohl man nur Oberflächeneigenschaften wie Radius und Oberflächentemperatur direkt mit der Beobachtung vergleichen kann, ist es unmöglich, diese zu berechnen, ohne Gleichungen zu lösen, die auch den ganzen inneren Aufbau der Sterne beschreiben. Auf diese Weise liefert die Theorie Resultate für die Bedingungen im tiefen Inneren der Sterne, von dem uns kein Licht direkt erreicht. Vor kurzem wurde man darauf aufmerksam, daß Neutrinos, die bei den im Sonnenzentrum vermuteten Kernreaktionen abgestrahlt werden, die Erde erreichen können. Auf Seite 105 diskutieren wir aktuelle Versuche, diese Neutrinos nachzuweisen, um so Hinweise auf die physikalischen Bedingungen im Sonneninneren zu erhalten.

Ein Stern wird zusammengehalten durch seine Schwerkraft, d.h. die Anziehung, die auf jeden Teil des Sterns von allen anderen Teilen ausgeübt wird. Gäbe es nur diese eine Kraft, so würde der Stern sehr schnell in sich zusammenfallen, aber dieser Anziehungskraft wird Widerstand geleistet durch den Druck der Sternmaterie. Dies geschieht auf die gleiche Weise, wie die kinetische Energie der Moleküle, also der Druck in der Erdatmosphäre verhindert, daß die Atmosphäre auf die Erdoberfläche stürzt. Schwerkraft und thermischer Druck bestimmen also im wesentlichen den Aufbau eines Sterns. Wir werden bald sehen, daß sich beide Kräfte annähernd im Gleichgewicht befinden müssen, wenn sich die Eigenschaften eines Sterns nicht viel schneller ändern sollen als beobachtet.

Neben den Kräften, die im Inneren der Sterne wirken, müssen wir auch die thermischen Eigenschaften der Sterne betrachten. Die Oberflächentemperaturen der Sterne sind hoch im Vergleich zu ihren Umgebungen, und Energie strahlt kontinuierlich in den Raum ab. Wenn sich die Sterne nicht schneller als beobachtet abkühlen sollen, muß dauernd Energie nachgeliefert werden, um diesen Verlust wettzumachen. Wir müssen uns also mit dem Ursprung dieser Energie und der Art ihres Transports zur Oberfläche befassen.

Bei der Behandlung der in den Sternen wirkenden Kräfte und der thermischen Eigenschaften von Sternen werden wir entdecken, daß drei charakteristische Zeitskalen in das Problem eingehen. Wenn sich die Anziehungs- und Druckkräfte merklich aus dem Gleichgewicht befinden, so kontrahiert oder expandiert der Stern merkbar in einer Zeit $t_d$, die wir die *dynamische* Zeitskala des Sterns nennen. Das Verhältnis der gesamten thermischen Energie eines Sterns zur Energieverlustrate (wegen Abstrahlung von der Oberfläche) wird als *thermische* Zeitskala $t_{th}$ bezeichnet. Wie wir später sehen werden, stammt die vom Stern abgestrahlte Energie letztlich von den Kernreaktionen im Inneren. Der gesamte Energievorrat eines Sterns, dividiert durch die Energieverlustrate, heißt *nukleare* Zeitskala $t_n$. Für die meisten Sterne gilt in den meisten Stadien ihrer Entwicklung

$$t_d \ll t_{th} \ll t_n. \tag{3.1}$$

Diese Ungleichungen erlauben wichtige Näherungen in den Gleichungen des Sternaufbaus.

In diesem Kapitel machen wir zwei wichtige Annahmen über den Sternaufbau. Wir nehmen an, daß sich die Eigenschaften der Sterne trotz ihrer Entwicklung so langsam ändern, daß man zu jeder Zeit in guter Näherung die Änderung dieser Eigenschaften vernachlässigen kann. Ferner nehmen wir an, daß die Sterne sphärisch und symmetrisch um ihren Mittelpunkt sind. Unter diesen Annahmen wird der Aufbau eines Sterns regiert von einem Satz von Gleichungen, bei denen alle physikalischen Größen nur von der Entfernung zum Sternmittelpunkt abhängen. Wir beginnen mit diesen Annahmen und betrachten später, unter welchen Bedingungen sie gerechtfertigt sind.

**Gleichgewicht zwischen Druck und Schwerkraft**

Betrachten wir zunächst die auf ein kleines Materieelement in einem sphärischen Stern wirkenden Kräfte (Bild 29). Die Flächen ABCD und

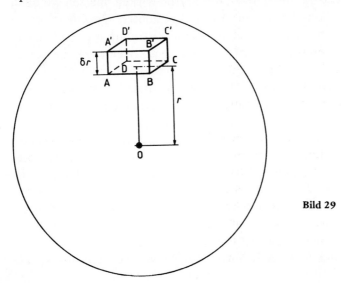

**Bild 29**

A'B'C'D' des Elements stehen beide senkrecht auf der Linie, die ihre Mittelpunkte mit dem Mittelpunkt des Sterns O verbindet, und beide haben die gleiche Fläche $\delta S$. Die untere Fläche befindet sich in der Entfernung $r$ vom Sternmittelpunkt, die obere in $r + \delta r$. Das Volumen des infinitesimal angenommenen Elements ist $\delta S \delta r$ und seine Masse $\rho_r \delta S \delta r$, wobei $\rho_r$ die Dichte der Sternmaterie beim Radius $r$ ist. Die auf das Element wirkenden Kräfte sind einerseits die vom restlichen Stern ausgeübten Gravitationskräfte, andererseits aber die auf die sechs Flächen des Elements gerichteten Druckkräfte.

Die auf ein Massenelement in einem sphärischen Körper wirkenden Gravitationskräfte (Schwerkraft) nehmen eine besonders einfache Form an, wenn die Dichte nur von der Entfernung zum Mittelpunkt abhängt. Die auf das Element wirkende Schwerkraft ist in diesem Fall gleich jener Kraft, die ein Massen*punkt* im Sternzentrum ausüben würde, der die gleiche Masse hätte wie der Stern innerhalb des Radius $r$. Daher beträgt die auf das Massenelement wirkende Schwerkraft $GM_r \rho_r \delta S \delta r/r^2$, wobei $G$ die Newtonsche Gravitationskonstante und $M_r$ die Masse innerhalb der Sphäre mit dem Radius $r$ darstellt. Die Schwerkraft ist zum Sternmittelpunkt hin gerichtet. Der Ausdruck für die Schwerkraft gilt genau nur im Falle eines infinitesimalen Materie-Elements.

Die Druckkräfte, die auf die sechs Seiten des Elements wirken, kompensieren sich gegenseitig mit Ausnahme jener, die auf die Flächen ABCD und A'B'C'D' gerichtet sind. Die Kraft auf ABCD geht radial nach außen und beträgt $P_r \delta S$, wobei $P_r$ den Druck der Sternmaterie beim Radius $r$ repräsentiert. Die Kraft auf A'B'C'D' ist radial nach innen gerichtet und beträgt $P_{r+\delta r} \delta S$, wobei $P_{r+\delta r}$ der Druck an der Stelle $r + \delta r$ ist. Wir können jetzt die Bedingung hinschreiben, daß sich die Kräfte zu Null addieren, d.h. daß sich der Stern im Gleichgewicht befindet:

$$P_{r+\delta r} \delta S - P_r \delta S + (GM_r \rho_r/r^2) \delta S \delta r = 0. \qquad (3.2)$$

Unter der Voraussetzung eines infinitesimalen Elements können wir schreiben

$$P_{r+\delta r} - P_r = (dP_r/dr) \delta r. \qquad (3.3)$$

Gln. (3.2) und (3.3) zusammen ergeben

$$\frac{dP_r}{dr} = - \frac{GM_r \rho_r}{r^2}.$$

Im folgenden lassen wir den Index r bei P, M und ρ weg und verstehen diese Symbole jeweils an der Stelle r genommen. Es ist also

$$\frac{dP}{dr} = -\frac{GM\rho}{r^2}. \tag{3.4}$$

Gl. (3.4) ist bekannt als *hydrostatische Grundgleichung*.
In Gl. (3.4) sind die drei Größen M, ρ, r voneinander nicht unabhängig, da die Masse innerhalb des Radius r durch die Dichte der Materie innerhalb r bestimmt wird. Um eine Beziehung zwischen M, ρ und r zu erhalten, betrachten wir die Masse einer sphärischen Hülle zwischen den Radien r und r + δr (Bild 30). Wenn δr klein ist, dann ist diese Masse genähert gleich $4\pi r^2 \rho \delta r$. Diese Hüllenmasse ist auch gleich der Differenz von $M_{r+\delta r}$ und $M_r$, die für eine dünne Hülle wie folgt dargestellt werden kann:

$$M_{r+\delta r} - M_r = (dM/dr)\delta r.$$

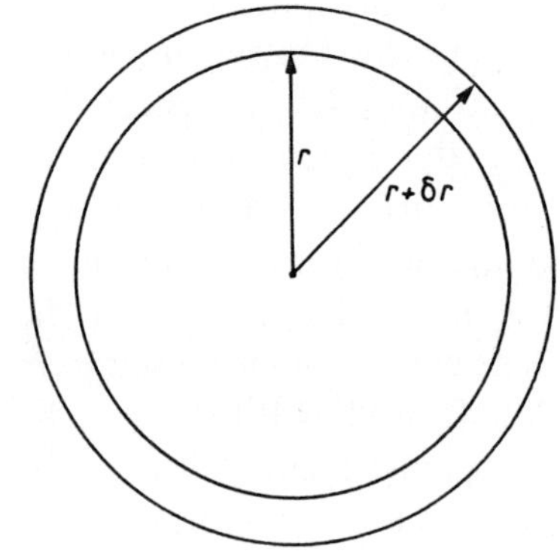

**Bild 30**

Durch Gleichsetzen beider Ausdrücke für die Masse einer sphärischen Hülle bekommen wir

$$\frac{dM}{dr} = 4\pi r^2 \rho. \tag{3.5}$$

Gl. (3.5) wird auch in folgender Form dargestellt:

$$M_r = \int_0^r 4\pi r'^2 \rho_{r'} \, dr'. \tag{3.6}$$

Wir haben jetzt zwei der Sternaufbaugleichungen zur Verfügung. Es sind zwei Differentialgleichungen für die drei Größen P, M, ρ in Abhängigkeit von r. Wir benötigen natürlich noch eine weitere Beziehung, um sie bestimmen zu können. Offensichtlich ist dies die Zustandsgleichung der Sternmaterie, ähnlich der Zustandsgleichung eines idealen Gases. Eine solche verknüpft Druck und Dichte, enthält aber im allgemeinen noch eine weitere Größe, die Temperatur $T$. Daher brauchen wir wenigstens noch eine weitere Gleichung. Bevor wir diese zusätzlichen Gleichungen diskutieren, können wir uns aber schon allein auf der Grundlage der Gln. (3.4) und (3.5) einige nützliche allgemeine Informationen über den Sternaufbau verschaffen. Zuerst wollen wir aber diskutieren, wann die beiden Grundvoraussetzungen dieses Kapitels wahrscheinlich gültig sind.

**Genauigkeit der hydrostatischen Voraussetzung**

Bei der Ableitung der Gl. (3.4) wurde angenommen, daß sich die auf ein beliebiges Materieelement in einem Stern wirkenden Kräfte exakt im Gleichgewicht befinden. Da, wie wir später sehen werden, der Stern während seiner Lebenszeit Perioden von radialer Expansion und Kontraktion unterworfen ist, gilt zu diesen Zeiten die Gl. (3.4) nicht genau. Wir können sie dann aber wie folgt verallgemeinern. Die auf ein Element wirkende Netto-Kraft (Restkraft) muß gleich sein dem Produkt seiner Masse und Beschleunigung. Nennen wir $a$ die Beschleunigung radial nach innen, so muß ein Term $\rho_r a\, \delta S\, \delta r$ auf der rechten Seite der Gl. (3.2) eingeführt werden, und die Gl. (3.4) lautet dann

$$\rho a = \frac{GM\rho}{r^2} + \frac{\partial P}{\partial r}, \qquad (3.7)$$

wobei die partielle Ableitung $\partial P/\partial r$ auftritt, weil $P$ jetzt eine Funktion sowohl von $r$ als auch von $t$ ist.

Wir können nun abschätzen, was passieren würde, wenn beide Terme auf der rechten Seite von Gl. (3.7) sich leicht im Ungleichgewicht befänden. Nehmen wir an, daß ihre Summe gleich ist dem Bruchteil $\lambda$ des Gravitationsterms, so daß die nach innen gerichtete Beschleunigung gleich ist dem Bruchteil $\lambda$ der von der Schwerkraft ($g \equiv GM/r^2$) hervorrufbaren Beschleunigung. Wenn das Element vom Zustand der Ruhe aus beschleunigt wird, so ergibt sich eine Verschiebung $s$ nach innen:

$$s = \frac{1}{2} \lambda g t^2. \qquad (3.8)$$

Auf solche Weise würde sich der Radius z.B. um 10 % verringern in einer Zeit

$$t = \sqrt{\left(\frac{r}{5\lambda g}\right)}.\qquad(3.9)$$

Angewandt auf die Sonne (Oberflächenradius $r \cong 7 \cdot 10^8$ m und $g \cong 2{,}5 \cdot 10^2$ m s$^{-2}$) ergibt dies

$$t \cong 10^3/\lambda^{1/2}\ \text{s}.\qquad(3.10)$$

Da geologische Befunde über das Alter radioaktiver Elemente in der Erdkruste und von Fossilien darauf hinweisen, daß sich die Eigenschaften der Sonne seit wenigstens $10^9$ Jahren (= $3 \cdot 10^{16}$ s) nicht wesentlich geändert haben, kann $\lambda$ gegenwärtig nicht größer sein als $10^{-27}$, so daß Gl. (3.4) tatsächlich mit einem sehr hohen Genauigkeitsgrad gültig ist. Anders ausgedrückt, wenn die Gravitationskraft nicht durch den Druckgradienten der Sonnenmaterie kompensiert würde (also $\lambda = 1$), würde sich der Radius der Sonne bereits in einer Stunde merklich ändern. Im Kapitel 2 wurde erwähnt, daß es Sterne mit merklichen Veränderungen innerhalb von Stunden oder Tagen gibt. Dazu gehören Novae, Supernovae und einige Arten variabler Sterne. Für solche Sterne muß Gl. (3.4) durch Gl. (3.7) ersetzt werden.

Aus Gl. (3.8) können wir einen Ausdruck für die sogenannte dynamische Zeitskala eines Sterns gewinnen. Wenn wir $s = r$ setzen und $\lambda = 1$, dann erhalten wir einen Schätzwert dafür, wie lange der Stern bei Abwesenheit von Druckkräften brauchen würde, um vollständig in sich zusammenzustürzen. Diese Zeit definieren wir als dynamische Zeitskala $t_d$ (auch Freifallzeit genannt). Sie ist gegeben durch:

$$t_d = (2r^3/GM)^{1/2}.\qquad(3.11)$$

**Gültigkeit der Annahme der sphärischen Symmetrie**

Ein Grund, warum Sterne nicht genau sphärisch symmetrisch sind, liegt in ihrer Rotation. Rotierende Körper, die aus Flüssigkeiten oder Gasen bestehen, sind an den Polen abgeflacht. Es gibt im Falle der Erde eine Differenz zwischen dem polaren und äquatorialen Durchmesser, die vermutlich aus jener Zeit stammt, als die Erde noch im schmelzflüssigen Zustand war. Bei den meisten Sternen ist dieser Effekt sehr gering. Bei den sehr rasch rotierenden treten aber deutliche Abweichungen von der Kugelform auf, die wir nicht im einzelnen behandeln können.

Wir wollen jetzt den Einfluß der Rotation auf die Form eines Sterns abschätzen. Betrachten wir ein Materieelement der Masse $m$ in der Nähe der Sternoberfläche beim Äquator (Bild 31). Zusätzlich zu den Kräften von Gravitation und Druck wirkt auf das Element eine nach außen gerichtete Kraft $m\omega^2 R$ ($\omega$ die Winkelgeschwindigkeit des Sterns und $R$ sein äquatorialer Radius). Diese Kraft ist dann bedeutungslos, verglichen mit der Schwerkraft, und wird daher keine ernstzunehmende Abweichung von der Kugelsymmetrie verursachen, wenn gilt

$$m\omega^2 R/(GMm/R^2) \ll 1$$

oder

$$\omega^2 \ll GM/R^3. \qquad (3.12)$$

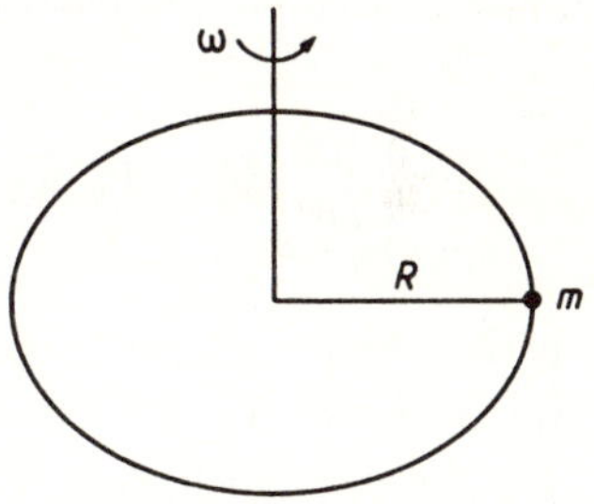

**Bild 31**

Dieser Ausdruck steht in enger Beziehung zu Gl. (3.11), so daß wir sagen können, daß die Rotation den Aufbau eines Stern nur schwach beeinflußt, wenn die Rotationsperiode sehr groß ist verglichen mit der dynamischen Zeitskala $t_d$.

Im Falle der Sonne sind die Rotationseffekte sehr klein. Die Sonne rotiert in ungefähr einem Monat einmal um ihre Achse, so daß $\omega \cong 2{,}5 \cdot 10^{-6}\,\text{s}^{-1}$ und $\omega^2 r^3/GM \cong 2 \cdot 10^{-16}$, weshalb wir mit gutem Grund Abweichungen von der Kugelsymmetrie durch Rotation vernachlässigen können. Die Sonnenrotation ist interessant und wird noch nicht völlig verstanden. Die Sonne rotiert nicht wie ein fester Körper, sondern die Äquatorgebiete rotieren schneller als die polnahen Gebiete. Im Gegensatz zu unserer Abschätzung behauptet ein Beobachter, eine leichte Abplattung der Sonne gemessen zu haben, woraus er schließt, daß das Innere der Sonne wesentlich rascher rotiert als die äußeren Schichten. Dies würde natürlich unsere grobe Abschätzung modifizieren. Gegenwärtig gibt es aber keine Einigkeit bezüglich dieses Resultats und seiner Deutung.

Wir wenden uns jetzt Sternen zu, deren Abweichungen vom Gleichgewichtszustand und von der Kugelsymmetrie bedeutungslos sind, und diskutieren einige Konsequenzen der Gln. (3.4) und (3.5).

**Minimalwert des Zentraldrucks eines Sterns**

Allein aus den Gln. (3.4) und (3.5) können wir — ohne Kenntnis der Materie, aus der sich der Stern zusammensetzt — einen Minimalwert für den Druck im Mittelpunkt eines Sterns finden, dessen Masse und Radius bekannt sind. Wenn wir Gl. (3.4) durch Gl. (3.5) dividieren, erhalten wir

$$\frac{dP}{dr} \bigg/ \frac{dM}{dr} \equiv \frac{dP}{dM} = -\frac{GM}{4\pi r^4}. \tag{3.13}$$

Gl. (3.13) läßt sich bezüglich $M$ zwischen dem Sternmittelpunkt und der Oberfläche integrieren. Dies ergibt

$$-\int_0^{M_s} \frac{dP}{dM} \, dM = P_c - P_s = \int_0^{M_s} \frac{GM}{4\pi r^4} \, dM, \tag{3.14}$$

wobei hier und im folgenden sich die Indizes $c$ und $s$ auf den Mittelpunkt bzw. die Oberfläche des Sterns beziehen. Dementsprechend ist $M_s$ die Gesamtmasse des Sterns, $P_c$ ist der Zentraldruck und $P_s$ der Druck an der Oberfläche.

Wir können jetzt eine untere Grenze für das Integral auf der rechten Seite der Gl. (3.14) abschätzen. Für alle Punkte innerhalb des Sterns ist $r$ kleiner als $r_s$, daher ist $1/r^4$ größer als $1/r_s^4$. Das bedeutet, daß

$$\int_0^{M_s} \frac{GM}{4\pi r^4} \, dM > \int_0^{M_s} \frac{GM \, dM}{4\pi r_s^4} = \frac{GM_s^2}{8\pi r_s^4}. \tag{3.15}$$

Gl. (3.14) läßt sich jetzt mit Gl. (3.15) kombinieren und ergibt

$$P_c > P_s + GM_s^2/8\pi r_s^4 > GM_s^2/8\pi r_s^4. \tag{3.16}$$

Für die Sonne besitzen wir genaue Werte von $M_s$ und $r_s$, die in Gl. (3.16) eingesetzt werden können. Man erhält

$$P_{c\odot} > 4{,}5 \cdot 10^{13} \, \text{Nm}^{-2} \tag{3.17}$$

oder

$$P_{c\odot} > 4{,}5 \cdot 10^8 \, \text{Atmosphären}. \tag{3.18}$$

Dies ist eine bemerkenswerte starke Aussage, die ohne die Kenntnis von chemischer Zusammensetzung oder vom physikalischen Zustand der Sonnenmaterie zustandekam. Natürlich gibt sie aber einen Hinweis über den möglichen physikalischen Zustand der Materie im Sonnenzentrum.

Es mag überraschen, daß wir trotz des sehr hohen Druckes glauben, daß sich die Sonnenmaterie im gasförmigen Zustand befindet. Wie wir bald sehen werden, ist dies kein gewöhnliches Gas.

Für andere Sterne kann man die Ungleichung (3.16) wie folgt umschreiben:

$$P_c > (GM_\odot^2/8\pi r_\odot^4)(M_s/M_\odot)^2 (r_\odot/r_s)^4.$$

Unter Benützung der Sonnendaten für den ersten Klammerausdruck wird dies zu

$$P_c > 4{,}5 \cdot 10^{13} (M_s/M_\odot)^2 (r_\odot/r_s)^4 \, \text{N m}^{-2}. \tag{3.19}$$

## Der Virialsatz

Eine weitere Konsequenz der Grundgleichungen (3.4) und (3.5) erhält man durch Integration der Gleichungen über das ganze Volumen des Sterns. Aus den Gln. (3.4) und (3.5) ergibt sich

$$4\pi r^3 \, dP = -4\pi r GM\rho \, dr = -(GM/r) \, dM. \tag{3.20}$$

Durch Integration von Gl. (3.20) über den ganzen Stern erhält man

$$3\int_{P_c}^{P_s} V \, dP = -\int_0^{M_s} (GM/r) \, dM, \tag{3.21}$$

wobei $V$ das dem Radius $r$ entsprechende Volumen ist. Wir integrieren die linke Seite von Gl. (3.21) partiell und schreiben

$$3\left[PV\right]_c^s - 3\int_0^{V_s} P \, dV = -\int_0^{M_s} (GM/r) \, dM. \tag{3.22}$$

Der integrierte Teil verschwindet an der unteren Grenze, da $V_c = 0$. Der Term auf der rechten Seite von Gl. (3.22) ist die negative potentielle Energie der Gravitation des Sterns (d.h. abgesehen vom Minuszeichen ist dies die Energie, die bei der Entstehung des Sterns aus seinen in die Unendlichkeit verstreuten Bestandteilen freigesetzt wird). Diese bezeichnen wir mit dem Symbol $\Omega$. Unter Berücksichtigung von $dM = \rho \, dV$ nimmt Gl. (3.22) folgende Gestalt an:

$$4\pi r_s^3 P_s = 3\int (P/\rho) \, dM + \Omega. \tag{3.23}$$

Wenn der Stern vom Vakuum umgeben wäre, so wäre der Oberflächendruck gleich Null, und die linke Seite der Gl. (3.23) könnte nullgesetzt werden. Tatsächlich ist der Oberflächendruck eines Sterns zwar nicht gleich Null, aber dennoch um viele Größenordnungen kleiner als der Zentraldruck oder der mittlere Druck im Inneren. Das bedeutet, daß der Term auf der linken Seite von Gl. (3.23) sehr klein ist im Vergleich zu jedem der beiden Terme auf der rechten Seite. Er kann also gewöhnlich vernachlässigt werden, wodurch wir für Gl. (3.23) genähert schreiben können

$$3 \int (P/\rho) \, dM + \Omega = 0. \qquad (3.24)$$

Gl. (3.24) ist als *Virialsatz* bekannt; wir werden ihn öfters in diesem Buch verwenden.

**Der physikalische Zustand der stellaren Materie**

In der Frühzeit der Erforschung des Sternaufbaus gab es viele Diskussionen über den physikalischen Zustand der Materie in Sternen. Man dachte, die Sterne könnten nicht fest sein, weil ihre Temperaturen so hoch wären, und sie könnten nicht gasförmig sein, weil ihre mittleren Dichten zu hoch wären. Heute glaubt man, daß die Sterne in den meisten Fällen aus einem fast idealen Gas bestehen. Dieses ideale Gas ist aber in zweierlei Hinsicht ungewöhnlich.

Zunächst ist die stellare Materie ein ionisiertes Gas oder *Plasma*. Die Temperatur innerhalb der Sterne ist so hoch, daß alle außer den am stärksten gebundenen Elektronen von den Atomen abgetrennt werden. Dies ermöglicht eine besonders starke Kompression der Sternmaterie ohne Abweichung vom idealen Gasgesetz, weil die typische Kerndimension bei $10^{-15}$ m liegt, verglichen mit einer typischen Atomdimension von $10^{-10}$ m. Plasma ist der Name für eine bestimmte Menge ionisierten Gases. In den letzten Jahren hat man erkannt, daß Plasma als vierter Zustand der Materie angesehen werden kann und daß sich der größte Teil der Materie im Universum in diesem vierten Zustand befindet. Er unterscheidet sich von einem gewöhnlichen Gas, weil die Kräfte zwischen Elektronen und Ionen eine viel größere Reichweite haben als die zwischen neutralen Atomen wirkenden Kräfte.

Der zweite bedeutende Unterschied zwischen den meisten Laborbedingungen und den Verhältnissen in Sternen besteht darin, daß sich die Strahlung im thermischen Gleichgewicht mit der Materie im Stern-

inneren befindet und ihre Intensität durch das Plancksche Gesetz (2.5) bestimmt wird. Genau so wie die Teilchen in einem Gas einen Druck ausüben, der aus der kinetischen Gastheorie durch Betrachten von Stößen der Teilchen auf eine imaginäre Oberfläche im Gas berechnet werden kann, so üben auch die Photonen in einer Planck-Verteilung einen Druck, den Strahlungsdruck aus. Früher dachte man, daß in gewöhnlichen Sternen der Strahlungsdruck ebenso wichtig sei wie der Gasdruck. Heute weiß man, daß er mit Ausnahme einiger außergewöhnlicher Sterne, bei denen der Strahlungsdruck lebenswichtig ist, bei den meisten Sternen nur eine untergeordnete Bedeutung besitzt.
In der kinetischen Gastheorie hat der Druck eines idealen Gases die Form

$$P_{gas} = nkT, \qquad (3.25)$$

wobei $n$ die Anzahl der Teilchen pro Kubikmeter angibt und $k$ die Boltzmann-Konstante darstellt (= $1{,}38 \cdot 10^{-23}$ JK$^{-1}$). Diesen Ausdruck für den Druck kann man wie folgt mit der üblichen Form des Boyleschen Gesetzes in Übereinstimmung bringen. Wenn wir eine Gasmasse $\mathcal{M}$ mit dem Molekulargewicht $m$ und einem Volumen $v$ betrachten, so ist ihr Druck gegeben durch

$$P_{gas} v = \frac{\mathcal{M}}{m} RT = \frac{\mathcal{M}}{m} N_A kT, \qquad (3.26)$$

wobei $R$ die Gaskonstante ($8{,}31$ J mol$^{-1}$ K$^{-1}$), $N_A$ die Avogadrosche Zahl ($6{,}02 \cdot 10^{23}$ mol$^{-1}$) und $k = R/N_A$ ist. Wenn wir einen Kubikmeter Gas betrachten und berücksichtigen, daß $n\, (\equiv \mathcal{M} N_A/m)$ die Anzahl der Teilchen in einem Kubikmeter darstellt, so ergibt sich die Gl. (3.25). Entsprechend gilt für den Strahlungsdruck

$$P_{rad} = \frac{1}{3} a T^4, \qquad (3.27)$$

wobei $a$ die Konstante der Strahlungsdichte ($7{,}55 \cdot 10^{-16}$ J m$^{-3}$ K$^{-4}$) ist.

## Mindestwert der mittleren Temperatur eines Sterns

Bei der Sonne und bei vielen anderen Sternen ist der Strahlungsdruck vernachlässigbar klein. Wir werden versuchen, diese Feststellung zu rechtfertigen. Zunächst nehmen wir an, daß die Sterne aus idealem Gas bestehen und daß der Strahlungsdruck zu vernachlässigen ist. Dann ziehen wir den Virialsatz heran, um eine untere Grenze für die mittlere

Temperatur eines Sterns zu erhalten. Aufgrund von Beobachtungen von Massen und Radien wissen wir schon einiges über die Dichten von Sternen. In Anbetracht der gefundenen Dichten und Temperaturen muß die Sternmaterie offensichtlich gasförmig und der Strahlungsdruck zu vernachlässigen sein.

Betrachten wir die beiden Terme im Virialsatz:

$$3 \int (P/\rho) \, dM + \Omega = 0.$$

Die potentielle Energie der Gravitation hat eine untere Grenze in Abhängigkeit von der Gesamtmasse und dem Radius des Sterns. Es gilt

$$-\Omega = \int_0^{M_s} \frac{GM \, dM}{r}.$$

In diesem Integral ist $r$ überall kleiner als $r_s$ innerhalb des Sterns, so daß $1/r$ größer ist als $1/r_s$. Dementsprechend gilt

$$-\Omega > \int_0^{M_s} \frac{GM \, dM}{r_s} = \frac{GM_s^2}{2r_s}. \qquad (3.28)$$

Wenn man annimmt, daß der Stern aus idealem Gas besteht und der Strahlungsdruck zu vernachlässigen ist, kann der andere Term im Virialsatz wie folgt geschrieben werden:

$$3 \int_0^{M_s} \frac{P}{\rho} \, dM = 3 \int_0^{M_s} \frac{kT}{m} \, dM = \frac{3k}{m} M_s \bar{T}, \qquad (3.29)$$

wobei $\rho = nm$, so daß $m$ jetzt die durchschnittliche Teilchenmasse der Sternmaterie repräsentiert. $\bar{T}$ ist eine mittlere Temperatur, definiert durch

$$M_s \bar{T} = \int_0^{M_s} T \, dM. \qquad (3.30)$$

Durch Kombination der Gln. (3.24) und (3.29) sowie der Ungleichung (3.28) erhalten wir

$$\bar{T} > GM_s m / 6k r_s. \qquad (3.31)$$

Für die Sonne können wir die Werte von Masse und Radius in die Ungleichung (3.31) einsetzen und die mittlere Teilchenmasse im Verhältnis zur Masse des Wasserstoffatoms ausdrücken ($m_H = 1{,}67 \cdot 10^{-27}$ kg). Es ergibt sich

$$\overline{T}_\odot > 4 \cdot 10^6 \, (m/m_H) \, \text{K}. \tag{3.32}$$

Um einen numerischen Wert für diese untere Grenze der mittleren Temperatur zu bekommen, brauchen wir einen Wert für $m/m_H$. Wie wir in Kapitel 2 gesehen haben, ist der Wasserstoff das häufigste Element in den Sternen. Wenn der Wasserstoff vollständig ionisiert ist, also zwei Teilchensorten, Protonen und Elektronen, vorhanden sind, beträgt die mittlere Teilchenmasse $m/m_H = 1/2$, da die Elektronen gegenüber den Protonen eine vernachlässigbare Masse besitzen. Für jedes andere Element, gleichgültig ob vollständig ionisiert oder nicht, ist der Wert von $m/m_H$ größer; dies werden wir im einzelnen in Kapitel 4 behandeln. Wir können also sicherlich schreiben

$$\overline{T}_\odot > 2 \cdot 10^6 \, \text{K}. \tag{3.33}$$

Dies ist für irdische Verhältnisse eine sehr hohe Temperatur, und sie ist auch sehr viel höher als die beobachtete Oberflächentemperatur der Sonne und anderer Sterne.

Einen Schätzwert für die mittlere Dichte der Sonne erhalten wir durch die Beziehung:

$$\overline{\rho}_\odot = 3M_\odot/4\pi r_\odot^3 \cong 1{,}4 \cdot 10^3 \, \text{kg m}^{-3}. \tag{3.34}$$

Jetzt wird uns klar, daß Materie von der mittleren Dichte und der mittleren Temperatur der Sonne ein hochionisiertes Gas sein muß. Die mittlere Dichte der Sonne ist nur wenig höher als die des Wassers und anderer gewöhnlicher Flüssigkeiten. Solche Flüssigkeiten werden gasförmig bei Temperaturen, die viel niedriger sind als jene, die durch die Ungleichung (3.33) gegeben ist. Außerdem ist bei einer solchen Temperatur die durchschnittliche kinetische Energie der Teilchen höher als die Energie, die zur Abtrennung vieler gebundener Elektronen von Atomen benötigt wird — weshalb das Gas hochionisiert ist.

Wir können die Bedeutung des Strahlungsdrucks in der Sonne abschätzen. Aus den Gln. (3.25) und (3.27) erhält man

$$\frac{P_{\text{rad}}}{P_{\text{gas}}} = \frac{aT^3}{3nk}. \tag{3.35}$$

Mit $T \cong \overline{T} \cong 2 \cdot 10^6$ K und $n \cong 2\overline{\rho}/m_H \cong 2 \cdot 10^{30}$;

$$\frac{P_{\text{rad}}}{P_{\text{gas}}} \cong 10^{-4}. \tag{3.36}$$

Bei dieser Rechnung haben wir $\overline{T}$ unterschätzt, dennoch ist es klar, daß der Strahlungsdruck an einer durchschnittlichen Stelle in der Sonne bedeutungslos ist. Dies gilt spezifisch für die Sonne. Obwohl viele andere Sterne auch aus einem fast idealen Gas mit vernachlässigbarem Strahlungsdruck bestehen, gibt es Sterne, bei denen starke Abweichungen vom idealen Gas vorliegen, und andere, bei denen der Strahlungsdruck von Bedeutung ist.

**Die Quelle stellarer Energie**

Bis jetzt haben wir nur die dynamischen Eigenschaften eines Sterns betrachtet. Vielleicht ist aber die wichtigste Eigenschaft eines Sterns die kontinuierliche Abstrahlung von Energie in den Raum. Wir müssen uns daher mit dem Ursprung dieser Energie und mit deren Transport vom Entstehungsort bis zur Sternoberfläche befassen. Betrachten wir zunächst den Ursprung dieser Energie, worunter wir selbstverständlich nicht das Auftreten von Energie aus dem Nichts, sondern ihre Umwandlung aus einer anderen Form verstehen, in der sie nicht unmittelbar zur Abstrahlung zur Verfügung steht. Wieder einmal dient die Sonne als Beispiel. Die Sonne strahlt Energie mit einer Rate von $4 \cdot 10^{26}$ J s$^{-1}$ ($= 4 \cdot 10^{26}$ W) ab. Entsprechend der Einsteinschen Beziehung zwischen Masse und Energie $E = mc^2$ bedeutet dies, daß die Massenverlustrate der Sonne $4 \cdot 10^9$ kg s$^{-1}$ beträgt. Durch Untersuchung der radioaktiven Elemente im Erdgestein und ihrer Zerfallsprodukte kann man abschätzen, seit wie langer Zeit das Gestein fest war. Untersuchungen von Fossilien im Gestein zeigen, seit wann Leben auf der Erde existiert. Diese Studien ergeben, daß die Leuchtkraft der Sonne sich in den letzten paar Milliarden Jahren nicht wesentlich geändert haben kann und daß in dieser Zeit der gesamte Massenverlust ungefähr $2 \cdot 10^{-4} M_\odot$ betragen haben muß.

Was kann die Quelle dieser Energie gewesen sein? Die einfachste Vorstellung wäre die, daß die Sonne zu irgendeinem fernen Zeitpunkt sehr heiß wurde, daß dies vielleicht der Zeitpunkt ihrer Entstehung war und daß sie seither abkühlt. Wir können testen, ob dies plausibel ist, indem wir fragen, wie lange der heutige thermische Energieinhalt den Nachschub für die gegenwärtige Energieverlustrate liefern könnte. Eine andere Möglichkeit, die ernsthaft in Betracht gezogen wurde, als man den Aufbau der Sterne zu studieren begann, war eine langsame Kontraktion der Sonne mit einem entsprechendem Freiwerden von potentieller Gravitationsenergie und Umwandlung dieser Energie in Strahlung, die dann die Oberfläche verläßt.

Die thermische Energie und die Gravitationsenergie eines Sterns, der aus einem idealen Gas besteht, sind eng miteinander verknüpft. In einem idealen Gas erhält man die thermische Gesamtenergie, indem man die Anzahl der Teilchen mit der Anzahl der Freiheitsgrade $n_f$ eines jeden Teilchens und mit $kT/2$ multipliziert. Daher ist die thermische Energie pro Einheitsvolumen $n n_f k T/2$. Die Anzahl der Freiheitsgrade $n_f$ steht in Beziehung zum Verhältnis der spezifischen Wärmen $\gamma$ der Materie durch $\gamma = (n_f + 2)/n_f$, wobei $\gamma$ das Verhältnis von spezifischer Wärme bei konstantem Druck zur spezifischen Wärme bei konstantem Volumen darstellt. Wenn wir den Ausdruck (3.25) für den Druck eines idealen Gases benützen und die thermische Energie pro Kilogramm ($u$) statt der thermischen Energie pro Einheitsvolumen einführen, so gilt

$$u = P/(\gamma - 1)\rho. \tag{3.37}$$

Der Virialsatz (3.24) kann dann geschrieben werden

$$3(\gamma - 1) U + \Omega = 0 \tag{3.38}$$

für den Fall eines idealen Gases mit vernachlässigbaren Strahlungsdruck, wobei $U$ die gesamte thermische Energie des Sterns ist. Wie früher erwähnt, ist die Materie innerhalb eines Sterns hochionisiert. Ein vollionisiertes Gas ist ein Ein-Atom-Gas, für das $\gamma$ den Wert 5/3 besitzt; mit dem Wert von $\gamma$ kann die Gl. (3.38) geschrieben werden

$$2U + \Omega = 0. \tag{3.39}$$

Für einen solchen Stern ist also die negative Gravitationsenergie gleich der doppelten thermischen Energie.

Aus Gl. (3.39) geht hervor, daß sich die Zeit, in der die gegenwärtige thermische Energie der Sonne ihre Strahlung aufrechterhalten kann, und die Zeit, in der die bisherige Freisetzung von potentieller Gravitationsenergie ihre gegenwärtige Abstrahlungsrate gewährleistet haben kann, nur um den Faktor 2 unterscheiden. Um eine ungefähre Vorstellung von dieser Zeit zu bekommen, braucht man daher nur eine Energieform in Betracht zu ziehen. Der gesamte Vorrat an potentieller Gravitationsenergie ist von der Größenordnung $(GM_\odot^2/r_\odot)$ J. Dies würde ausreichen, um Strahlungsenergie mit einer Rate $L_\odot W$ für eine Zeit von

$$GM_\odot^2/r_\odot L_\odot \cong 10^{15} \text{ s} \cong 3 \cdot 10^7 \text{ Jahren} \tag{3.40}$$

zu liefern. Das heißt, daß sich die Sonne in den letzten zehn Millionen Jahren wesentlich geändert haben würde, wenn die Sonnenstrahlung entweder von Kontraktion oder Abkühlung (der Faktor 2 ist dabei bedeutungslos) herrühren würde. Dem steht die Aussage der Geologen entgegen, daß sich die Sonne in einer hundert mal längeren Zeitspanne kaum verändert hat. Die Zeit

$$t_{\text{th}} \equiv GM_s^2/r_s L_s, \tag{3.41}$$

stellt die thermische Zeitskala dar, die in Gl. (3.1) eingeführt wurde. Verständlicherweise müssen wir uns nach einer anderen Quelle für die Strahlungsenergie der Sonne umsehen, vorher können wir aber noch ein anderes sehr wichtiges Resultat aus Gl. (3.39) ableiten. Die Gesamtenergie eines Sterns kann definiert werden durch:

$$E = U + \Omega, \tag{3.42}$$

vorausgesetzt, daß es keine anderen Energiequellen gibt. Wenn der Stern Energie in den Raum abstrahlt, muß $E$ kleiner werden. Aus den Gln. (3.39) und (3.42) erhalten wir

$$E = -U = \Omega/2. \tag{3.43}$$

Die Gesamtenergie des Sterns ist negativ und gleich der halben Gravitationsenergie oder gleich minus der thermischen Energie. Wir sehen jetzt, daß eine Senkung von $E$ zu einer Senkung von $\Omega$, aber zu einem Anwachsen von $U$ führt. Wenn also ein Stern aus idealem Gas besteht und keine versteckten Energiequellen existieren, so kontrahiert er und heizt sich auf, wenn er Energie abstrahlt. Wir haben also das eher paradoxe Ergebnis, daß ein solcher Stern nicht abkühlen kann. Jeder Versuch, Energie zu verlieren, verursacht eine Kontraktion und ein Freisetzen von Energie mit einer Rate, die nicht nur den Energieverlust an der Oberfläche kompensiert, sondern auch noch die Sternmaterie aufheizt. Obwohl wir dieses Resultat für ein vollionisiertes Gas gewonnen haben, gilt es auch, wenn das Verhältnis der spezifischen Wärme $\gamma$ größer ist als 4/3. Dies ist sehr wichtig, und wir werden uns darauf beziehen, wenn wir die Entwicklung eines Sterns betrachten. Wir haben erkannt, daß die Sonne (wenn sie aus idealem Gas besteht) unmöglich aus einem Abkühlungsprozeß ihren Energieverlust an der Oberfläche ausgleichen kann. Dabei haben wir geologische Argumente ganz außer Acht gelassen.

Wir wenden uns wieder der Quelle für die von der Sonne und anderen Sternen abgestrahlte Energie zu. Wenn dies weder Gravitations- noch thermische Energie ist, so muß sie bei der Materieumwandlung von einer Form in eine andere freigesetzt worden sein. Ferner muß sie wenigstens $2 \cdot 10^{-4}$ der Ruhemassen-Energie der Sonne (s. Seite 66) freisetzen können. Damit sind sofort chemische Reaktionen, wie z.B. die Verbrennung von Kohle, Gas, Öl aus dem Spiel, weil dies nur maximal $5 \cdot 10^{-10}$ der Ruhemassen-Energie liefert. Tatsächlich besteht die einzige Möglichkeit für die Freisetzung so großer Energiemengen in Kernreaktionen, welche ebenfalls eine Materieumwandlung bewirken. Das können entweder Spaltungsreaktionen schwerer Kerne sein, wie sie in der Atombombe oder auch in Kernreaktoren ablaufen, wodurch $5 \cdot 10^{-4}$ der Ruhemassen-Energie frei wird, oder Fusionsreaktionen leichter Kerne, wie in der Wasserstoffbombe, wobei bis zu 1 % der Ruhemassen-Energie freigesetzt wird. Der höhere Energiegewinn spricht in diesem Zusammenhang für die Fusionsprozesse, hinzukommt aber auch, daß die leichten Elemente die häufigeren sind. Man ist heute der Auffassung, daß Kernfusionsprozesse die Quelle der Energie bilden, die während der meisten Phasen der Entwicklung eines Sterns abgestrahlt wird. Eingehender wird dies im nächsten Kapitel erörtert werden.

## Beziehung zwischen Energiefreisetzung und Energietransport

Wenn wir zeitliche Änderungen als unbedeutend ansehen, können wir unmittelbar eine Gleichung aufstellen, welche die Energiefreisetzungsrate mit der Energietransportrate verknüpft. Wie vorhin setzen wir sphärische Symmetrie voraus, so daß alle Energie in radialer Richtung transportiert wird. Auch sei die Verteilung der Energiequellen durch die Energiefreisetzungsrate in Abhängigkeit von $r$ gegeben: $\epsilon(r)$ W kg$^{-1}$. Nehmen wir an, daß Energie mit einer Rate $L_r$ W durch eine Sphäre vom Radius $r$ hindurchfließt. Dann können wir die Differenz zwischen den Energieflüssen durch die Sphären mit den Radien $r + \delta r$ bzw. $r$ gleichsetzen der in der sphärischen Hülle (Bild 32) freigesetzten Energie. Daher gilt

$$L_{(r+\delta r)} - L_r = 4\pi r^2 \,\delta r \,\rho \,\epsilon$$

oder

$$\frac{dL}{dr} = 4\pi r^2 \rho \epsilon. \qquad (3.44)$$

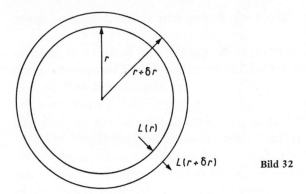

Bild 32

Bei der Ableitung dieser Gleichung haben wir wiederum eine Änderung der stellaren Eigenschaften mit der Zeit außer Acht gelassen. Wir haben z.B. nicht bedacht, daß ein Teil der in der Hülle freiwerdenden Energie die Hülle aufheizen oder ihr Volumen verändern könnte. Diese Vernachlässigung der Zeitabhängigkeit läßt sich normalerweise rechtfertigen, wenn die gegenwärtig funktionierenden Energiequellen in der Lage sind, die Sternstrahlung für eine Zeitspanne aufrechtzuerhalten, die im Vergleich zur thermischen Zeitskala Gl. (3.41) lange ist; in der Schreibweise von Gl. (3.1) heißt dies

$$t_n \gg t_{th}. \tag{3.45}$$

Dies gilt keineswegs immer, und es ist viel wahrscheinlicher, daß eine Zeitabhängigkeit in Gl. (3.44) eingeführt werden muß als in Gl. (3.4)[7].

**Art des Energietransportes**

Wir haben eine weitere Gleichung des Sternaufbaus gewonnen, allerdings um den Preis der Einführung zweier weiterer Unbekannten $\epsilon$ und $L$. Wir brauchen daher noch einige weitere Gleichungen.

---

[7] Man kann Gl. (3.44) so verallgemeinern, daß eine Zunahme der thermischen Energie oder eine Volumsänderung, die von der freigesetzten Energie hervorgerufen werden, darin berücksichtigt wird. Sie lautet dann

$$\frac{du}{dt} + P\frac{dv}{dt} = \epsilon - \frac{1}{4\pi r^2 \rho}\frac{\partial L}{\partial r},$$

wobei d/dt sich auf die zeitliche Änderung der Eigenschaften eines festgehaltenen Materie-Elementes bezieht, $u$ die thermische Energie pro kg und $v$ das spezifische Volumen (1/$\rho$) darstellt. Diese Gleichung wird für die Sternentwicklung benötigt, die in späteren Abschnitten dieses Buches behandelt wird.

## Art des Energietransportes

Betrachten wir jetzt die Art des Energietransports nach außen. Dafür gibt es drei Möglichkeiten: Leitung, Konvektion und Strahlung. Im Prinzip besteht kein echter Unterschied zwischen Leitung und Strahlung, denn beide beruhen auf Stößen energiereicherer Teilchen mit weniger energiereichen, was zu einem Energieaustausch führt. Bei der Leitung wird Energie hauptsächlich durch Elektronen übertragen. Die energiereicheren Elektronen heißerer Zonen kollidieren mit Elektronen aus kühleren Gebieten und übertragen dabei Energie. Bei der Strahlung erfolgt der Energietransport durch Lichtquanten (Photonen).

In den meisten Sternen ist der Gasdruck von wesentlich größerer Bedeutung als der Strahlungsdruck (wie wir für die Sonne auf Seite 66 gezeigt haben). Dasselbe gilt für die Energiedichte; wir haben daher

$$\left.\begin{array}{ll} P_{gas} = nkT, & \rho u_{gas} = \dfrac{3}{2} nkT, \\[1em] P_{rad} = \dfrac{1}{3} aT^4, & \rho u_{rad} = aT^4, \end{array}\right\} \quad (3.46)$$

wobei $\rho u$ die Energie pro Volumseinheit ist und das Gas als einatomig angenommen wurde. Da die thermische Energie der Elektronen viel größer ist als die Energie der Photonen, könnte man erwarten, daß Wärmeleitung die wichtigere der beiden Energietransportarten ist. Es gibt aber zwei Faktoren, die die Wirksamkeit des Energietransports bestimmen, nämlich der Energieinhalt und die Wegstrecke, die von den Teilchen zwischen zwei Stößen durchschnittlich zurückgelegt wird. Letztere wird als *mittlere freie Weglänge* bezeichnet. Wenn diese groß ist, können Teilchen von einer Stelle hoher Temperatur zu einer Stelle deutlich niedrigerer Temperatur gelangen und dort durch Stöße ihre Energie übertragen. Dies ergibt einen starken Transport von Energie. Obwohl weder Elektronen noch Photonen sehr weite Strecken zurücklegen können ohne (unter gewöhnlichen stellaren Verhältnissen) zu kollidieren, haben die Photonen doch eine beträchtlich größere mittlere freie Weglänge als die Elektronen. Dies überkompensiert sogar die größere Gesamtenergie der Elektronen. Bei den meisten Sternen ist daher der Energiebetrag, der durch Leitung übertragen wird, vernachlässigbar im Vergleich mit der Strahlung.

Man kann sich aber überlegen, daß die mittlere freie Weglänge der Photonen in der Sonne sehr klein sein muß und daß ein Photon auf seiner Reise vom Inneren zur Oberfläche viele Stöße erleiden muß. Wenn sich nämlich die bei den Kernreaktionen im Zentrum freiwerdenden Photonen mit Lichtgeschwindigkeit zur Oberfläche der Sonne bewegen würden, so könnten sie die Sonne in etwas mehr als zwei Sekunden verlassen. In Wirklichkeit diffundiert aber die im Sonnenzentrum freigewordene Energie langsam nach außen. Weiter oben haben wir erfahren, daß die gesamte thermische Energie der Sonne ihre Abstrahlungsrate für ungefähr $3 \cdot 10^7$ Jahre aufrechterhalten kann. Dies erlaubt eine Abschätzung dafür, wie lange ein Photon braucht, um vom Mittelpunkt der Sonne bis zu ihrer Oberfläche zu diffundieren. Wenn wir also die an der Sonnenoberfläche abgestrahlte Energie beobachten, so ist dies das Ergebnis von Kernreaktionen, die einige zehn Millionen Jahre vorher stattgefunden haben. Natürlich ist dies eine vereinfachte Darstellung, weil Photonen ihre Identität nicht behalten. Was wir als Stöße bezeichnen, schließt auch die Absorption der Strahlung mit ein. Es ist aber sicherlich richtig, daß wir für den Fall, daß die Sonne vor ca. $10^7$ Jahren ihre Kernreaktionen im Inneren eingestellt hätte, erst jetzt die Folgen davon zu spüren bekämen.

Gleichgültig, ob wir Leitung („cond") oder Strahlung („rad") betrachten, können wir den Energiefluß pro $m^2$ und Sekunde ($F$) ausdrücken als Funktion des Temperaturgradienten und eines Koeffizienten der Wärmeleitfähigkeit ($\lambda$). Es gilt

$$\left. \begin{array}{l} F_{cond} = -\lambda_{cond}\, dT/dr, \\ F_{rad} = -\lambda_{rad}\, dT/dr, \end{array} \right\} \qquad (3.47)$$

für sphärische Symmetrie, wobei das Minuszeichen angibt, daß Wärme den Temperaturgradienten hinunter fließt. Außerdem gilt $L_{rad} = 4\pi r^2 F_{rad}$. Die Wärmeleitfähigkeit mißt die Fließbereitschaft von Wärme. Der Astronom arbeitet gewöhnlich mit einer Größe, die er *Opazität* der Sternmaterie nennt und die den Widerstand der Materie gegen den Wärmefluß charakterisiert. Die Opazität ist definiert durch die Beziehung

$$\kappa = \frac{4acT^3}{3\rho\lambda}, \qquad (3.48)$$

so daß

$$F_{rad} = -\frac{4acT^3}{3\kappa_{rad}\rho}\frac{dT}{dr} \qquad (3.49)$$

und

$$F_{cond} = -\frac{4acT^3}{3\kappa_{cond}\rho}\frac{dT}{dr}. \qquad (3.50)$$

Wenn der gesamte Energietransport durch Strahlung und Leitung erfolgt, kann man die Gln. (3.49) und (3.50) zusammenfassen und erhält

$$L = 4\pi r^2 (F_{cond} + F_{rad}) = -\frac{16\pi a c r^2 T^3}{3\kappa\rho} \frac{dT}{dr}$$

oder

$$\frac{dT}{dr} = -\frac{3\kappa L\rho}{16\pi a c r^2 T^3}, \qquad (3.51)$$

wobei

$$\frac{1}{\kappa} = \frac{1}{\kappa_{rad}} + \frac{1}{\kappa_{cond}}. \qquad (3.52)$$

Gl. (3.51) läßt sich wie folgt umschreiben:

$$\frac{dP_{rad}}{dr} = -\frac{\kappa L\rho}{4\pi c r^2}, \qquad (3.53)$$

was formal ziemlich ähnlich ist der Gl. (3.4):

$$\frac{dP}{dr} = -\frac{GM\rho}{r^2}.$$

Es ist klar, daß der Energiefluß durch Strahlung und Leitung nur dann bestimmt werden kann, wenn ein Ausdruck für $\kappa$ zur Verfügung steht. Wie man diesen erhält, wird im Kapitel 4 dargelegt werden.

## Energietransport durch Konvektion

Ein Energietransport durch Leitung und Strahlung findet immer dann statt, wenn in einem Körper ein Temperaturgradient besteht. Das gilt nicht für die Konvektion, die nur in Flüssigkeiten oder Gasen auftritt, und auch nur dann, wenn der Temperaturgradient einen kritischen Wert überschreitet. Bevor wir die Konvektion in Sternen behandeln, wollen wir das viel einfachere Problem der Konvektion in einer Flüssigkeit betrachten, die im Labor studiert werden kann. Nehmen wir an (Bild 33), daß eine Flüssigkeit zwischen zwei parallelen Oberflächen eingeschlossen ist, die bei zwei verschiedenen Temperaturen $T_1$ und $T_2$ gehalten werden und wobei die untere Fläche die heißere ist. Bei kleinen Temperaturunterschieden zwischen den beiden Wänden wird Wärme nur durch Leitung übertragen. Die Wärmeflußrate ist daher durch die erste der bei-

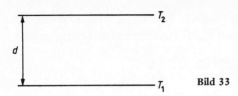

Bild 33

den Gln. (3.47) gegeben. Erhöht man die Temperaturdifferenz, so kommt es zu einem kritischen Zustand, bei dem Massenbewegungen oder Konvektion in der Flüssigkeit einsetzen und der Betrag der transportierten Energie stark ansteigt. Zuerst sind diese Bewegungen ziemlich regelmäßig. Die aufsteigenden und absinkenden Flüssigkeitselemente bilden ein recht einfaches geometrisches Muster. In manchen Fällen bilden sich hexagonale Konvektionszellen, bei denen die Flüssigkeit im Mittelpunkt aufsteigt und an den Rändern niedersinkt. Wenn man die Temperatur weiter steigert, so verschwindet das reguläre Muster und die Bewegungen werden irregulär und turbulent.

Konvektion setzt ein, weil der Zustand der Flüssigkeit ohne Bewegungen instabil ist. Fragen wir uns, was mit einem kleinen Element einer Flüssigkeit passiert, das sich von unten nach oben bewegt. Wenn sich dieses Element eine kleine Strecke nach oben bewegt hat, so ist es heißer als seine Umgebung und wegen seines thermischen Ausdehnungskoeffizienten auch leichter als diese. Deshalb wird es bestrebt sein, weiter aufzusteigen, andererseits aber auch Wärme an seine Umgebung abzugeben und dadurch abzukühlen. Die auf das Element wirkenden Reibungskräfte werden es abbremsen. Ist der Temperaturgradient hoch genug, so wird die Auftriebskraft die Oberhand gewinnen und konvektive Bewegungen werden einsetzen, wogegen bei kleinen Temperaturgradienten die Wärmeleitung des Elements und der Widerstand gegen die Bewegung, ausgeübt von der Umgebung, das Einsetzen der Konvektion verhindern können.

Theoretische Rechnungen haben gezeigt, daß es vom Wert einer dimensionslosen Größe, der *Rayleighschen Zahl* abhängt, ob konvektive Bewegungen stattfinden oder nicht. Diese Größe ist definiert durch

$$R = g\,\alpha\beta\,d^4/\lambda\eta\,c_v, \tag{3.54}$$

wobei $g$ die Schwerebeschleunigung, $\alpha$ der thermische Ausdehnungskoeffizient, $\lambda$ der Koeffizient der Wärmeleitfähigkeit, $\eta$ die Viskosität, $c_v$ die spezifische Wärme der Flüssigkeit bei konstantem Volumen, $d$ die

Tiefe der Flüssigkeitsschicht und $\beta = |dT/dz|$ ist. Es wurde errechnet, daß Konvektion auftritt, wenn

$$R \gtrsim 1700, \qquad (3.55)$$

und dies wurde experimentell bei einer Reihe von Flüssigkeiten bestätigt. Hat einmal die Rayleighsche Zahl ihren kritischen Wert überschritten, so daß Konvektion herrscht, so ist es für uns interessant zu fragen, welche Beziehung zwischen der durch Konvektion transportierten Energie und der Rayleighschen Zahl $R$ besteht. Hier sind Theorie und Beobachtung in keiner guten Übereinstimmung. Die durch Konvektion bei großen Werten von $R$ übertragene Energiemenge kann gemessen werden, es gibt aber gegenwärtig keine Theorie einer voll entwickelten Konvektion, die den Wärmefluß völlig exakt vorhersagt.

Konvektion in Sternen unterscheidet sich von der Konvektion im Labor in mehrerer Hinsicht. Erstens gibt es dort keine festen Wände, die bei wohldefinierten Temperaturen gehalten werden. In der Tat hängen die Größen eines Sterns und die Werte für die physikalischen Größen in ihm davon ab, wie die Wärme transportiert wird. Das bedeutet, daß wir nicht zuerst die Struktur eines Sterns berechnen können, um dann zu fragen, wieviel Energie durch Konvektion transportiert wird. Zweitens setzt sich ein Stern aus einem hochkompressiblen Gas zusammen und nicht aus einer fast inkompressiblen Flüssigkeit. Das heißt, ein aufsteigendes Element in einem Stern hat eine Dichte, die nicht nur von seiner Temperatur, sondern auch von seinem Druck, also dem Druck seiner Umgebung abhängt. In einer von unten erwärmten Flüssigkeit würde Konvektion überhaupt bei jedem Temperaturgradienten stattfinden, es sei denn, der Wärmefluß in die Umgebung und die Viskosität der Flüssigkeit würden sie unterdrücken. Dies gilt nicht für ein Gas. In diesem Fall wird zwar auch Konvektion einsetzen, wenn das aufsteigende Element leichter als seine Umgebung ist, dies wird aber von zwei Umständen abhängen: erstens, wie rasch sich das Element wegen des kleiner werdenden Drucks der Umgebung ausdehnt, und zweitens, wie stark die Dichte der Umgebung mit der Höhe abfällt. Was immer die Werte der Wärmeleitfähigkeit und der Viskosität sein mögen, es muß ein endlicher Temperaturgradient in einem Gas erreicht sein, bevor die Konvektion einsetzen kann. In erster Näherung vernachlässigen wir dabei die Effekte von Wärmeverlusten und Viskosität.

## Bedingung für das Auftreten von Konvektion

Wenn ein aufsteigendes Element keine Wärme an die Umgebung verliert (was man adiabatische Bewegung nennt), so gehorchen sein Druck $P$ und sein Volumen $v$ der Beziehung

$$Pv^\gamma = \text{const}, \tag{3.56}$$

wo $\gamma$ wiederum das Verhältnis der beiden grundlegenden spezifischen Wärmen darstellt. Ebenso kann man schreiben

$$P/\rho^\gamma = \text{const}. \tag{3.57}$$

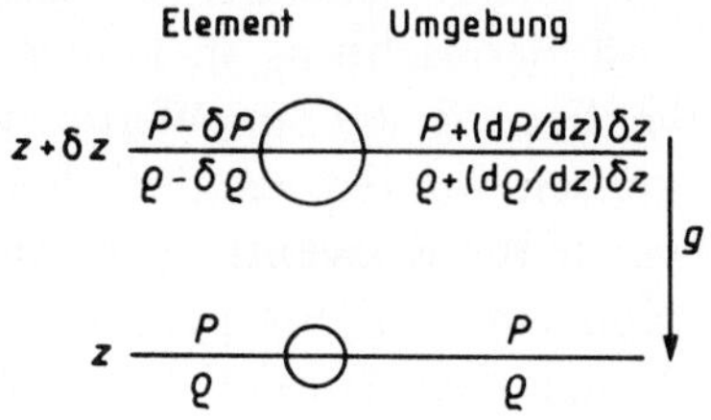

Bild 34

Ein Element möge eine Strecke $\delta z$ (Bild 34) aufsteigen, zu Beginn mit dem Druck $P$ und der Dichte $\rho$ und am Ende mit dem Druck $P - \delta P$ und der Dichte $\rho - \delta\rho$. Seine ungestörte Umgebung hat beim oberen Niveau den Druck $P + (dP/dz)\delta z$ und die Dichte $\rho + (d\rho/dz)\delta z$, wobei $dP/dz$ negativ ist, weil die Schwerkraft nach unten wirkt. Aus Gl. (3.57) folgt

$$(P - \delta P)/(\rho - \delta\rho)^\gamma = P/\rho^\gamma. \tag{3.58}$$

In Gl. (3.58) kann, wenn die Distanz $\delta z$ und die Änderungen $\delta P$ und $\delta\rho$ als klein zu betrachten sind, $(\rho - \delta\rho)$ mit genügender Genauigkeit durch $\rho^\gamma - \gamma\rho^{\gamma-1}\delta\rho$ ersetzt werden, wodurch Gl. (3.58) die Form

$$\delta P = (\gamma P/\rho)\delta\rho \tag{3.59}$$

annimmt. Während das Element steigt, hat es denselben Druck wie seine Umgebung:

$$\delta P = (-dP/dz)\delta z. \tag{3.60}$$

Gl. (3.59) und Gl. (3.60) zusammengefaßt ergibt

$$\delta\rho = (\rho/\gamma P)(-dP/dz)\delta z. \tag{3.61}$$

Das aufsteigende Element wird leichter sein als seine Umgebung und daher weiter steigen, wenn

$$\rho - \delta\rho < \rho + (d\rho/dz)\delta z$$

oder
$$(\rho/\gamma P)(dP/dz) < d\rho/dz, \tag{3.62}$$

wobei wir Gl. (3.61) herangezogen und die Ungleichung durch $\delta z$, das positiv ist, dividiert haben. Jetzt dividieren wir beide Seiten von Gl. (3.62) durch $dP/dz$. Da $dP/dz$ negativ ist, müssen wir auch das Ungleichheitszeichen umkehren:

$$\frac{P}{\rho} \frac{d\rho}{dP} < \frac{1}{\gamma}. \tag{3.63}$$

Für ein ideales Gas, bei dem der Strahlungsdruck zu vernachlässigen ist, gilt $P = \rho kT/m$ ($m$ die mittlere Teilchenmasse des Gases). Unter der Voraussetzung, daß wir Ionisation und Dissoziation im betrachteten Gebiet ausschließen, somit keine Änderung von $m$ mit der Position zulassen, gilt

$$\log P = \log \rho + \log T + \text{const}$$

und nach Differenzierung

$$\frac{dP}{P} = \frac{d\rho}{\rho} + \frac{dT}{T}. \tag{3.64}$$

Gln. (3.63) und (3.64) ergeben dann zusammen die Bedingung für das Auftreten von Konvektion:

$$\frac{P}{T} \frac{dT}{dP} > \frac{\gamma - 1}{\gamma}. \tag{3.65}$$

Bei der Ableitung dieser Bedingung haben wir nicht die sphärische Geometrie eines Sterns berücksichtigt. Dies ist aber kein Schaden, weil das Kriterium für das Einsetzen der Konvektion allein von den Bedingungen in der unmittelbaren Nachbarschaft des Elements abhängt. Wenn diese Region klein genug gewählt ist, ist es unmöglich, zwischen einem ebenen und einem sphärischen System zu unterscheiden (dies entspricht dem Gebrauch ebener Geometrie in kleinen Gebieten der Erdoberfläche).

Gl. (3.65) kann auch wie folgt geschrieben werden:

$$\left|\frac{dT}{dz}\right| > \left(\frac{\gamma - 1}{\gamma}\right) \frac{T}{P} \left|\frac{dP}{dz}\right|, \tag{3.66}$$

wobei die Absolutzeichen gesetzt werden, weil sowohl d$P$/d$z$ als auch d$T$/d$z$ negativ sind. Man erkennt, daß Konvektion auftritt, wenn |d$T$/d$z$| ein bestimmtes Vielfaches von |d$P$/d$z$| überschreitet. Wie im Falle der Flüssigkeit wird wegen des Wärmeverlustes an die Umgebung und wegen der Viskosität ein etwas höherer Schwellenwert des Temperaturgradienten nötig sein, um die Konvektion in Gang zu setzen. Diese Korrektur des kritischen Temperaturgradienten ist aber normalerweise klein im Vergleich zum Gradienten selbst, weswegen wir sie im folgenden ignorieren.

Obwohl wir jetzt die Bedingung für Konvektion bestimmt haben, wollen wir auch wissen, wieviel Energie durch Konvektion transportiert wird. Es ist unmöglich, Experimente auszuführen, welche die Bedingungen im Inneren der Sterne nachahmen. Gegenwärtig gibt es keine allgemein anerkannte Theorie, die berechnet, wieviel Energie bei voll entwickelter Konvektion übertragen wird. Glücklicherweise gibt es, wie wir später sehen werden, Umstände, wo man ohne die Kenntnis derselben auskommt; das Fehlen einer guten Theorie der Konvektion ist aber eine der größten Unzulänglichkeiten unserer gegenwärtigen Erforschung des Sternaufbaus und der Sternentwicklung.

**Der Aufbau von Sternen**

Nehmen wir einmal an, daß Konvektion nicht auftritt, so haben wir vier Differentialgleichungen, die den Aufbau der Sterne bestimmen:

$$\frac{dP}{dr} = -\frac{GM\rho}{r^2}, \tag{3.4}$$

$$\frac{dM}{dr} = 4\pi r^2 \rho, \tag{3.5}$$

$$\frac{dL}{dr} = 4\pi r^2 \rho \epsilon, \tag{3.44}$$

$$\frac{dT}{dr} = -\frac{3\kappa L\rho}{16\pi a c r^2 T^3}. \tag{3.51}$$

In diesen Gleichungen sind drei Größen, $P$, $\kappa$ und $\epsilon$ enthalten, die wir im nächsten Kapitel genauer betrachten wollen. Wir können jetzt sagen, daß im stationären Zustand und im thermischen Gleichgewicht alle diese Größen von der Dichte, Temperatur und chemischen Zusammen-

*Der Aufbau von Sternen*

setzung des Stern abhängen sollten, die ihrerseits Funktionen des Radius $r$ sind. Wir haben bereits in den Gln. (3.25) und (3.27):

$$P_{\text{gas}} = nkT, \qquad P_{\text{rad}} = \frac{1}{3} a T^4,$$

mögliche Ausdrücke für den Druck niedergeschrieben. Es ist Sache der Physik, uns zu sagen, wie sich Druck, Opazität und Energieerzeugungsrate eines Mediums bei gegebener Dichte und Temperatur verhalten. Dies werden wir im nächsten Kapitel näher erörtern, wir können aber hier schon annehmen, daß solche Ausdrücke erhalten werden können, und schreiben

$$P = P(\rho, T, \text{Zusammensetzung}), \qquad (3.67)$$
$$\kappa = \kappa(\rho, T, \text{Zusammensetzung}), \qquad (3.68)$$
$$\epsilon = \epsilon(\rho, T, \text{Zusammensetzung}). \qquad (3.69)$$

Bei gegebener chemischer Zusammensetzung des Sterns haben wir jetzt sieben Gleichungen für die sieben Unbekannten $P$, $\rho$, $T$, $M$, $L$, $\kappa$ und $\epsilon$ als Funktionen von $r$.

Wenn wir den Aufbau eines Sterns berechnen wollen, müssen wir also zunächst Ausdrücke für $P$, $\kappa$ und $\epsilon$ gewinnen und dann die vier Differentialgleichungen (3.4), (3.5), (3.44) und (3.51) lösen. Im allgemeinen können wir dies nur mit Hilfe eines Rechners tun, ja man braucht sogar einen ziemlich großen Rechner, wenn genaueste Ausdrücke für $P$, $\kappa$ und $\epsilon$ verwendet werden. Bevor die Gleichungen gelöst werden können, müssen wir die Randbedingungen betrachten. Eine einzelne Differentialgleichung erster Ordnung der Form

$$\frac{dy}{dx} = f(x, y)$$

hat gewöhnlich eine Lösung mit einer willkürlichen Konstanten. Wir können die Lösung aber genau bestimmen, wenn wir im voraus wissen, welchen Wert $y$ an einer bestimmten Stelle von $x$ annehmen muß. Bei vielen physikalischen Problemen kennen wir den Wert von $y$ bei einer der Begrenzungen des Systems, was auch als Randbedingung bezeichnet wird. Beim gegenwärtigen Problem haben wir aber nicht eine, sondern vier Differentialgleichungen erster Ordnung und erwarten, daß wir vier Randbedingungen erfüllen können. Ohne die Kenntnis dieser vier Randbedingungen ist es nicht möglich den Aufbau des Sterns eindeutig zu bestimmen.

Zwei der Randbedingungen beziehen sich auf den Sternmittelpunkt und zwei auf die Oberfläche. Erstere sind leicht einzusehen. Die Masse und die Leuchtkraft sind Größen, die von innen nach außen von Null aus anwachsen müssen. Daher ist

$$M = 0, \quad L = 0 \quad \text{bei } r = 0. \tag{3.70}$$

Bei den Oberflächen-Randbedingungen ist es nicht so leicht; einfache Näherungen für diese Bedingungen werden aber häufig herangezogen. Wenn Sterne völlig isolierte Körper wären, würde man erwarten, daß Dichte und Druck an der Oberfläche verschwinden. In Wirklichkeit hat aber ein Stern keine scharfe Begrenzung. So hat z.B. die Sonne in der Nähe der sichtbaren Oberfläche noch eine Dichte von ungefähr $10^{-4}$ kg m$^{-3}$, was aber sehr klein ist im Vergleich zur mittleren Dichte $1{,}4 \cdot 10^3$ kg m$^{-3}$, welche durch die Gl. (3.34) gegeben ist. Ähnlich sind die Oberflächentemperaturen der Sterne sehr viel geringer als ihre mittleren Temperaturen. Im Falle der Sonne ist die Oberflächentemperatur 5780 K, was man mit einer typischen Temperatur von $2 \cdot 10^6$ K laut Gl. (3.33) zu vergleichen hat. Temperatur und Dichte sind im Sterninneren also sehr viel größer als an der Sternoberfläche. Man macht daher nur einen sehr kleinen Fehler, wenn man für die Lösung der Sternaufbaugleichungen im Sterninnern annimmt, daß Temperatur und Dichte an der Oberfläche verschwinden, − wenn man die wahren Oberflächen-Randbedingungen also durch

$$\rho = 0, \quad T = 0 \quad \text{bei } R = r_s \tag{3.71}$$

ersetzt.

Selbstverständlich werden wir mit diesen genäherten Randbedingungen nicht erwarten dürfen, daß wir genaue Informationen über die Eigenschaften der äußeren Sternschichten erhalten können. In vielen Fällen unterscheiden sich aber Radius und Leuchtkraft − wenn sie mit den korrekten Randbedingungen berechnet wurden − kaum von den mit den genäherten Randbedingungen erhaltenen Werten. Es gibt Situationen, bei denen man mit den Randbedingungen Gl. (3.71) nicht nur die Oberflächenschichten, sondern auch die ganze innere Struktur eines Sterns nur unzureichend bestimmt. Ein solcher Fall wird im Kapitel 5 diskutiert.

Man könnte meinen, die Verwendung der Randbedingung (3.71) mache es unmöglich, die Oberflächentemperatur eines Sterns zu bestimmen, die ja eine der Größen darstellt, welche die Theorie vorhersagen sollte.

Sobald wir aber die Leuchtkraft und den Radius eines Sterns kennen, können wir die effektive Temperatur berechnen, die ja die Temperatur eines schwarzen Strahlers vom gleichen Radius und gleicher Leuchtkraft wie der Stern ist. Aus Kapitel 2 haben wir

$$L_s = \pi a c r_s^2 T_e^4. \qquad (2.7)$$

Diese effektive Temperatur kann mit den Beobachtungswerten der Oberflächentemperatur verglichen werden. Die Unsicherheit, die bei der Umwandlung von theoretischen effektiven Temperaturen in beobachtete Farbenindizes auftaucht, wurde bereits im Kapitel 2 erörtert.

## Die Masse als unabhängige Variable

In der Einleitung zu diesem Kapitel wurde gesagt, daß sich der theoretische Astrophysiker im Normalfall nicht mit der Berechnung von Eigenschaften eines Individualsterns befaßt. Stattdessen untersucht er eine große Vielfalt möglicher Sterne. Diese werden durch ihre *Masse* und ihre *chemische Zusammensetzung* definiert, d.h. durch die Menge der Materie, die sie enthalten, und durch die Art dieser Materie. Von der Theorie aus betrachtet man die Masse als Parameter, der vorgegeben werden muß, um die Gleichungen des Sternaufbaus lösen zu können, während der Radius als Ergebnis dieser Rechnungen erscheinen soll. Deshalb ist es oft unangenehm, daß die Randbedingungen (3.71) einen Radius betreffen, der nicht im voraus bekannt ist.

Um diese Schwierigkeit zu vermeiden, ist es besser, die Gleichungen in Abhängigkeit von $M$ als unabhängiger Variabler zu schreiben, nicht in Abhängigkeit von $r$. Division der Gln. (3.4), (3.44) und (3.51) durch Gl. (3.5) sowie die Inversion von Gl. (3.5) selbst ergibt

$$\frac{dP}{dM} = -\frac{GM}{4\pi r^4}, \qquad (3.72)$$

$$\frac{dr}{dM} = \frac{1}{4\pi r^2 \rho}, \qquad (3.73)$$

$$\frac{dL}{dM} = \epsilon, \qquad (3.74)$$

$$\frac{dT}{dM} = -\frac{3\kappa L}{64\pi^2 a c r^4 T^3}. \qquad (3.75)$$

Die Randbedingungen (3.70) und (3.71) können jetzt wie folgt geschrieben werden:

$$r = 0, \quad L = 0 \quad \text{bei } M = 0 \tag{3.76}$$

und

$$\rho = 0, \quad T = 0 \quad \text{bei } M = M_s, \tag{3.77}$$

wobei jetzt $M_s$ für jede einzelne Rechnung als bekannt vorausgesetzt wird.

Wir geben also Masse und chemische Zusammensetzung eines Sterns vor und haben ein wohldefiniertes Problem, das in der Lösung der Gln. (3.72) bis (3.75) mit den Nebenbeziehungen (3.67) bis (3.69) und den Randbedingungen (3.76) und (3.77) besteht. In der astronomischen Literatur gibt es den sogenannten *Vogt-Russell-Satz*. Dieser besagt, daß bei vorgegebener Masse und chemischer Zusammensetzung eines Sterns dieser Satz von Gleichungen nur eine einzige Lösung besitzt, daß also der Aufbau des Sterns durch ihn eindeutig bestimmt ist. Dafür gibt es aber keinen strengen Beweis. Man weiß heute, daß unter seltenen Umständen zwei oder mehr verschiedene Lösungen dieses Gleichungssatzes möglich sind. In einem solchen Fall muß die gültige Lösung aus der Vorgeschichte des Sterns, also mit Einschluß der Zeitabhängigkeit in den Gleichungen bestimmt werden. In unserem Buch nehmen wir aber die Gültigkeit des Vogt-Russell-Satzes an.

## Sternentwicklung

In diesem Kapitel haben wir einen Satz von Gleichungen erhalten, welcher den Aufbau eines Sterns gegebener Masse und chemischer Zusammensetzung bestimmt, wobei diese Gleichungen uns aber nichts über die Änderung der Sterneigenschaften mit der Zeit sagen, weil sie ja keine zeitlichen Ableitungen der physikalischen Größen enthalten. Sterne entwickeln sich aber. Sie strahlen kontinuierlich Energie in den Raum, verlieren dabei Masse und ändern ihre chemische Zusammensetzung durch die im Inneren ablaufenden Kernreaktionen. Dieser Massenverlust ist aber gering und kann 1 % der Sternmasse während des ganzen Sternlebens nicht überschreiten, obwohl ein Stern aus anderen Gründen Masse verlieren kann, und zwar in größerem Maße wie z.B. bei Nova- und Supernovaausbrüchen. Normalerweise kann man also den Verlust an Masse ignorieren, hingegen ist die Änderung in der chemischen Zusammensetzung von großer Bedeutung für die Änderung der Sterneigenschaften während der Sternentwicklung.

Die Entwicklung eines Sterns kann nur dann untersucht werden, wenn man über Gleichungen verfügt, die die zeitlichen Ableitungen der physikalischen Größen enthalten. Wir hatten früher behauptet, daß man die zeitliche Ableitung aus der Gl. (3.4) herauslassen kann, wenn die Entwicklung im Vergleich zur dynamischen Zeitskala langsam ist:

$$t_d = (2r^3/GM)^{1/2}, \qquad (3.11)$$

was sicherlich bei normaler Sternentwicklung Gültigkeit besitzt. Wir haben auch vorgeschlagen, die zeitliche Abhängigkeit bei der Gl. (3.44) unter der Voraussetzung wegzulassen, daß die gegenwärtig ablaufenden Kernreaktionen die Sternstrahlung aufrechterhalten während einer Zeit, die die thermische Zeitskala wesentlich übersteigt, wenn also

$$t_n \gg t_{th}. \qquad (3.45)$$

Wie wir in späteren Kapiteln erfahren werden, gibt es viele Stadien der Sternentwicklung, in denen die Ungleichung (3.45) nicht gilt und man daher die Entwicklung nur mit einer genaueren Version der Gl. (3.44) berechnen kann.

Andererseits gibt es Abschnitte in der Sternentwicklung, in denen die Ungleichung (3.45) zutrifft und die Gln. (3.72) bis (3.75) den Aufbau des Sterns völlig richtig beschreiben. Wie kann man dann die Entwicklung der Sterne untersuchen? Die Kernreaktionen, die die Energie für die Sternstrahlung liefern, ändern die chemische Zusammensetzung; deshalb können wir Gleichungen für die Beschreibung dieser Änderung aufstellen.

Gibt es keine größeren systematischen Bewegungen im Sterninneren, wie sie z.B. auftreten, wenn Konvektion der Hauptmechanismus des Energietransports ist, so bleiben alle Änderungen der chemischen Zusammensetzung jeweils nur auf das Materieelement beschränkt, in dem sie durch Kernreaktionen hervorgerufen wurden. Das bedeutet, daß selbst bei ursprünglich homogener chemischer Zusammensetzung die spätere Zusammensetzung als Funktion der Masse $M$ betrachtet werden muß. In diesem einfachsten Fall (also ohne große Bewegungen im Stern) muß der Satz der Gleichungen ergänzt werden durch Gleichungen, die die zeitliche Änderungsrate der Häufigkeiten der verschiedenen chemischen Elemente beschreiben. Diese Gleichungen sehen schematisch wie folgt aus:

$$\frac{\partial}{\partial t}(\text{Zusammensetzung})_M = f(\rho, T, \text{Zusammensetzung}), \qquad (3.78)$$

wobei die rechte Seite bedeutet, daß die Kernreaktionsrate von $\rho$, $T$ und von der chemischen Zusammensetzung abhängt. Für den Fall, daß Wasserstoff in Helium umgewandelt wird, hätten wir zwei Gleichungen der Form (3.78). Eine würde die Verringerung des Wasserstoffgehalts, die andere den Zuwachs an Helium beschreiben.

**Methode zur Lösung der Gleichungen**

Da wir jetzt über eine zeitabhängige Gl. (3.78) verfügen, sollte man die Ableitungen d/d$M$ in den Gln. (3.72) bis (3.75) strikt durch die partiellen Ableitungen $(\partial/\partial M)_t$ ersetzen. Dies ist aber nicht wirklich von Bedeutung, weil es keine Gleichungen gibt, in denen Ableitungen sowohl nach $M$ als auch nach $t$ vorkommen. Die Zeit- und die Massenabhängigkeit des Problems sind also vollständig voneinander getrennt. Um zu zeigen, was wir darunter verstehen, wollen wir sehen, wie die Entwicklung eines Sterns untersucht werden könnte. Wir nehmen zunächst an, daß wir die chemische Zusammensetzung eines Sterns als Funktion von $M$ zu einer Zeit $t_0$ kennen; wir fragen im Moment nicht, wie wir dazu kommen. Wenn die Gesamtmasse $M_s$ und die chemische Zusammensetzung als Funktion von $M$ bekannt sind, können die Gln. (3.72) bis (3.75) und (3.67) bis (3.69) unter Berücksichtigung der Randbedingungen (3.76) und (3.77) gelöst werden und ergeben die vollständige innere Struktur des Sterns zur Zeit $t_0$.

Die Auswertung des Ausdrucks (3.69) für die Energiefreisetzungsrate $\epsilon$ hat eine Diskussion über die verschiedenen Kernreaktionsraten und die Änderung der chemischen Zusammensetzung miteingeschlossen. Die neue chemische Zusammensetzung des Sterns als Funktion von $M$ zur Zeit $t_0 + \delta t$ kann jetzt aus der (schematischen) Gleichung

$$(\text{Zusammensetzung})_{M, t_0 + \delta t} = (\text{Zusammensetzung})_{M, t_0} + \\ + \frac{\partial}{\partial t} (\text{Zusammensetzung})_M \, \delta t \quad (3.79)$$

gewonnen werden, wobei z.B. (Zusammensetzung)$_{M, t_0}$ die Zusammensetzung bei der Masse $M$ zur Zeit $t_0$ bedeutet. Die Anwendung der Gln. (3.79) auf alle Stellen des Sterns liefert die chemische Zusammensetzung als Funktion von $M$ zur Zeit $t_0 + \delta t$. Mit dieser modifizierten chemischen Zusammensetzung kann man die Gln. (3.72) bis (3.75) und (3.67) bis (3.69) wiederum lösen und so die modifizierte Struktur des Sterns bestimmen; dadurch wissen wir, wie sich die Eigenschaften des

Sterns zwischen den Zeitpunkten $t_0$ und $t_0 + \delta t$ geändert haben. Diese Vorgangsweise können wir wiederholen und so die Lebensgeschichte des Sterns beschreiben.

Allerdings wird dieser Rechenprozeß zusammenbrechen, wenn sich zu irgendeinem Zeitpunkt die Eigenschaften des Sterns so rasch mit der Zeit ändern, daß zeitabhängige Terme in den Gln. (3.72) bis (3.75) nicht mehr als unwichtig angesehen werden können. Dann müssen diese Gleichungen modifiziert werden. Das Problem wird dann mathematisch schwieriger, weil jetzt Gleichungen vorliegen, die Ableitungen nach $M$ und nach $t$ enthalten und die Massen- und Zeitabhängigkeit nicht mehr wie oben getrennt sind. Die Gleichungen können aber dennoch gelöst werden, und die Resultate dieser Rechnungen werden in späteren Kapiteln dargelegt werden.

**Einfluß der Konvektion**

Die obige Diskussion ist auch deswegen vereinfacht, weil es in den meisten Sternen einen Bereich gibt, in dem eine wesentliche Menge an Energie durch Konvektion transportiert wird. Nehmen wir an, wir hätten den Aufbau eines Sterns gegebener Masse und Zusammensetzung unter der Voraussetzung berechnet, daß keine Konvektion auftritt. Wir können uns jetzt davon überzeugen, ob diese Annahme richtig ist. An allen Stellen des Sterns kennen wir die Werte für $P$, $dP/dM$, $\rho$ und $d\rho/dM$ und können daher $(P\,d\rho/dM)/(\rho\,dP/dM)$ berechnen und diesen Wert mit $1/\gamma$ vergleichen, um zu sehen, ob die Forderung (3.63) erfüllt ist oder nicht. Wenn er $1/\gamma$ an allen Stellen des Sterns übersteigt, so ist Konvektion tatsächlich nicht vorhanden und der Aufbau des Sterns wurde korrekt berechnet. Ist dieser Ausdruck aber irgendwo kleiner als $1/\gamma$, so muß Konvektion stattfinden, und die ganze Lösung der Gleichungen revidiert werden.

Bei der Modifikation der Gleichungen geht man folgendermaßen vor. Statt Gl. (3.75) müssen wir die Gleichung

$$L_{\text{rad}} = -\frac{64\pi^2 a c r^4 T^3}{3\kappa}\frac{dT}{dM} \tag{3.80}$$

verwenden, was bedeutet, daß gleichgültig, ob Konvektion vorliegt oder nicht, die von der Strahlung (wie üblich ist dabei Leitung miteingeschlossen) transportierte Energiemenge vom Temperaturgradienten bestimmt wird.

Wir können dann schreiben

$$L = L_{\text{rad}} + L_{\text{conv}} \qquad (3.81)$$

und benötigen einen Ausdruck für die von der Konvektion transportierte Energiemenge $L_{\text{conv}}$. Wir schreiben diese letzte Gleichung schematisch

$$L_{\text{conv}} = ? \qquad (3.82)$$

womit wir andeuten, daß es keine verläßliche Theorie gibt, nach welcher man den von der Konvektion übertragenen Energiebetrag berechnen könnte. Wir schreiben auch nicht auf der rechten Seite $L_{\text{conv}}$ ($\rho$, $T$, Zusammensetzung), weil es nicht klar ist, daß die konvektiv transportierte Energiemenge beim Radius $r$ nur von den Bedingungen bei diesem Radius abhängt. Dies wäre nur gültig, wenn die typischen Konvektionselemente nur eine kurze Strecke zurücklegen würden, aber nicht, wenn viele von ihnen aus Bereichen mit stark unterschiedlichen physikalischen Bedingungen gekommen sind. Für den Fall der Konvektion in einer Flüssigkeit gilt bekanntlich, daß die durch Konvektion transportierte Energiemenge von der Tiefe der Schicht abhängt, in der Konvektion auftritt.

Wenn wir einen Ausdruck für die rechte Seite von Gl. (3.82) zur Verfügung hätten, so würden die Sternaufbaugleichungen dadurch modifiziert werden, daß Gl. (3.75) durch Gln. (3.80) bis (3.82) ersetzt würde. Selbstverständlich müßte der Ausdruck von Gl. (3.82) sicherstellen, daß kein Energietransport durch Konvektion erfolgt, wenn $P\,dT/T\,dP <$ $(\gamma - 1)/\gamma$. Es wäre dann noch immer recht einfach, den Aufbau eines Sterns gegebener Masse und chemischer Zusammensetzung zu berechnen. Die Untersuchung der Sternentwicklung ist aber schwieriger, weil die Änderungen der chemischen Zusammensetzung dann nicht notwendigerweise an ihrem Entstehungsort lokalisiert bleiben.

Das Problem ist auch dann noch ziemlich einfach, wenn die Konvektion nur in einem Bereich auftritt, in dem keine nuklearen Rekationen stattfinden, oder wenn der Bereich der nuklearen Energiefreisetzung vollständig in einem konvektiven Bereich enthalten ist. Im ersten Fall behält Gl. (3.78) ihre Gültigkeit. Im zweiten Fall bleibt die chemische Zusammensetzung des konvektiven Bereichs wahrscheinlich gleichförmig, weil die Konvektionsströme den Bereich gut durchmischen. In der Sonne, z.B., können bedeutende Veränderungen der chemischen Zusammensetzung nicht in Zeitintervallen von unter $10^9$ Jahren auftreten. Konvektionsströme müßten nur eine Geschwindigkeit von $10^{-7}$ m s$^{-1}$

haben, um in dieser Zeit mehrere Male den Sonnenradius zu durchfließen, und müßten viel schneller sein, wenn mit ihnen viel Energie transportiert werden sollte.

Wie wir schon früher feststellten, tritt Konvektion ein, wenn das Kriterium (3.65) erfüllt wird. Grob gesprochen gibt es zwei Möglichkeiten, wie dies passieren kann. Entweder wird für ein Gas mit einem normalen Wert von $\gamma$ der für den Energietransport durch Strahlung benötigte Temperaturgradient groß, oder es gibt einen Bereich, in dem $\gamma$ fast den Wert 1 annimmt, wodurch das Kriterium auch für gewöhnliche Werte des Temperaturgradienten erfüllt wird. Wenn eine große Energiemenge in einem kleinen Volumen im Sternmittelpunkt freigesetzt wird, muß ein großer Temperaturgradient zur Abführung der Energie auftreten. Das heißt aber, daß Konvektion in den Bereichen der nuklearen Energiefreisetzung auftreten kann, weshalb man diese Bereiche als konvektive Kerne bezeichnet. Die spezifischen Wärmen bei konstantem Druck und konstantem Volumen werden gleich groß, wenn eine Zustandsänderung eintritt und der größte Teil der Energiezufuhr beim Versuch, die Temperatur zu erhöhen, dafür verbraucht wird, die latente Wärme für die Zustandsänderung zu liefern. Wenn die Oberflächentemperatur eines Sterns so niedrig ist, daß die Atome an der Oberfläche vorwiegend neutral sind, dann könnte es eine Zone unterhalb der Oberfläche geben, in der die häufigen Elemente ionisiert werden und in der das Verhältnis der spezifischen Wärmen nahe bei 1 liegt. In einem solchen Fall kann der Stern eine äußere Konvektionsschicht besitzen.

**Konvektion im Sterninneren**

Obwohl es keinen wirklich adäquaten Ausdruck für die rechte Seite der Gl. (3.82) gibt, kennt man glücklicherweise Situationen, in denen es trotz Konvektion möglich ist, die Gl. (3.82) zu umgehen. Tief im Inneren eines Sterns, in dem sich ein konvektiver Kern befindet, scheint ein nur schwacher Anstieg des Temperaturgradienten über den adiabatischen Wert, definiert durch:

$$\left(\frac{P}{T}\frac{dT}{dP}\right)_{ad} = \frac{\gamma-1}{\gamma}, \tag{3.83}$$

aufzutreten, bevor Konvektion in der Lage ist, die *gesamte* benötigte Energie zu transportieren.

Man kann die durch Konvektion transportierbare Energiemenge auf folgende Weise abschätzen. Wärme wird konvektiv übertragen durch aufsteigende Elemente, die heißer sind, sowie durch absinkende Elemente, die kühler sind als ihre Umgebung. Nehmen wir an, beide Elementtypen würden um $\delta T$ von der Umgebungstemperatur differieren. Da sich ein aufsteigendes Element im Druckgleichgewicht mit seiner Umgebung befindet, ist sein Energieinhalt pro Kilogramm um $c_P \delta T$ größer als derjenige seiner Umgebung ($c_P$ die spezifische Wärme bei konstantem Druck). Wenn wir annehmen, daß die Sternmaterie ein einatomiges ideales Gas ist, so beträgt $c_P = 5k/2m$ ($m$ die mittlere Teilchenmasse im Gas). Die sinkenden Elemente haben ein Energiedefizit desselben Betrages. Es sei nun $\alpha (\leq 1)$ der Bruchteil der Materie in den steigenden und sinkenden Säulen, die sich beide mit einer Geschwindigkeit $v$ m s$^{-1}$ bewegen mögen. Dann ist die Rate, mit der die Überschußenergie durch eine Sphäre mit Radius $r$ transportiert wird, Oberfläche der Sphäre mal Massentransportrate mal Überschußenergie pro Masse

$$= 4\pi r^2 \cdot \alpha \rho v \cdot 5k\delta T/2m$$
$$= 10\pi r^2 \alpha \rho v k \delta T/m. \tag{3.84}$$

Betrachten wir nahe beim Sonnenmittelpunkt eine Sphäre mit dem Radius $10^8$ m, wo die Dichte der Materie ungefähr $5 \cdot 10^4$ kg m$^{-3}$ [8] beträgt.
Mit $k$ gleich $1,4 \cdot 10^{-23}$ J K$^{-1}$ und $m$ gleich $8 \cdot 10^{-28}$ kg (also dem Wert für vollionisierten Wasserstoff) erhält man

$$L_{conv} \cong 2,5 \cdot 10^{26} \alpha v \delta T \text{ W}. \tag{3.85}$$

An keiner Stelle in der Sonne überschreitet die Leuchtkraft ihren Oberflächenwert von $4 \cdot 10^{26}$ W. Falls ein merklicher Bruchteil der Materie an der Konvektion teilnimmt, so folgt aus Gl. (3.85), daß eine Geschwindigkeit von einigen Metern pro Sekunde und eine Temperaturdifferenz von wenigen Graden ausreicht, um die ganze Energie der Sonne zu transportieren. Da im Sonneninneren die Temperatur ungefähr $10^7$ K beträgt und die Schallgeschwindigkeit, die im wesentlichen der zufallsverteilten Geschwindigkeit der Teilchen entspricht, bei ungefähr $4 \cdot 10^5$ m s$^{-1}$ liegt, leuchtet es ein, daß schon eine sehr schwache Konvektion ausreichen würde, um die ganze Energie der Sonne zu trans-

---

[8] Dieser Wert ergibt sich aus den Lösungen der Sternaufbaugleichungen. Man würde aber auch mit der mittleren Dichte $1,4 \cdot 10^3$ kg m$^{-3}$ zum selben Schluß gelangen.

portieren. Da der Temperaturüberschuß und die Geschwindigkeit der aufsteigenden Elemente von der Differenz zwischen dem tatsächlichen und dem adiabatischen Gradienten[9]) der Temperatur abhängen, folgt daraus, daß der tatsächliche Gradient den adiabatischen nicht sehr übertrifft. Mit hinreichender Genauigkeit können wir daher annehmen, daß der Temperaturgradient genau den adiabatischen Wert in einem konvektiven Kern annimmt. Wir setzen also

$$\frac{P}{T}\frac{dT}{dP} = \frac{\gamma-1}{\gamma}. \tag{3.86}$$

Trotz des Gebrauchs von solaren Werten gilt bei dieser Diskussion das gleiche Resultat auch für andere Sterne. Ferner müssen wir im Auge behalten, daß die Sonne möglicherweise keinen konvektiven Kern besitzt; wir haben hier nur gezeigt, daß bei Vorliegen eines konvektiven Kerns die Gl. (3.86) fast exakt gültig ist.

Im Fall eines konvektiven Bereichs, für den die Gl. (3.86) im wesentlichen zutrifft, können wir die Gln. (3.81) und (3.82) vergessen und die Gl. (3.80) durch Gl. (3.86) ersetzen. In einem konvektiven Kern sind daher die vier Differentialgleichungen

$$\frac{dP}{dM} = -\frac{GM}{4\pi r^4}, \tag{3.72}$$

$$\frac{dr}{dM} = \frac{1}{4\pi r^2 \rho}, \tag{3.73}$$

$$\frac{dL}{dM} = \epsilon, \tag{3.74}$$

$$\frac{P}{T}\frac{dT}{dP} = \frac{\gamma-1}{\gamma}, \tag{3.86}$$

zusammen mit den Gleichungen für $\epsilon$ und $P$ zu lösen. Die Gl. (3.80) für den radiativen Fluß

$$L_{\text{rad}} = -\frac{64\pi^2 a c r^4 T^3}{3\kappa}\frac{dT}{dM} \tag{3.80}$$

ist selbstverständlich noch immer gültig. Nach der Lösung der anderen Gleichungen kann $L_{\text{rad}}$ errechnet werden. Dies kann man dann mit dem

---

[9]) In der am häufigsten gebrauchten Theorie hängt die von der Konvektion transportierte Energie von der (3/2)-ten Potenz dieser Differenz ab.

aus Gl. (3.74) berechneten $L$ vergleichen; aus der Differenz beider Werte ergibt sich der Wert für $L_{conv}$. Wenn Konvektion herrscht, muß $L_{conv}$ positiv sein. Wenn $L_{conv}$ zu irgendeiner Zeit aber negativ ist, so ist dies ein Zeichen, daß der durch Gl. (3.86) gegebene Temperaturgradient mehr als in der Lage ist, die gesamte Energie durch Strahlung zu transportieren, und daß daher Konvektion nicht auftreten kann. In den realen Sternen gibt es Bereiche, in denen Konvektion auftritt, und andere, in denen dies nicht der Fall ist. Bei der Lösung der Sternaufbaugleichungen müssen die für eine konvektive Zone geltenden Gleichungen *eingeschaltet* werden, sobald der Temperaturgradient den adiabatischen Wert erreicht. Sie müssen *ausgeschaltet* werden, wenn die Strahlung den gesamten Energietransport bei einem Temperaturgradienten übernimmt, der unter dem adiabatischen Wert liegt.

**Konvektion in der Nähe der Sternoberfläche**

Obwohl in den Zentralbereichen der Sterne die Gl. (3.86) gilt, wenn Konvektion stattfindet, stimmt dies nicht in der Nähe der Oberfläche. Dort erhält man mit $r = 7 \cdot 10^8$ m und $\rho \cong 10^{-3}$ kg m$^{-3}$:

$$L_{conv} \cong 2{,}5 \cdot 10^{20}\, \alpha v \delta T \text{ W}. \tag{3.87}$$

In diesem Bereich beträgt die Temperatur ungefähr $10^4$ K und die Schallgeschwindigkeit $10^4$ m s$^{-1}$. Wenn die konvektive Leuchtkraft vergleichbar sein soll mit dem totalen Energietransport von $4 \cdot 10^{26}$ W, so muß die Geschwindigkeit der steigenden und sinkenden Elemente mit der Schallgeschwindigkeit und die Temperaturdifferenzen mit der Temperatur selbst vergleichbar sein. Solche Geschwindigkeiten und Temperaturdifferenzen können nur von einem Temperaturgradienten erzeugt werden, der weit über dem adiabatischen Wert liegt, weshalb in diesem Fall ein Ausdruck für die von der Konvektion transportierte Energiemenge (3.82) benötigt wird. In diesen Oberflächenbereichen niedriger Dichte macht sich das Fehlen einer guten Konvektionstheorie besonders bemerkbar.

**Zusammenfassung von Kapitel 3**

In diesem Kapitel wurden die Gleichungen des Sternaufbaus formuliert. Sterne werden durch die Gravitationskraft zusammengehalten, und der Gravitationskraft auf die Volumeneinheit setzt sich der Druckgradient der Sternmaterie entgegen. Da sich die Eigenschaften der meisten

Sterne nur langsam ändern, müssen sich diese Kräfte fast genau im Gleichgewicht befinden, woraus man ableiten kann, daß die Temperaturen im Inneren der Sterne höher sind als $10^6$ K und daß sich die Sternmaterie trotz Dichtewerten, die festen Körpern entsprechen, im Gaszustand befindet. Dieses Gas setzt sich aber aus Ionen und Elektronen und nicht aus Atomen und Molekülen zusammen. Wenn es ein ideales Gas ist, so folgt aus dem Virialsatz, daß sich ein Stern aufheizt, wenn er Energie verliert.

Die Leuchtkraft der Sonne hat sich in den vergangenen $10^9$ Jahren nicht wesentlich geändert. Nur die bei Kernfusionsreaktionen freigesetzte Energie kann die dafür notwendige Energie liefern. Nuklearenergie wird an den heißesten Stellen des Sterns in seinem Zentrum freigesetzt und muß durch Leitung, Konvektion oder Strahlung zur Oberfläche transportiert werden. Der Transport von Energie durch Leitung und Strahlung basiert auf einigermaßen gut verstandenen physikalischen Prozessen. Dabei ist Leitung offensichtlich für die meisten Sterne kaum von Bedeutung. Die Bedingung für das Einsetzen von Konvektion ist klar, aber es gibt gegenwärtig keine gute Theorie, die voraussagt, welche Energiemenge von vollentwickelter Konvektion transportiert wird. Glücklicherweise kann man in vielen Fällen zeigen, daß Konvektion so effizient ist, daß sie die gesamte erforderliche Energie transportieren kann; eine detaillierte Konvektionstheorie ist dann nicht notwendig.

Die Berechnung des Sternaufbaus erfordert die Vorgabe seiner Masse und seiner chemischen Zusammensetzung und die Lösung von vier Differentialgleichungen mit zwei Randbedingungen sowohl im Mittelpunkt als auch an der Oberfläche des Sterns. In vielen Phasen der Sternentwicklung sind alle zeitlichen Ableitungen klein und können aus den Gleichungen herausgelassen werden. Es ist dann relativ einfach, die langsame Entwicklung eines Sterns zu untersuchen. Der Sternaufbau kann zuerst zu einer bestimmten Zeit berechnet werden. Kernreaktionen verursachen dann eine allmähliche Änderung in der chemischen Zusammensetzung, und der Aufbau des Sterns kann dann nach einem kurzen Zeitschritt mit der geänderten chemischen Zusammensetzung neu berechnet werden. Diese Vorgangsweise kann wiederholt werden.

# Kapitel 4
# Die Physik des Sterninneren

### Einführung

Im letzten Kapitel haben wir die Gleichungen des Sternaufbaus abgeleitet. In diesen Gleichungen treten drei Größen auf, der Druck $P$, die Energiefreisetzung pro Kilogramm und Sekunde $\epsilon$, und der Opazitätskoeffizient $\kappa$, die alle nur von der Dichte, Temperatur und chemischen Zusammensetzung der Sternmaterie abhängen. Im Kapitel 3 haben wir nicht diskutiert, in welcher Weise $P$, $\epsilon$ und $\kappa$ von diesen Größen abhängen. Jetzt beschäftigen wir uns mit der Frage, wie $P$, $\epsilon$ und $\kappa$ berechnet werden können, wenn Dichte, Temperatur und chemische Zusammensetzung bekannt sind. Für die Berechnung von $\epsilon$ braucht man genauere Kenntnis der Kernphysik, und für die Bestimmung von $\kappa$ eine ähnliche Kenntnis der Atomphysik. Alle drei Größen hängen vom thermodynamischen Zustand der Sternmaterie ab. Wenn einmal $\rho$, $T$ und die chemische Zusammensetzung bekannt sind, ist die Berechnung von $P$, $\epsilon$ und $\kappa$ nur mehr Sache der Physik und erfordert keine weiteren astronomischen Überlegungen. Deshalb wird dieses Kapitel ‚Physik des Sterninneren' genannt.

Da die Probleme, die dabei auftreten, sehr komplex sind, können wir nur die grundlegenden Prozesse beschreiben, die $P$, $\epsilon$ und $\kappa$ bestimmen, und keine detaillierten Berechnungen angeben. An erster Stelle befassen wir uns mit dem Gesetz der Energiefreisetzung.

### Energiefreisetzung aus Kernreaktionen

Wie im letzten Kapitel erwähnt, meint man heute, daß die vom Stern abgestrahlte Energie zum größten Teil von den Kernreaktionen im Sterninneren stammt. Zunächst wollen wir die Frage betrachten, warum bei Kernreaktionen Energie frei wird und welche Kernreaktionen Energie abgeben.

Atomkerne bestehen aus Protonen und Neutronen; beide nennen wir Nukleonen. Die Gesamtmasse eines Kerns ist kleiner als die Masse der ihn aufbauenden Nukleonen. Das bedeutet, daß sich die Masse bei der Bildung eines zusammengesetzten Kerns aus Nukleonen verringert. Nach der Einsteinschen Masse-Energie-Beziehung $E = mc^2$ wird dieser Massenverlust als Energie freigesetzt. Diese Energie wird als Bindungsenergie des zusammengesetzten Kerns bezeichnet und kann berechnet werden, wenn die Massendifferenz zwischen dem zusammengesetzten Kern und den Kernbestandteilen bekannt ist. Wenn daher ein Kern aus $Z$ Protonen und $N$ Neutronen zusammengesetzt ist, so beträgt seine Bindungsenergie $Q(Z, N)$

$$Q(Z, N) \equiv [Z m_p + N m_n - m(Z, N)] c^2, \tag{4.1}$$

wobei $m_p$ die Protonenmasse, $m_n$ die Neutronenmasse und $m(Z, N)$ die Masse des zusammengesetzten Kerns darstellt.

Wichtiger als die Gesamtbindungsenergie eines Kerns ist für die gegenwärtige Diskussion die Bindungsenergie pro Nukleon $Q/(Z + N)$. Sie ist proportional dem anteiligen Verlust an Masse bei der Bildung des zusammengesetzten Kerns. Wenn $Q(Z, N)/(Z + N)$ gegen $A (\equiv Z + N)$ für eine große Zahl von Kernen aufgetragen wird, ergibt sich ein Diagramm, das verallgemeinert in Bild 35 gezeigt ist. Die wirkliche Kurve ist sehr irregulär; im besonderen können für einen vorgegebenen Wert von $A$ mehrere isobare Kerne existieren (das sind Kerne, die zwar dieselbe Anzahl von Nukleonen, aber verschiedene Anteile von Protonen und Neu-

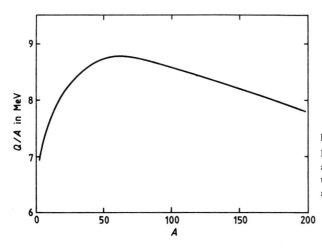

**Bild 35**

Bindungsenergie pro Nukleon als Funktion des Atomgewichtes; $Q$ ist in Einheiten von MeV angegeben.

tronen aufweisen), welche verschiedene Werte von $Q$ besitzen. Die Kurve zeigt, daß die Bindungsenergie pro Nukleon am Anfang rasch mit der Nukleonenzahl wächst, dann ein breites Maximum bei $A$-Werten zwischen 50 und 60 (also für Kerne in der Nachbarschaft von Eisen in der Periodentafel) besitzt und schließlich allmählich bei höheren Werten von $A$ wieder absinkt. Die Kerne in der Nachbarschaft von Eisen sind die am stärksten gebundenen Kerne, haben daher den größten anteiligen Massenverlust bei der Bildung aus einzelnen Protonen und Neutronen.

Aus Bild 35 kann man die Möglichkeit von Kernfusion- und Kernspaltungsreaktionen, die Energie abgeben, ableiten. Betrachten wir also zunächst den Prozeß, bei dem sich leichte Kerne verbinden (verschmelzen), um schwerere zu bilden. Wenn die beiden Kerne und der Fusionskern links vom Maximum (Bild 35) liegen, dann hat der Fusionskern eine höhere Bindungsenergie pro Nukleon als die ursprünglichen Kerne, und, da die Gesamtzahl der Nukleonen sich nicht verändert hat, muß die Kernreaktion Energie freisetzen. Ein Beispiel für eine solche Fusionsreaktion, bei der Energie frei wird, ist die Verbindung eines Helium- und eines Kohlenstoffkerns, die einen Sauerstoffkern ergibt:

$$^4\text{He} + {}^{12}\text{C} \rightarrow {}^{16}\text{O} + 7{,}2 \text{ MeV}. \tag{4.2}$$

Energiefreisetzung durch weitere Fusionsreaktionen wird erst dann aufhören, wenn der Kern so schwer geworden ist, daß er sich im Periodensystem im Bereich von Eisen befindet.

Auch bei Spaltungsreaktionen, bei denen ein schwerer Kern in zwei oder mehrere Bruchstücke zerfällt, wird Energie frei, falls alle beteiligten Kerne rechts vom Maximum in Bild 35 liegen. Dann haben nämlich die neuen Kerne eine größere Bindungsenergie pro Nukleon als der ursprüngliche Kern[10]). Bei den schwersten Kernen erfolgen Spaltungsreaktionen spontan, wie z.B. beim $^{235}$U.

Spaltungsreaktionen bewirken die Energiefreisetzung in Atombomben und Kernreaktoren. Die Fusion leichter Kerne liefert die Energie der Wasserstoffbombe. In den vergangenen zwanzig Jahren haben sich Wissenschaftler vieler Länder bemüht, Kernfusionsreaktionen zwischen den schweren Isotopen des Wasserstoffs, Deuterium und Tritium, im Labor kontrolliert ablaufen zu lassen. Es ist sehr schwierig, thermonukleare

---

[10]) Bei Kernspaltungsreaktionen liegen gewöhnlich manche Bruchstücke links vom Maximum der Bindungsenergiekurve. Es ist dann eine genauere Betrachtung notwendig, um das Freiwerden von Energie zu demonstrieren.

Reaktionen unter Kontrolle zu halten, weil das Material auf eine Temperatur von über $10^8$ K gebracht werden muß. Diese Temperatur muß so lange gehalten werden, bis eine entsprechende Menge an Energie produziert worden ist. Gleichzeitig muß das heiße Reaktionsmaterial von den Wänden des Behälters isoliert werden. Wenn man diese Schwierigkeiten einmal überwunden hat, werden sich die ausnützbaren Energiereserven der Welt drastisch vergrößern.

Die Energieabgabe aus Fusionsreaktionen, die Wasserstoff in die häufigsten Isotope von Helium ($^4$He) und Eisen ($^{56}$Fe) umwandeln, beträgt in J kg$^{-1}$:

$$H \to {}^4He, \quad 6{,}3 \cdot 10^{14},$$
$$H \to {}^{56}Fe, \quad 7{,}6 \cdot 10^{14}. \tag{4.3}$$

Letztere entspricht möglicherweise der maximalen Energiefreisetzung, die je von Kernfusionsreaktionen erhalten werden kann. Da die Ruhemassenenergie von 1 kg $9 \cdot 10^{16}$ J beträgt, liegt diese maximale Energiefreisetzung knapp unter 1 % der Ruhemassenenergie, wie schon in Kapitel 3 festgestellt wurde.

Die Bindungsenergie pro Nukleon ist bei schweren Kernen noch immer ziemlich groß, obwohl sie kleiner ist als die von Eisen. Daraus ergibt sich, daß die maximale Energieabgabe von Spaltungsreaktionen pro kg viel kleiner ist als bei Fusionsreaktionen. Wenn schwere und leichte Elemente vergleichbar häufig in Sternen vorkämen, würden wir erwarten, daß Fusionsreaktionen als Energiequelle bedeutender sind als Spaltungsreaktionen. Tatsächlich aber sind, wie wir in Bild 21 (Kapitel 2) gesehen haben, die sehr schweren Kerne nicht sehr häufig im Universum; deshalb meint man, daß Kernfusionsreaktionen die bei weitem wichtigste Energiequelle für die Strahlung der Sterne bilden.

**Die vier Kräfte der Physik**

Bild 35 zeigt, daß Kernfusionsreaktionen von der Energieseite her möglich sind. Betrachten wir jetzt, unter welchen Bedingungen sie tatsächlich stattfinden, und entscheiden, ob diese Bedingungen in Sternen vorliegen. Es ist z.B. offensichtlich nicht zutreffend, daß sich Wasserstoff spontan unter allen Bedingungen in Eisen umwandelt. Im Sterninneren ist die Materie hochionisiert, wir interessieren uns daher für Reaktionen zwischen nackten Kernen. Die Wechselwirkung der Kerne ist den vier Grundkräften der Physik unterworfen: den elektromagnetischen und den Gravitationskräften, sowie der starken und schwachen Wechselwirkung. Für unsere Thematik am bedeutungsvollsten sind die elektromagnetischen Kräfte und die starke nukleare Wechselwirkung. Die Gravitationskräfte sind von vitaler Bedeutung für den Aufbau ganzer Sterne, aber völlig vernachlässigbar, wenn es um die Wechselwirkung zwischen einzelnen Teilchen geht. Ein Maß für die Winzigkeit der gravitativen Wechselwirkung ist das Verhältnis der Gravitationskraft zwischen Proton und Elektron zur elektrostatischen Kraft zwischen beiden Teilchen:

$$4\pi\epsilon_0 G m_p m_e/e^2 \cong 4\cdot 10^{-40}, \tag{4.4}$$

wobei $m_e$ und $e$ die Masse bzw. die Ladung des Elektrons darstellen. Da die elektrostatischen und gravitativen Wechselwirkungen Kräfte sind, die umgekehrt proportional vom Quadrat der Entfernung abhängen, kann ein solcher Vergleich leicht angestellt werden. Die starke und schwache Wechselwirkung teilen diese Eigenschaft nicht. Sie haben eine kurze Reichweite, sind daher nur von Bedeutung, wenn Teilchen sehr nahe beieinander liegen. In dem Bereich, in dem sie wichtig sind, ist die starke Wechselwirkung viel stärker als die elektrostatische. Die schwache Wechselwirkung, obwohl schwächer als die elektrostatischen Kräfte, ist dort viel stärker als die Gravitation. Die besondere Bedeutung der schwachen Wechselwirkung besteht darin, daß viele instabile Elementarteilchen, wie z.B. das Neutron, stabil wären, wenn sie nicht existierte. Es würde daher der Neutronenzerfall

$$n \to p + e^- + \bar{\nu}, \tag{4.5}$$

bei dem ein Neutron ($n$) in ein Proton ($p$), ein Elektron ($e^-$) und ein Anti-Neutrino[11] ($\bar{\nu}$) umgewandelt wird, nicht stattfinden, wenn es keine schwache Wechselwirkung gäbe. Wir werden sehen, daß eine ähnliche Reaktion, nämlich die Umwandlung eines Protons in ein Neutron, eine wichtige Rolle bei der Umwandlung von Wasserstoff in Helium spielt, weil dabei zwei Protonen in Neutronen verwandelt werden müssen.

Wir betrachten zunächst nur die elektromagnetischen und die starken Wechselwirkungen zwischen Kernen. Letztere haben nur eine äußerst

---

[11] Jedem Elementarteilchen entspricht ein Anti-Teilchen, welches gleiche Masse, aber gleiche und entgegengesetzte Werte für andere fundamentale Eigenschaften, wie z.B. elektrische Ladung besitzt. Zum Beispiel ist das Positron das Anti-Teilchen des Elektrons. Es gibt zwei Neutrinos, eines heißt willkürlich Neutrino, das andere Anti-Neutrino. Wenn ein Positron beim β-Zerfall auftritt, wird es von einem Neutrino begleitet, das Elektron vom Antineutrino.

geringe Reichweite: zwei Nukleonen wirken durch sie aufeinander ein, wenn sie weniger als etwa $10^{-15}$ m voneinander entfernt sind. In diesem Fall hat die Wechselwirkung die Funktion einer Anziehungskraft. Sie hält die Kerne zusammen und ruft die Kernreaktionen hervor. Wenn also zwei Kerne einander genügend nahekommen, um von ihr beeinflußt zu werden, werden sie zusammengezogen und können einen zusammengesetzten Kern bilden.

Die elektrostatische Kraft zwischen zwei positiv geladenen Kernen ist abstoßend und hat, anders als die starke Wechselwirkung, eine große Reichweite, die mit der Entfernung $r$ mit nur $1/r^2$ abfällt. Die Existenz stabiler Kerne hängt vom Gleichgewicht dieser beiden Kräfte ab. Da sich alle Protonen in einem Kern wegen der elektrostatischen Wechselwirkung gegenseitig abstoßen und sich im Gegensatz dazu nur benachbarte Protonen und Neutronen durch die starke Wechselwirkung anziehen, wächst in den schweren Kernen der Anteil der Neutronen, und der Anteil der Protonen sinkt. Fügte man bei gegebener Neutronenzahl mehr Protonen zu, so wären die abstoßenden elektrostatischen Kräfte zu stark, um die Bildung eines solchen Kerns zu erlauben. Im Fall von $^{238}$U gibt es z.B. 146 Neutronen und nur 92 Protonen.

## Das Auftreten von Kernreaktionen

Wenn wir die Möglichkeit betrachten, daß durch Wechselwirkung zwischen zwei Kernen eine Kernumwandlung zustande kommt, so bemerken wir, daß die abstoßende elektromagnetische Kraft zwischen zwei positiv geladenen Kernen zu verhindern sucht, daß sich diese einander so stark nähern, daß starke Wechselwirkung wirksam wird. Kernreaktionen finden also nur dann statt, wenn sich Teilchen trotz der abstoßenden Wirkung der elektrischen Ladungen entsprechend nahe begegnen. Dies tritt dann ein, wenn die Relativgeschwindigkeit der Teilchen hoch genug ist. Eine Illustration dafür gibt Bild 36. Das Koordinaten-

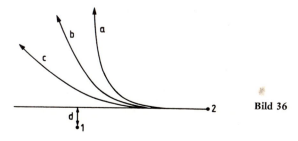

**Bild 36**

system ist so gewählt, daß sich ein Teilchen in Ruhe befindet. Das andere Teilchen bewegt sich in einer Richtung, die bei Abwesenheit der elektrostatischen Kraft eine Minimalentfernung $d$ zum anderen Teilchen ergeben würde. In Wirklichkeit bewegt sich das Teilchen 2 auf Hyperbelbahnen, die durch a, b, c angedeutet sind und wachsender Anfangsgeschwindigkeit des Teilchens 2 entsprechen. Je größer diese Geschwindigkeit, desto näher kommt das Teilchen der Minimalentfernung $d$. Wenn $d$ kleiner ist als die Reichweite der Kernkräfte und die Geschwindigkeit des Teilchens 2 entsprechend hoch ist, so besteht die Möglichkeit einer Kernreaktion.

Diese klassische Beschreibung des Auftretens von Kernreaktionen wurde in einem sehr wichtigen Punkt von der Quantentheorie modifiziert. Demnach können Kernreaktionen selbst dann stattfinden, wenn nach der klassischen Theorie sich die Teilchen nicht nahe genug kommen, um starke Wechselwirkung zu erreichen. Das ist eine Folge der Heisenbergschen Unschärferelation, nach der es unmöglich ist, sowohl für den Ort als auch den Impuls eines Teilchens einen genauen Wert anzugeben. Die Unschärfe $\delta x$ im Ort $x$ und die Unschärfe $\delta p$ im Impuls $p$ stehen zueinander in folgender Beziehung

$$\delta x \, \delta p \geq h/4\pi, \tag{4.6}$$

wobei $h$ die Plancksche Konstante bedeutet. Auf ähnliche Weise sagt die Heisenbergsche Unschärferelation aus, daß die Energie eines Teilchens und die Zeit ihrer Messung nicht genau bekannt sein können. Es gibt also Unschärfen $\delta E$ und $\delta t$ in der Energie und der Zeit, für die gilt

$$\delta E \, \delta t \geq h/4\pi. \tag{4.7}$$

Wenn ein Teilchen mit dieser Zusatzenergie den klassischen Energiewert bei der Annäherung an ein anderes Teilchen überschreiten und so in die Reichweite der Kernkräfte gelangen kann, wobei die dafür erforderliche Zeit der Beziehung (4.7) genügt, so kann eine Kernreaktion entstehen.

Infolgedessen ist die Kernreaktionsrate größer als man nach der klassischen Theorie erwarten würde. Bevor die Quantentheorie der Kernreaktionen entwickelt war, konnte man kaum verstehen, wie Kernreaktionen die Energiemenge produzieren können, die von den Sternen ausgestrahlt wird. Gleichzeitig war man aber auch nicht in der Lage, eine befriedigende Alternativquelle der Energie anzugeben, obwohl man die Möglichkeit der kompletten Annihilation von Materie in Energie erwog. Zu jener Zeit machte Eddington seine berühmte Bemerkung, daß sich

### Das Auftreten von Kernreaktionen

die Kernphysiker, wenn ihnen der Sonnenmittelpunkt zu wenig heiß wäre, einen heißeren Ort suchen müßten.

Innerhalb eines Sterns sind die Geschwindigkeiten der Teilchen von ihrer thermischen Bewegung bestimmt. Gemäß der kinetischen Gastheorie ist die mittlere Geschwindigkeit eines Teilchens, $\bar{v}$, gegeben durch

$$1{,}086\,\bar{v} = (3\,kt/m)^{1/2}\ \mathrm{m\,s^{-1}}, \tag{4.8}$$

wobei, wie zuvor, $m$ die mittlere Masse der Teilchen im Gas bedeutet. Es muß also die Temperatur des stellaren Gases entsprechend hoch sein, damit einige der Teilchen die für die Kernreaktionen erforderlichen hohen Geschwindigkeiten erhalten. Solche Reaktionen werden dann als *thermonukleare Reaktionen* bezeichnet. Wir haben bereits im letzten Abschnitt erfahren, daß die Temperatur des stellaren Gases steigt, während der Stern Energie verliert, wobei das Gas aber ideal bleibt (siehe die Diskussion auf Seite 68). Man kann daher erwarten, daß ein Stern, selbst wenn sein Inneres noch nicht heiß genug ist, um Kernreaktionen zu zünden, zu einem späteren Zeitpunkt die nötige Temperatur erreicht. Dann werden die auf Seite 69 erwähnten versteckten Energievorräte verfügbar, und der Stern kann sich in einen quasistationären Zustand begeben, in dem die von den Kernreaktionen gelieferte Energie den Energieverlust an der Oberfläche ausgleicht.

Je höher die elektrischen Ladungen der wechselwirkenden Kerne, desto größer ist die abstoßende Kraft zwischen ihnen und umso höher muß die Temperatur sein, bevor thermonukleare Reaktionen einsetzen können. Die Kerne mit höherer Ladung sind auch diejenigen höherer Masse, weshalb Kernreaktionen zwischen leichten Elementen bei niedrigeren Temperaturen stattfinden als Kernreaktionen zwischen schweren Elementen.

Man kann erwarten, daß die leichten Elemente in einem Stern allmählich in schwerere umgewandelt werden, wenn sich der Stern entwickelt und seine interne Temperatur steigt. Dies geht solange, bis schließlich die Sternmaterie in Elemente umgewandelt ist, die sich im Periodensystem der Elemente in der Nachbarschaft von Eisen befinden. Wenn dies der Fall ist, kann keine Energie mehr durch Kernfusionsreaktionen freigesetzt werden. Es ist aber möglich, daß die Fusionsreaktionen nicht so weit gehen. Der in Kapitel 3 erbrachte Nachweis, daß sich die Zentraltemperatur eines Sterns erhöht, wenn er Energie verliert, hängt davon ab, daß die Sternmaterie ein ideales Gas bleibt. Wir werden weiter unten sehen, daß die Sterntemperatur ein Maximum durchläuft, wenn das stellare Gas nicht mehr ideal bleibt. Der Stern kühlt in der Folge ab und *stirbt*. Die Endstadien der Entwicklung solcher Sterne werden im Kapitel 8 besprochen.

Die Kernreaktionsraten sind nicht nur von der Temperatur der Sternmaterie, sondern natürlich auch von ihrem Druck abhängig, aber in diesem Fall ist die Abhängigkeit eine sehr einfache. Für die einfachsten Zwei-Teilchen-Reaktionen, bei denen sich zwei Kerne zu einem dritten Kern verbinden – wahrscheinlich unter Emission eines Photons – ist die Energiefreisetzung pro Volumeneinheit proportional dem Produkt der Zahl der beiden wechselwirkenden Teilchen in der Volumeneinheit. Das heißt, wenn sich Kern A mit Kern B zu einem Kern C verbindet und dabei ein Photon $\gamma$ ausgestrahlt wird

$$A + B \to C + \gamma \,^{12)}, \tag{4.9}$$

so ist die Zahl der Reaktionen proportional $n(A)\,n(B)$, wobei $n(A)$, $n(B)$ die Zahl der Teilchen vom Typ A und B im Einheitsvolumen darstellen.

Wenn die chemische Zusammensetzung aufrechterhalten bleibt, so bedeutet dies, daß die Energieerzeugungsrate pro Einheitsvolumen proportional ist $\rho^2$ und die Energieerzeugungsrate pro Einheitsmasse daher proportional $\rho$. Diese Zwei-Teilchen-Reaktionen sind im Sterninneren gewöhnlich wichtiger als Reaktionen mit drei oder mehr Teilchen. Das kommt daher, daß die Wahrscheinlichkeit für eine gleichzeitige genügend nahe Begegnung von mehr als zwei Teilchen wirklich sehr gering ist, es sei denn, die Dichte der Materie wird extrem hoch. Es gibt aber, wie wir bald sehen werden, eine sehr wichtige Drei-Teilchen-Reaktion, die zu einer Energieabgabe führt, die proportional $\rho^2$ ist.

**Kernreaktionsraten**

Aus dem früher Gesagten sollte klar geworden sein, daß die Wahrscheinlichkeit für das Stattfinden einer Kernreaktion das Produkt zweier Faktoren ist: Die Wahrscheinlichkeit, daß sich zwei Teilchen so nahe kom-

---

[12] Im folgenden werden wir manchmal eine abgekürzte Darstellungsweise für solche Reaktionen verwenden, nämlich $A(B, \gamma)C$, wobei die zu Beginn vorhandenen Teilchen links vom Komma und die Endprodukte rechts davon stehen. Man benützt $\gamma$ für die Photonen, weil die bei diesen Kernreaktionen auftretenden Photonen $\gamma$-Strahlen sind.

men, daß die Kernkraft Bedeutung erlangt und die Wahrscheinlichkeit, daß dann eine Kernreaktion einsetzt. Der erste Faktor hängt nur von den Massen und Ladungen der beiden Teilchen, der Zahl der vorhandenen Teilchen und der Temperatur ab. Er ist im Prinzip leicht zu berechnen, erfordert aber eine außerhalb der Thematik dieses Buches liegende Kenntnis der Quantenmechanik. Der zweite Faktor hängt von den Eigenschaften der beiden beteiligten Kerne ab. Es ist normalerweise nicht möglich, ihn zu berechnen, er muß daher aus Laborexperimenten bestimmt werden.

Obwohl wir nicht die thermonuklearen Reaktionsraten berechnen können, ist es doch vielleicht nützlich, die Formel für die Abhängigkeit der Reaktionsrate von $T$ und von den Massen und Ladungen der Teilchen niederzuschreiben. Zwei wechselwirkende Teilchen mögen die Massen $A_i m_H$ und $A_j m_H$ ($m_H$ die Masse des Wasserstoffatoms) und die Ladungen $q_i e$ und $q_j e$ ($e$ die Ladung des Elektrons) besitzen. Ferner sei $X_i$ der Anteil der Teilchen vom Typ $i$ und $X_j$ der Anteil vom Typ $j$. Wir definieren folgende Größen:

$$A = A_i A_j/(A_i + A_j) \tag{4.10}$$

und

$$\tau = 4{,}25 \cdot 10^3 \, (q_i^2 q_j^2 A/T)^{1/3} . \tag{4.11}$$

Dann kann man die Zahl der Reaktionen pro kg und s zwischen den Kernen i und j wie folgt schreiben:

$$R_{ij} \equiv C \rho \, \frac{X_i}{A_i} \frac{X_j}{A_j} \tau^2 \exp(-\tau) \, (A q_i q_j)^{-1}, \tag{4.12}$$

wobei $C$ eine Konstante ist, die von den besonderen Eigenschaften der betroffenen Kerne abhängt.

Im Ausdruck (4.12) zeigt sich deutlich die Abhängigkeit der Reaktionsrate von Dichte, Temperatur, Häufigkeit der Kerne, Kernmassen und Kernladungen. Wenn $T$ klein ist, ist $\tau$ groß und der Term $\exp(-\tau)$ führt zu einer sehr kleinen Reaktionsrate. Mit der Abnahme von $\tau$ steigt die Reaktionsrate wegen des Exponentialterms rasch an, aber dieser Anstieg hält nicht für immer an. Der Term in $\tau^2$ wird nämlich dann wichtiger als der Exponentialterm, wenn die Temperatur sehr hoch ist; deshalb fällt die Reaktionsrate wieder ab. In der Praxis interessieren uns nur die Temperaturen, bei denen die Reaktionsrate noch ansteigt. Man sieht auch sofort, daß die Reaktionsrate mit der Zunahme der Ladungen der wechselwirkenden Kerne abnimmt, da eine starke Abhängigkeit von $q_i$ und $q_j$ im Exponentialterm (siehe Gln. (4.11) und (4.12)) gegeben ist.

**Die Reaktionen des Wasserstoffbrennens**

Man ist heute der Auffassung, daß die wichtigsten Reaktionsreihen in Sternen diejenigen sind, bei denen Wasserstoff in Helium umgewandelt wird. Dies nennt man *Wasserstoffbrennen*. Ein wichtiges Kennzeichen dieser Reaktionen ist die Umwandlung von zwei Protonen in Neutronen für jeden dabei erzeugten Kern von $^4$He (= $\alpha$-Teilchen). Wie schon auf Seite 96 erwähnt wurde, erfordert die Umwandlung eines Protons in ein Neutron den Einsatz der schwachen Wechselwirkung. Wasserstoffbrennen schließt daher Kernreaktionen mit ein, die über den eben beschriebenen Zwei-Teilchen-Typ hinausgehen. Zwei Haupt-Reaktionsketten wurden vorgeschlagen: die Proton-Proton-(PP)-Kette und der Kohlenstoff-Stickstoff-(CN)-Zyklus. In der ersten Kette wird Wasserstoff direkt in Helium umgewandelt, hingegen werden im CN-Zyklus Kohlenstoff- und Stickstoffkerne als Katalysatoren benützt. Einzelheiten der PP-Kette sind in den Ausdrücken (4.13) bis (4.15) gezeigt, während der CN-Zyklus im Ausdruck (4.16) dargestellt ist. (Die Schreibweise wurde in Fußnote 12 erklärt.) Die Proton-Proton-Kette teilt sich in drei Hauptzweige, die als PP I, PP II und PP III-Ketten bezeichnet werden. Die erste Reaktion ist die Wechselwirkung zweier Protonen, die einen schweren Wasserstoffkern (Deuterium, d) unter Emission eines Positrons ($e^+$) und eines Neutrinos ($\nu$) bilden. Das Deuterium fängt dann ein weiteres Proton ein und bildet das leichte Isotop des Heliums unter Aussendung eines $\gamma$-Strahls. An diesem Punkt ergeben sich zwei wichtige Möglichkeiten. Der $^3$He-Kern kann entweder mit einem anderen $^3$He-Kern wechselwirken, oder mit einem $\alpha$-Teilchen, das sich bereits gebildet hat oder schon ursprünglich vorhanden war, wenn der Stern Helium bei seiner Geburt enthalten hat. Im ersten Fall ergibt sich die letzte Reaktion der PP I-Kette, im zweiten Fall führt dies entweder zur PP II oder zur PP III-Kette. Die übrigen Reaktionen werden nicht im Einzelnen beschrieben, wir erwähnen nur, daß es dabei eine weitere Verzweigung in der Kette gibt, wenn nämlich $^7$Be entweder ein Elektron einfängt und $^7$Li bildet oder ein Proton zur Bildung von $^8$B verwendet. Am Ende der PP III-Kette zerfällt der instabile $^8$Be-Kern und bildet zwei $\alpha$-Teilchen.

*Die Reaktion des Wasserstoffbrennens*

$$\left.\begin{array}{l}\text{PP I-Kette}\\ 1\ \ p(p, e^{+} + \nu)\,d\\ 2\ \ d(p, \gamma)^{3}\text{He}\\ 3\ \ ^{3}\text{He}(^{3}\text{He}, p + p)^{4}\text{He}\end{array}\right\} \quad (4.13)$$

$$\left.\begin{array}{l}\text{PP II-Kette}\\ \text{beginnt mit den Reaktionen 1 und 2}\\ \text{dann}\ \ 3'\ \ ^{3}\text{He}(^{4}\text{He}, \gamma)^{7}\text{Be}\\ \phantom{\text{dann}\ \ }4'\ \ ^{7}\text{Be}(e^{-}, \nu)^{7}\text{Li}\\ \phantom{\text{dann}\ \ }5'\ \ ^{7}\text{Li}(p, \alpha)^{4}\text{He}\end{array}\right\} \quad (4.14)$$

$$\left.\begin{array}{l}\text{PP III-Kette}\\ \text{beginnt mit den Reaktionen 1, 2 und 3}'\\ \text{dann}\ \ 4''\ \ ^{7}\text{Be}(p, \gamma)^{8}\text{B}\\ \phantom{\text{dann}\ \ }5''\ \ ^{8}\text{B}(, e^{+} + \nu)^{8}\text{Be}\\ \text{und}\ \ \ 6''\ \ ^{8}\text{Be} \to 2\,^{4}\text{He}\end{array}\right\} \quad (4.15)$$

$$\left.\begin{array}{l}\text{CN-Zyklus}\\ 1\ \ ^{12}\text{C}(p, \gamma)^{13}\text{N}\\ 2\ \ ^{13}\text{N}(, e^{+} + \nu)^{13}\text{C}\\ 3\ \ ^{13}\text{C}(p, \gamma)^{14}\text{N}\\ 4\ \ ^{14}\text{N}(p, \gamma)^{15}\text{O}\\ 5\ \ ^{15}\text{O}(, e^{+} + \nu)^{15}\text{N}\\ 6\ \ ^{15}\text{N}(p, ^{4}\text{He})^{12}\text{C}\end{array}\right\} \quad (4.16)$$

Das herausragende Merkmal des CN-Zyklus besteht darin, daß er mit einem Kohlenstoffkern beginnt, dem hintereinander vier Protonen zugefügt werden. In zwei Fällen folgt unmittelbar auf die Protonenzugabe ein β-Zerfall mit Aussendung eines Positrons und eines Neutrinos. Am Ende des Zyklus wird ein Heliumkern emittiert und ein Kohlenstoffkern bleibt übrig. In diesen Reaktionen agieren Kohlenstoff und Stickstoff nur als Katalysatoren und werden weder erzeugt noch vernichtet. Tatsächlich finden sowohl in der PP-Kette als auch im CN-Zyklus einige weniger wichtige Nebenreaktionen statt, die wir nicht aufgeführt haben. Wenn natürlich irgendwelche Sterne überhaupt keinen Kohlenstoff oder Stickstoff enthalten, kann der CN-Zyklus nicht stattfinden und das gesamte Wasserstoffbrennen muß durch die PP-Kette erfolgen.

Es genügt aber eine sehr kleine Menge von Kohlenstoff, um den CN-Zyklus in manchen Sternen dominieren zu lassen, wie wir später sehen werden, wenn wir besprechen, in welcher Weise die Energiefreisetzung beider Reaktionsketten von $\rho$, $T$ und der chemischen Zusammensetzung abhängt.

**Neutrinos**

Die Reaktionen des Wasserstoffbrennens sind von besonderem Interesse, denn die Umwandlung eines Protons in ein Neutron bedingt nicht nur die Emission eines Positrons, sondern auch eines Neutrinos. Das Neutrino ist, wie es scheint, ein Teilchen ohne Ruhemasse, besitzt keine elektromagnetischen Eigenschaften (Ladung, magnetisches Moment usw.) und nimmt nicht an starken Wechselwirkungen teil. Man hat ursprünglich seine Existenz postuliert, da sonst Energie und Impuls beim $\beta$-Zerfall nicht erhalten blieben. Statt offensichtlich wohlbegründete Erhaltungssätze über Bord zu werfen, zog man es vor anzunehmen, daß ein zusätzliches, noch unentdecktes Teilchen bei der Reaktion emittiert würde. Mehr als zwanzig Jahre später wurde das Neutrino (genauer gesagt das Anti-Neutrino) im Jahre 1953 nachgewiesen. Neutrinos wechselwirken sehr schwach mit anderer Materie. Ein Neutrino von 1 MeV Energie würde durch 10 parsec Wasser laufen, ohne ernsthaft abgelenkt oder absorbiert zu werden. Es ist daher sehr schwierig ein einzelnes Neutrino nachzuweisen. Da aber doch eine kleine, aber endliche Wahrscheinlichkeit dafür besteht, daß ein Neutrino auf einer kurzen Distanz absorbiert wird, können Neutrinos nachgewiesen werden unter der Voraussetzung, daß ein genügend starker Neutrinofluß vorliegt. In den ersten Experimenten wurden die Anti-Neutrinos beim $\beta$-Zerfall instabiler Kerne emittiert; innerhalb des Kerns zerfiel ein einzelnes Neutron durch die Reaktion (4.5):

$$n \to p + e^- + \bar{\nu}.$$

Die Anti-Neutrinos wurden dann eingefangen von Protonen in einer Reaktion, die im wesentlichen umgekehrt zu Gl. (4.5) verläuft:

$$\bar{\nu} + p \to n + e^+. \tag{4.17}$$

In der Folge zerfiel das Neutron durch die Reaktion (4.5), und durch die Paarvernichtung von Positron und Elektron entstanden $\gamma$-Quanten:

$$e^+ + e^- \to \gamma + \gamma. \tag{4.18}$$

Sowohl der Neutronenzerfall als auch die Gammastrahlenproduktion konnten beobachtet werden. Da diese Ereignisse nahezu koinzidierten, schloß man auf das Auftreten der Antineutrino-Einfangreaktion. Es überrascht kaum, daß der positive Nachweis des Antineutrinos nicht leicht geliefert werden konnte.

Fast alle Neutrinos, die im Sternzentrum bei den Kernreaktionen emittiert werden, verlassen den Stern ohne weitere Wechselwirkung, wogegen die $\gamma$-Strahlen niedriger Energie nur einen kleinen Bruchteil des Sternradius durchlaufen, bevor sie absorbiert werden. Die in den Reaktionen (4.13) bis (4.16) entstehenden Neutrinos führen zwischen 2 % und 6 % der bei den Reaktionen freigesetzten Energie ab. Diese Energie ist nahezu sofort für den Stern verloren. Also ist die Periode des Wasserstoffbrennens ein paar Prozent kürzer als sie sonst sein würde. Die vielleicht interessanteste Eigenschaft dieser Neutrinos besteht darin, daß sie dem Beobachter auf der Erde Hinweise über die Bedingungen im Zentrum der Sonne geben können, wogegen Photonen nur über die Oberflächenschichten direkt etwas aussagen. Obwohl Neutrinos nur sehr schwach mit Materie wechselwirken, besteht die Möglichkeit, einige wenige zu entdecken, so daß man daraus eine direkte Information über den Bereich erhält, in dem Kernreaktionen in der Sonne ablaufen.

Eine Zeitlang wurde experimentell versucht, diese Neutrinos in einem riesigen Tank nachzuweisen, der 400 000 Liter Reinigungsflüssigkeit (Perchlorethylen $C_2Cl_4$) enthielt und etwa 1500 m unter der Erdoberfläche in einer Goldmine aufgestellt war. Die Neutrinos werden von $^{37}Cl$, dem schweren Isotop des Chlor absorbiert in der Reaktion

$$^{37}Cl + \nu \rightarrow {}^{37}Ar + e^-. \qquad (4.19)$$

Das radioaktive Argon wird dann durch einen chemischen Prozeß aus der übrigen Flüssigkeit ausgeschieden, und die Zahl der erzeugten radioaktiven Atome durch die Beobachtung der Umkehrreaktion gezählt:

$$^{37}Ar \rightarrow {}^{37}Cl + e^+ + \nu. \qquad (4.20)$$

Das Experiment wird so tief in einer Mine durchgeführt, weil dann die Erzeugung von $^{37}Ar$ durch andere Ursachen wie z.B. kosmische Strahlen nahezu ausgeschaltet wird. Momentan ergibt dieses Experiment eine Nachweisrate von Neutrinos, die kleiner ist als die von der Theorie vorausgesagte. Weitere Kommentare über dieses Experiment werden in Kapitel 6 gegeben.

**Energiefreisetzung beim Wasserstoffbrennen**

Wenn man experimentelle oder, wie in vielen Fällen, extrapolierte Werte für die Reaktionsraten der Ketten Gln. (4.13) bis (4.16) heranzieht, so kann man die Energieabgabe des CN-Zyklus und die gesamte Energiefreisetzung aller drei Zweige der PP-Kette als Funktion der Temperatur tabellarisch angeben. Eine graphische Darstellung findet man in Bild 37. In beiden Fällen ist die Energiefreisetzung pro kg proportional der Dichte. Die Energieabgabe bei der PP-Kette ist proportional dem Quadrat des Wasserstoffanteils $X_H$, während sie beim CN-Zyklus proportional ist dem Produkt der Wasserstoffkonzentration und der Kohlenstoffkonzentration $X_C$. Das Diagramm wurde für einen Wert von $X_C/X_H$ gezeichnet, der Population-I-Sternen wie der Sonne entspricht, die relativ reich an Elementen sind, die schwerer sind als Wasserstoff und Helium. Eine Änderung im Wert von $X_C/X_H$ führt nur zu einer Verschiebung der einen Kurve gegen die andere.

Was bedeutet das Diagramm für die Sonne? Die Energiefreisetzungsrate der Sonne beträgt, über ihre ganze Masse gemittelt, $2 \cdot 10^{-4}$ W kg$^{-1}$. Die mittlere Dichte der Sonne beträgt $1,4 \cdot 10^3$ kg m$^{-3}$, und die Beobachtungen der chemischen Zusammensetzung der Sonnenoberfläche deuten darauf hin, daß $X_H \cong 3/4$. Hätte die Sonne überall dieselbe Temperatur und dieselbe Dichte, so wäre der Wert von $\epsilon/\rho\, X_H^2$ ungefähr $2,5 \cdot 10^{-7}$, woraus aus dem Diagramm eine Temperatur von ungefähr $5 \cdot 10^6$ K

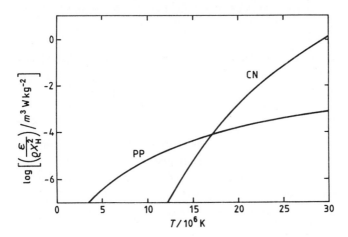

**Bild 37** Energiefreisetzungsraten der beiden Reaktionsketten des Wasserstoffbrennens als Funktion der Temperatur

folgt. Da aber Wärme vom Inneren der Sonne nach außen strömt, muß die Zentraltemperatur höher sein als die mittlere Temperatur, so daß dieser Wert wahrscheinlich etwas zu niedrig ist. Man kann ihn mit der unteren Grenze für die mittlere Temperatur der Sonne ($2 \cdot 10^6$ K) vergleichen, die aus dem Ausdruck (3.32) gewonnen wurde. Obwohl unsere Abschätzung sehr grob ist, können wir mit Genugtuung feststellen, daß die Reaktionen des Wasserstoffbrennens Energie im beobachteten Ausmaß für Zentraltemperaturen ergeben, die ziemlich ähnlich den in Kapitel 3 abgeschätzten Temperaturen sind.

Die Energieabgaben der PP-Kette und des CN-Zyklus sind glatte Funktionen der Temperatur. In einem beschränkten Temperaturintervall können wir die in Bild 37 gezeigte, der Gl. (4.11) entsprechende Abhängigkeit von der Temperatur durch ein Potenzgesetz ersetzen, indem wir die Kurve durch ihre Tangente oder besser durch eine geeignete Sehne parallel zur Tangente an einem Punkt des Intervalls ersetzen. Auf diese Weise können wir in einem Bereich etwas unterhalb der Temperatur, bei der die PP-Kette und der CN-Zyklus von gleicher Bedeutung sind, die Energieerzeugungsrate darstellen durch

$$\epsilon_{PP} \cong \epsilon_1 X_H^2 \rho T^4, \qquad (4.21)$$

während für den CN-Zyklus bei einer etwas höheren Temperatur gilt

$$\epsilon_{CN} \cong \epsilon_2 X_H X_C \rho T^{17}, \qquad (4.22)$$

wobei in Gl. (4.20) und Gl. (4.21) $\epsilon_1$ und $\epsilon_2$ Konstanten sind.

Natürlich entspricht der wahre Verlauf der Energiefreisetzung nicht einem Potenzgesetz, dieses ist aber eine recht gute Näherung, wenn die Energiefreisetzung sehr rasch mit der Temperatur anwächst und der Temperaturbereich klein ist, in dem hauptsächlich die Freisetzung erfolgt. Im nächsten Kapitel werden wir sehen, daß der Gebrauch von näherungsweisen Ausdrücken für die Energieproduktion der Form

$$\epsilon = \epsilon_0 \rho T^n \qquad (4.23)$$

uns erlaubt, nützliche qualitative Informationen über den Aufbau von Sternen zu erhalten.

### Andere Kernreaktionen mit leichten Elementen

Mehrmals wurde festgestellt, daß Sterne, die aus einem idealen Gas bestehen, sich aufheizen, wenn sie Energie abstrahlen, und daß dieser Prozeß so lange fortschreitet, bis thermonukleare Reaktionen im

Inneren einsetzen. Ebenso wurde gesagt, daß Reaktionen mit Kernen niedrigster Ladung zuerst stattfinden, weshalb man erwarten würde, daß keine merklichen Kernreaktionen ablaufen können, wenn die Temperatur niedriger ist als jene, bei der Wasserstoff zu Helium verbrennt. Dies ist aber nicht ganz richtig, weil sowohl die PP-Kette als auch der CN-Zyklus atypisch sind. In beiden Fällen müssen schwache Wechselwirkungen stattfinden, um Protonen in Neutronen umzuwandeln, und diese schwachen Wechselwirkungen sind gewöhnlich langsamer als starke Wechselwirkungen. Zusätzlich hat jede Kette eine weitere Besonderheit. Die erste Reaktion der PP-Kette besteht in Wirklichkeit aus zwei Schritten:

$$p + p \rightarrow {}^2He \rightarrow d + e^+ + \nu. \tag{4.24}$$

Der Zwischenkern $^2$He ist äußerst instabil und zerfällt gewöhnlich wieder in zwei Protonen, während er nur selten durch $\beta$-Zerfall in ein Deuteron übergeht, was der Reaktion (4.24) entspricht. Im Fall des CN-Zyklus haben die Kohlenstoff- und Stickstoffkerne relativ hohe elektrische Ladungen, weshalb die Reaktionsrate langsamer ist als bei niedriger elektrischer Ladung aller beteiligten Kerne.

Tatsächlich brennen Deuterium, Lithium, Beryllium und Bor bei niedrigeren Temperaturen als Wasserstoff, weil sie alle keinen $\beta$-Zerfall dazu benötigen und keine Teilchen mit so hohen Ladungen wie bei Kohlenstoff, Stickstoff und Sauerstoff daran beteiligt sind. Wenn wir uns vor Augen halten, daß Wasserstoff fast immer das häufigste Element ist, so sehen wir, daß Deuterium und die stabilen Isotope von Lithium, Beryllium und Bor durch Reaktionen mit Protonen zerstört werden. Diese Reaktionen sind:

$$\left.\begin{array}{l} d(p, \gamma)^3He, \\ {}^6Li(p, {}^3He)^4He, \\ {}^7Li(p, \gamma)^8Be \rightarrow 2\,{}^4He, \\ {}^9Be(p, {}^4He)^6Li(p, {}^3He)^4He, \\ {}^{10}B(p, {}^4He)^7Be, \\ {}^{11}B(p, \gamma)3\,{}^4He, \end{array}\right\} \tag{4.25}$$

wobei das $^7$Be, das in der fünften Reaktion entsteht, wie in der PP-Kette zerstört wird. Obwohl man erwartet, daß in Sternen diese Reaktionen als erste stattfinden, und obwohl sie im einzelnen viel Energie freisetzen, können sie keine bedeutende Rolle für den Sternaufbau spielen (ausgenommen die erste und dritte Reaktion, die im PP-Prozeß vorkommen, wobei aber Deuterium und Lithium vom Prozeß selbst aufgebaut wurden), weil man nicht der Meinung ist, daß die betroffenen Elemente jemals in großer Häufigkeit vorkommen. Wir werden also weiterhin die Reaktionen des Wasserstoffbrennens als die ersten signifikanten Reaktionen nach der Geburt eines Sterns ansehen.

Wir müssen noch anmerken, daß in der Wasserstoffbombe und bei Laborexperimenten kontrollierter thermonuklearer Reaktionen Deuterium statt Protonen benützt wird. Die vorgeschlagenen Reaktionsketten für kontrollierte thermonukleare Reaktionen sind

$$d(d, p)^3H(d, n)^4He \\ d(d, n)^3He(d, p)^4He.$$

(4.26)

Jüngste Abschätzungen über die Möglichkeit, eine nutzvolle Energiefreisetzung aus kontrollierten thermonuklearen Reaktionen zu erhalten, ergaben die Notwendigkeit, daß der Startbrennstoff eine Mischung aus Deuterium und Tritium ($^3H$) ist, so daß nur eine Reaktion aus (4.26) gebraucht wird.

## Die Reaktionen des Heliumbrennens

Wenn man akzeptiert, daß das Wasserstoffbrennen der erste wichtige nukleare Prozeß in der stellaren Entwicklung ist, dann wird zu einem bestimmten Zeitpunkt der Wasserstoff im Zentralbereich des Sterns verbraucht sein. In dieser Phase werden die Zentralbereiche noch immer heißer sein als die äußeren Bereiche, und deshalb wird Energie weiterhin nach außen fließen. Da die nukleare Energiefreisetzung aufgehört hat, kann der Energiefluß nur von der thermischen Energie herrühren. Jeder Verlust von thermischer Energie reduziert aber den Druck des stellaren Gases, und die zentralen Gebiete werden daher von den darüberliegenden Schichten komprimiert. Wenn die Materie weiterhin ein ideales Gas bleibt, so führt diese Kompression zu einem Anstieg der Temperatur, der solange anhält, bis die nächsten signifikanten Kernreaktionen einsetzen; dies kann sogar auch dann gelten, wenn das Sternzentrum kein ideales Gas bleibt.

Die nächsten wichtigen Reaktionen betreffen $^4He$, das Produkt des Wasserstoffbrennens. Man könnte erwarten, daß die bedeutendste Reaktion aus der Kombination zweier Heliumkerne zu entweder einem oder zwei anderen Kernen bestünde. Leider funktioniert dies nicht, weil $^8Be$ sehr instabil ist und in zwei Heliumkerne zurückzerfällt, wie wir schon bei den Reaktionen der PP-Kette gesehen haben, während die anderen Reaktionen mit zwei Heliumkernen Energie verbrauchen, statt sie freizusetzen. Eine Zeitlang war es unklar, wie ein weiteres Kernbrennen vonstatten gehen würde. Dann kam man darauf, daß gelegentlich ein dritter Heliumkern zu $^8$Be hinzugefügt werden könnte, bevor dieses zerfällt. Auf diese Weise wird Kohlenstoff gebildet:

$$^4\text{He} + {}^4\text{He} \to {}^8\text{Be},$$
$$^8\text{Be} + {}^4\text{He} \to {}^{12}\text{C} + \gamma. \tag{4.27}$$

Wie bei den Reaktionen des Wasserstoffbrennens, gilt auch von dieser Kette, daß sie ungewöhnlich ist. Das Heliumbrennen ist tatsächlich eine Drei-Teilchen-Reaktion, weshalb die Energiefreisetzung pro kg proportional ist dem Quadrat der Dichte und nicht linear proportional wie im Falle des Wasserstoffbrennens. Die Reaktionsrate ist wieder sehr stark von der Temperatur abhängig. Das Heliumbrennen in Sternen findet typischerweise bei Temperaturen von ca. $10^8$ K statt. Dort beträgt die Energiefreisetzungsrate

$$\epsilon_{3\,\text{He}} \cong \epsilon_3 X_{\text{He}}^3 \rho^2 T^{40}, \tag{4.28}$$

wobei $\epsilon_3$ eine Konstante und $X_{\text{He}}$ die anteilige Massenkonzentration des Heliums ist.

Sobald Helium im Sternzentrum aufgebraucht ist, können wiederum Kontraktion und Aufheizen einsetzen, was zu weiteren Kernreaktionen wie dem Kohlenstoffbrennen führen kann. Momentan wollen wir diese Reaktionen nicht besprechen, sondern wiederholen, daß der größte Teil der durch Kernfusionsreaktionen erzielbaren Energieproduktion in jener Zeit stattgefunden hat, als Wasserstoff und Helium verbrannt wurden.

### Opazität

Wir wenden uns nun der Opazität der Sternmaterie zu. In Kapitel 3 wurde festgestellt, daß sich die Energieflüsse durch Leitung und Strahlung ihrem Wesen nach ähnlich sind und daß im Inneren eines Sterns die Energieflußrate dieser beiden Prozesse von einer Größe, der Opazität $\kappa$ abhängt. Nach der Gl. (3.51) gilt

$$\frac{\mathrm{d}T}{\mathrm{d}r} = -\frac{3\kappa L \rho}{16\pi a c r^2 T^3},$$

# Opazität

wodurch die Energietransportrate zum Temperaturgradienten und zur Opazität $\kappa$ in Beziehung gesetzt wird. Im letzten Kapitel wurde keine Formel für $\kappa$ angegeben. Eine ausführliche Diskussion der Ableitung dieser Formel liegt außerhalb der Zielsetzung dieses Buches. Wir werden aber die zur Bestimmung von $\kappa$ notwendigen Grundlagen erörtern.

Es wurde bereits im Kapitel 2 erwähnt, daß, wenn sich Materie und Strahlung bei der Temperatur $T$ miteinander im Gleichgewicht befinden, die Strahlung vollständig durch die Planck-Funktion $B_\nu(T)$ beschrieben wird:

$$B_\nu(T) = \frac{2h\nu^3}{c^2} \frac{1}{\exp(h\nu/kT) - 1}. \tag{2.5}$$

$B_\nu(T)$ ist die Energie, welche durch eine Fläche von einem Quadratmeter pro Sekunde, pro Einheitsfrequenzintervall und pro Einheitsraumwinkel hindurchgeht. Im thermischen Gleichgewicht fließt Strahlung gleich stark nach allen Seiten. Innerhalb eines Sterns können die Bedingungen nicht genau gleich jenen des thermischen Gleichgewichts sein, weil es dann ja keinen Netto-Fluß von Energie in der radialen Richtung gäbe. Andererseits sind aber die Abweichungen der Strahlungsintensität von der Planck-Funktion wirklich sehr gering im Innern eines Sterns.

Die Opazität der Sternmaterie ist ein Maß für den Widerstand der Materie gegen den Durchgang von Strahlung; in gleicher Weise mißt das Strahlungsleitvermögen die Leichtigkeit, mit der Energie fließen kann. Die Wahrscheinlichkeit, daß ein einzelnes Photon absorbiert wird, hängt von seiner Frequenz ab. Wir können daher den monochromatischen Massenabsorptionskoeffizient $\kappa_\nu$ definieren, bei dem die Strahlung der Intensität $I_\nu$ auf der Strecke $\delta x$ um $\delta I_\nu$ geändert wird, entsprechend

$$\delta I_\nu = -\kappa_\nu \rho I_\nu \delta x. \tag{4.29}$$

Die Dimension von $\kappa_\nu$ ist $m^2\,kg^{-1}$. Der Name Massenabsorptionskoeffizient stammt vom Einschluß von $\rho$ in der Definition (4.29). Wenn man das Strahlungsleitvermögen der Sternmaterie betrachtet, ist es sinnvoll anzunehmen, daß das effektive Leitvermögen hauptsächlich vom Leitvermögen jenes Frequenzbereichs abhängt, in dem die Zahl der Photonen am größten ist. Das heißt, daß bei der Berechnung des mittleren Leitvermögens das Leitvermögen jeder Frequenz mit einer Größe multipliziert werden sollte, die von der Zahl der Photonen der entsprechenden Frequenz abhängt, und zwar jener Photonenzahl, die vorhanden ist, bevor das Mittel berechnet wird. Da die Opazität im wesentlichen dem Leitvermögen reziprok ist, bedeutet dies, daß der reziproke Wert des Absorptionskoeffizienten $\kappa_\nu$ gewichtet werden sollte mit der Zahl der Photonen, die bei der Bildung des Kehrwertes der Opazität vorhanden sind.

Wie oben erwähnt, fließt Energie nur deshalb, weil die Temperatur beim Sternmittelpunkt höher ist. An jedem Ort wurde die nach außen gehende Strahlung bei einer etwas höheren Temperatur emittiert und besitzt eine Frequenzverteilung, die annähernd gleich ist einer Planck-Funktion bei dieser höheren Temperatur. In ähnlicher Weise hat die nach innen fließende Strahlung eine Frequenzverteilung, die einer Planck-Funktion bei einer etwas niedrigeren Temperatur entspricht. Das Netto-Strahlungsleitvermögen erhält man dann durch Multiplikation des Leitvermögens bei jeder Frequenz mit der Differenz dieser beiden Planck-Funktionen, dann durch Integration über die Frequenz und durch entsprechende Normierung. In Abhängigkeit von der Opazität statt vom Leitvermögen lautet dies

$$\frac{1}{\kappa} = \int_0^\infty \frac{1}{\kappa_\nu} \frac{dB_\nu}{dT} \, d\nu \Big/ \int_0^\infty \frac{dB_\nu}{dT} \, d\nu. \qquad (4.30)$$

Die effektive Opazität wird aus dieser Formel berechnet, sobald die Absorptionskoeffizienten aller Frequenzen bekannt sind.

**Die Opazitätsquellen**

Die Diskussion der stellaren Opazität betrifft nun alle mikroskopischen Prozesse, die zur Absorption von Strahlung bei der Frequenz $\nu$ beitragen. Es ist unmöglich, diese hier im einzelnen darzulegen, wir können aber die grundlegenden Mechanismen aufzählen. Es gibt deren vier:

a) gebunden-gebunden-Absorption;
b) gebunden-frei-Absorption;
c) frei-frei-Absorption;
d) Streuung.

Diese Prozesse werden im folgenden beschrieben. Die ersten drei werden echte Absorptionsprozesse genannt, weil sie das Verschwinden eines Photon bewirken, während sich im vierten Fall nur die Bewegungsrichtung des Photons ändert. Zusätzlich gibt es einen Beitrag zur effektiven Opazität von Seiten der Wärmeleitung. Das wird hier nicht explizit beschrieben, ist aber in den numerischen Berechnungen enthalten.

*a) gebunden-gebunden-Absorption*

In diesem Fall wird ein Elektron in einem Atom oder Ion aus einer gebundenen Bahn in eine andere Bahn höherer Energie versetzt und ein Photon absorbiert (Bild 38). Wenn die Energie des Elektrons in den beiden Bahnen $E_1$ und $E_2$ beträgt, so kann ein Photon mit der Frequenz $\nu_{BB}$ den Übergang erzeugen, wenn

$$E_2 - E_1 = h\nu_{BB}. \tag{4.31}$$

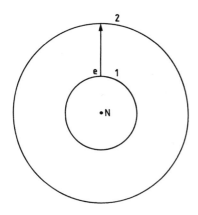

**Bild 38**
Gebunden-gebunden-Absorption. Ein Elektron e kann sich von der Bahn 1 zur Bahn 2 um den Kern N unter Absorption eines Photons begeben.

Diese gebunden-gebunden-Prozesse, die verantwortlich sind für die charakteristischen Spektrallinien der verschiedenen Elemente und die das Auftreten von Spektrallinien in der sichtbaren Strahlung der Sterne verursachen, sind im tiefen Inneren der Sterne nicht sehr bedeutungsvoll, und zwar aus zwei Gründen: Da alle Atome hochionisiert sind, befindet sich nur eine kleine Minderheit von Elektronen in gebundenen Zuständen. Hinzu kommt, daß die Mehrzahl der Photonen Energien besitzen, die in der Umgebung des Maximums der Planck-Funktion (2.5) liegen, wobei dieses Maximum an der Frequenz $\nu_{max}$ der Gleichung genügt:

$$h\nu_{max}/kT = 2{,}82. \tag{4.32}$$

Bei den Bedingungen tief im Sterninneren ist die Energie $h\nu_{max}$ ($= 2{,}82\ kT$) größer als die Energiedifferenzen zwischen gebundenen Zuständen, weshalb die Photonen mit größerer Wahrscheinlichkeit eine gebundenfrei-Absorption hervorrufen.

*b) gebunden-frei-Absorption*

Dazu ist ein Elektron in einem gebundenen Zustand um den Atomkern nötig, das Elektron gelangt durch die Absorption eines Photons (Bild 39) in eine freie hyperbolische Bahn. Ein Photon der Frequenz $\nu_{BF}$ kann absorbiert werden und dadurch ein gebundenes Elektron der Energie $E_1$ in ein freies Elektron der Energie $E_3$ verwandeln, wofür gilt

$$E_3 - E_1 = h\nu_{BF}. \tag{4.33}$$

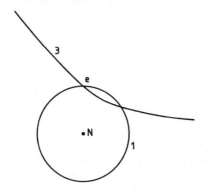

**Bild 39**
Gebunden-frei-Absorption. Die Absorption eines Photons kann ein Elektron aus der gebundenen Bahn 1 in die freie Bahn 3 versetzen.

Auch in diesem Fall ist, wie bei der gebunden-gebunden-Absorption, die Bedeutung des Prozesses wegen der Knappheit an gebundenen Elektronen vermindert. Wenn aber das Photon mindestens so viel Energie besitzt, daß es das Elektron aus dem Atombereich entfernen kann, so führt jeder beliebige darüber liegende Energiewert zu einem gebunden-frei-Prozeß.

*c) frei-frei-Absorption*

In diesem Fall befindet sich das Elektron ursprünglich in einem freien Zustand der Energie $E_3$, absorbiert ein Photon der Frequenz $\nu_{FF}$ und gelangt dadurch in einen Zustand mit der Energie $E_4$, wobei

$$E_4 - E_3 = h\nu_{FF}. \tag{4.34}$$

Es gibt keine Einschränkung bezüglich der Energie eines Photons zur Erzeugung eines frei-frei-Übergangs, aber es zeigt sich sowohl bei der frei-frei- als auch bei der gebunden-frei-Absorption, daß Photonen niedriger Energie eher absorbiert werden als Photonen hoher Energie.

*d) Streuung*

Schließlich kann ein Photon von einem Elektron oder einem Atom auch gestreut werden. Im klassischen Sinn kann dieser Vorgang als Stoß zwischen zwei Teilchen aufgefaßt werden. Wenn die Energie des Photons

$$h\nu \ll mc^2 \qquad (4.35)$$

erfüllt, wobei *m* die Masse des streuenden Teilchens ist, wird letzteres beim Stoß nur ganz wenig bewegt. In diesem Fall kann man sich vorstellen, daß das Photon von einem stationären Teilchen abprallt (Bild 40). Die obige Ungleichung ist für das Innere der meisten Sterne erfüllt, wird aber in Sternen mit extrem hohen Innentemperaturen verletzt. Obwohl die Streuung nicht zu einer wirklichen Absorption von Strahlung führt, setzt sie doch die Energieentweichrate herab, weil sie die Richtung der Photonen dauern ändert.

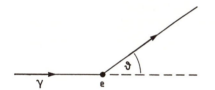

**Bild 40**
Streuung eines Photons $\gamma$ durch ein Elektron e

Die Berechnung der stellaren Opazität ist ein sehr komplizierter Vorgang, weil man alle Atome und Ionen in Betracht ziehen muß. Da im Ausdruck (4.30) ein harmonisches Mittel und kein direktes Mittel von $\kappa_\nu$ steht, können wir keinen mittleren Absorptionskoeffizienten unabhängig für jedes chemische Element berechnen und dann diese Ergebnisse zur Bestimmung von $\kappa$ aufaddieren. Stattdessen müssen alle Beiträge zu $\kappa_\nu$ addiert werden, bevor man das Mittel berechnet. Daher muß für Sterne chemischer Zusammensetzung der Ausdruck (4.30) jeweils neu berechnet werden. Eine andere Eigenschaft des Ausdrucks (4.30) für $\kappa$ besteht darin, daß man einen sinnvollen Wert für $\kappa$ nur dann erhält, wenn ein Schätzwert des monochromatischen Absorptionskoeffizienten bei allen Frequenzen vorliegt. Wenn man nämlich im Ausdruck (4.30) $\kappa_\nu$ in irgendeinem Frequenzband gleich Null setzt, so ergibt sich auch für $\kappa$ der Wert Null, was besagt, daß Strahlung frei entweichen kann. Das kann natürlich nicht sein, wenn $\kappa_\nu$ bei den meisten Frequenzen endlich groß ist.

**Numerische Werte der Opazität**

Weitere Einzelheiten der Opazitätenberechnung können hier nicht gebracht werden, dafür zeigen wir in Bild 41 die Resultate einer vor kurzem durchgeführten Rechnung. Für Materie einer bestimmten chemischen Zusammensetzung ist die Opazität dargestellt als Funktion von Temperatur und Dichte. Man sieht, daß die Opazität sowohl bei sehr hohen als auch bei tiefen Temperaturen gering ist. Bei hohen Temperaturen haben die meisten der Photonen hohe Energien und werden daher, wie schon erwähnt, weniger leicht absorbiert als niederenergetische Photonen. Bei niedrigen Temperaturen sind die meisten Atome neutral, es gibt daher nur wenige freie Elektronen, die Strahlung streuen oder an frei-frei-Absorption teilnehmen können. Außerdem haben die meisten Photonen zuwenig Energie, um Atome ionisieren zu können. Die Opazität erreicht ein Maximum bei mittleren Temperaturen, bei denen gebunden-frei- und frei-frei-Absorption sehr wichtig sind.

Aus Bild 41 können wir ein unmittelbar interessantes Ergebnis ableiten. In der Sonne beträgt die Zentraldichte ungefähr $10^5$ kg m$^{-3}$ und die Opazität ungefähr $10^{-1}$ m$^2$ kg$^{-1}$, so daß $\kappa\rho \cong 10^4$ m$^{-1}$. Entsprechend der Gl. (4.29) bedeutet dies, daß ein vom Zentrum der Sonne wegflie-

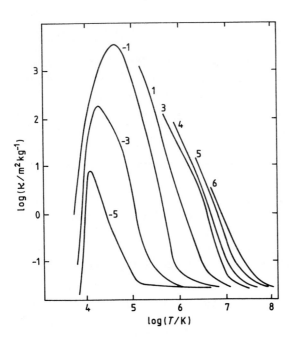

**Bild 41**
Opazität als Funktion von Temperatur und Dichte. Jede Kurve repräsentiert einen anderen Wert der Dichte, der jeweils in Einheiten von $\log(\rho/\text{kg m}^{-3})$ angegeben ist.

gendes Photon typischerweise absorbiert oder gestreut wird, wenn es $10^{-4}$ m zurückgelegt hat. Weiter außen, bei einer Dichte von ungefähr $10^3$ kg m$^{-3}$, beträgt die Opazität 10 m$^2$ kg$^{-1}$, so daß wiederum die mittlere freie Weglänge der Strahlung bei $10^{-4}$ m liegt. Die Zentraltemperatur der Sonne liegt bei ungefähr $1{,}5 \cdot 10^7$ K, so daß der mittlere Temperaturgradient in der Sonne ungefähr $2 \cdot 10^{-2}$ K m$^{-1}$ beträgt. Daraus folgt, daß die typische Temperaturdifferenz zwischen den Orten der Emission und der Absorption (= mittlere freie Weglänge) $2 \cdot 10^{-6}$ K beträgt. Das ist bemerkenswert wenig und der Grund dafür, daß die Intensitätsfunktion $I_\nu$ im Sterninneren so nahe der Planck-Funktion $B_\nu(T)$ bleibt. Die Abweichung vom wahren thermischen Gleichgewicht ist verschwindend klein.

## Näherung für die Opazität

Genäherte analytische Ausdrücke für die Opazität in bestimmten Bereichen der Temperatur und Dichte können aus den Kurven von Bild 41 abgelesen werden. Bei hohen Temperaturen gibt es ein Dichteintervall, in dem die Opazität fast überhaupt nicht von Temperatur oder Dichte abhängt (wohl aber von der chemischen Zusammensetzung, was aber in Bild 41 nicht gezeigt werden kann), so daß wir in erster Näherung schreiben können

$$\kappa = \kappa_1, \tag{4.36}$$

wobei $\kappa_1$ eine Konstante für Sterne gegebener chemischer Zusammensetzung ist. Bei hohen Temperaturen besteht die Hauptquelle für die Opazität in der Streuung von Strahlung an freien Elektronen (Compton-Streuung). Wenn keine anderen Prozesse stattfinden, hat die Opazität genau die Form (4.36). Bei niedrigeren Temperaturen werden die gebunden-frei- und die frei-frei-Absorption wichtig, wobei es einen Temperaturbereich gibt, in dem die Opazität mit wachsender Dichte und fallender Temperatur ansteigt. Eine akzeptable analytische Näherung für die Opazität hat dann die Form

$$\kappa = \kappa_2 \, \rho / T^{3,5}, \tag{4.37}$$

wobei $\kappa_2$ wiederum eine Konstante ist für Sterne gegebener chemischer Zusammensetzung. Bei noch niedrigeren Temperaturwerten nimmt die Opazität mit der Temperatur ab, wofür folgende analytische Näherungsform gilt:

$$\kappa = \kappa_3 \, \rho^{1/2} \, T^4, \tag{4.38}$$

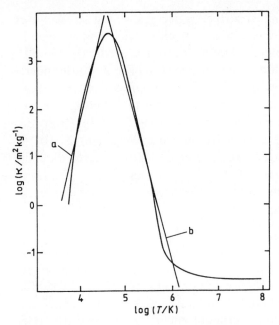

**Bild 42**

Anpassung der genäherten Ansätze der Opazität an den wahren Verlauf für eine Dichte von $10^{-1}$ kg m$^{-3}$. Die Gerade a entspricht der Näherung (4.38), die Gerade b der Näherung (4.37), während die Opazität sich bei hohen Temperaturen einem konstanten Wert, der Näherung (4.36), nähert.

wobei $\kappa_3$ eine weitere Konstante ist. Dieser Bereich der Opazitätskurve hat keine Bedeutung für Sterne, deren Oberflächentemperatur so hoch ist, daß die häufigen Elemente Wasserstoff und Helium sogar an der Sternoberfläche merklich ionisiert sind. Bild 42 illustriert, wie diese Näherungsausdrücke (4.36) bis (4.38) sich einer der berechneten Kurven in Bild 41 anpassen.

Als die ersten Rechnungen für den Aufbau und die Entwicklung der Sterne angestellt wurden, waren einfache Potenznäherungen für die Energieerzeugung, wie z.B.

$$\epsilon = \epsilon_0 \, \rho T^\eta, \tag{4.23}$$

und für die Opazität

$$\kappa = \kappa_0 \, \rho^{\lambda-1}/T^{\nu-3}, \tag{4.39}$$

(wobei die Exponenten $\lambda - 1$ und $\nu - 3$ so gewählt wurden, daß eine einfache Form für Gl. (3.51) herauskommt — $\nu$ ist nicht mit der Frequenz zu verwechseln!) von extremer Bedeutung. Mit ihnen konnten Fortschritte auf diesem Gebiet auch ohne den Gebrauch von elektronischen Rechnern erzielt werden, die ja damals noch nicht zur Verfügung standen. Und tatsächlich konnten, wie wir im nächsten Kapitel sehen werden, ganz brauchbare Ergebnisse erzielt werden, ohne irgendwelche Rechenmaschinen zu Hilfe zu nehmen. Heute erlaubt die Entwicklung von Großrechnern, viel detailliertere Information über die Opazitäts- und Energieerzeugungsfunktionen in den Rechnungen zu verwenden.

**Die Zustandsgleichung der Sternmaterie**

Die dritte Größe, deren Verhalten untersucht werden muß, ist der Druck. Wir haben bereits festgestellt, daß die Sternmaterie gasförmig ist und sich in vielen Fällen wie ein ideales Gas verhält. Wenn sie ein ideales Gas ist, gilt für den Gasdruck

$$P_{gas} = nkT, \qquad (3.25)$$

wobei $n$ die Zahl der Teilchen pro Kubikmeter und $k$ die Boltzmann-Konstante darstellt. Um dafür die Form

$$P_{gas} = P(\rho, T, \text{chemische Zusammensetzung})$$

zu gewinnen, brauchen wir einen Ausdruck für $n$ in Abhängigkeit von $\rho$, $T$ und der chemischen Zusammensetzung. Die Astronomen schreiben die Gl. (3.25) üblicherweise in einer anderen Form durch die Einführung von

$$\mu \equiv \rho/n m_H, \qquad (4.40)$$

wobei $m_H$ die Masse des Wasserstoffatoms ($1{,}67 \cdot 10^{-27}$ kg) ist, so daß $\mu$ die mittlere Masse der Gasteilchen in Abhängigkeit von der Wasserstoffatom-Masse bedeutet. $\mu$ bezeichnet man als das mittlere Molekulargewicht der Sternmaterie. Mit der Gaskonstanten

$$\mathscr{R} = k/m_H \qquad (4.41)$$

($\mathscr{R} = 8{,}26 \cdot 10^3$ J K$^{-1}$ kg$^{-1}$ [13])) nimmt Gl. (3.25) die Form an

$$P_{gas} = \mathscr{R} \rho T/\mu \qquad (4.42)$$

und diese Form werden wir weiterhin in diesem Buch verwenden.

---

[13]) NB: $\mathscr{R}$ unterscheidet sich von $R$ um einen Faktor von fast $10^3$. Beide sind gleich in CGS-Einheiten, nicht aber in SI-Einheiten, weil zwar die Einheit der Masse, nicht aber die Masse eines Mols unterschiedlich ist.

**Mittleres Molekulargewicht von ionisiertem Gas**

Wir benötigen jetzt einen Ausdruck für $\mu$ als Funktion von $\rho$, $T$ und der chemischen Zusammensetzung. Die Berechnung von $\mu$ für ganz allgemeine Werte von $\rho$ und $T$ gestaltet sich sehr schwierig, weil für die Berechnung von $n$ die verschiedenen Ionisationsgrade aller Elemente bestimmt werden müssen. Glücklicherweise kann der Ausdruck im größten Teil des Sterninneren aus zwei Gründen vereinfacht werden. Zunächst sind alle Elemente hochionisiert, und zweitens sind Wasserstoff und Helium weitaus häufiger als alle anderen Elemente, und beide sind im Sterninneren vollständig ionisiert. Aus diesem Grund begeht man bei der Berechnung von $\mu$ nur einen winzigen Fehler, wenn man die vollständige Ionisation aller Elemente annimmt. Nahe der Oberfläche ist diese Näherung nicht mehr zutreffend, und der Wert von $\mu$ muß genauer diskutiert werden. Das ist wichtig für die genaue Berechnung des Sternaufbaus, hingegen brauchen wir für die näherungsweise Betrachtung in Kapitel 5 nur den Wert von $\mu$, der einem vollständig ionisierten Gas entspricht.

Wenn die Materie vollständig ionisiert ist, gelingt die Berechnung von $\mu$ auf folgende Weise: Die Massenanteile von Wasserstoff, Helium und allen anderen Elementen seien $X$, $Y$ und $Z$ (statt $X_H$, $X_{He}$ etc. wie oben), so daß

$$X + Y + Z = 1. \tag{4.43}$$

Dementsprechend befinden sich in einem Kubikmeter Materie der Dichte $\rho$ eine Masse $X\rho$ von Wasserstoff, eine Masse $Y\rho$ von Helium und eine Masse $Z\rho$ von schwereren Elementen. In einem Kubikmeter befinden sich daher $X\rho/m_H$ Wasserstoffatome. Jedes ionisierte Wasserstoffatom besteht aus zwei Teilchen, einem Proton und einem Elektron, so daß der Wasserstoff $2X\rho/m_H$ Teilchen pro Kubikmeter liefert. Ähnlich gibt es $Y\rho/4m_H$ Heliumatome pro Kubikmeter, weil die Masse des Heliumatoms gleich ist $4m_H$. Jedes ionisierte Heliumatom besteht aus drei Teilchen, weshalb das Helium $3Y\rho/4m_H$ Teilchen pro Kubikmeter beiträgt. Grundsätzlich sollte man jedes schwere Element gesondert betrachten. Für die schwereren Elemente ist aber die Zahl der Elektronen immer ungefähr gleich der halben Massenzahl in Einheiten von $m_H$. In erster Näherung stellen daher die schweren Elemente $Z\rho/2m_H$ Teilchen zur Verfügung. Die Gesamtzahl der Teilchen pro Kubikmeter kann daher geschrieben werden

$$n = (\rho/m_H)[2X + 3Y/4 + Z/2]. \tag{4.44}$$

Mit der Gl. (4.43) läßt sich Gl. (4.44) umschreiben:

$$n = (\rho/4 m_H) [6X + Y + 2].\tag{4.45}$$

Dies ergibt zusammen mit Gl. (4.40)

$$\mu = 4/(6X + Y + 2),\tag{4.46}$$

was eine gute Näherung für $\mu$ außer für die kühleren Außenbereiche eines Sterns bildet. In vielen Fällen ist der Häufigkeitsanteil der schweren Elemente so gering, daß man $Z$ in der Gl. (4.46) vernachlässigen und $Y$ daher durch $1 - X$ ersetzen kann:

$$\mu = 4/(3 + 5X),\tag{4.47}$$

weshalb wir diesen Ausdruck für $\mu$ im nächsten Kapitel verwenden werden.

## Abweichungen vom idealen Gasgesetz

Die Gln. (4.46) und (4.47) ergeben eine gute Näherung für das mittlere Molekulargewicht eines vollionisierten Gases. Daher kann dessen Druck aus der Gl. (4.42) berechnet werden, solange das Gas ideal bleibt. Wir erwähnten früher, daß ein Stern bei seiner Entwicklung zu kontrahieren und sich aufzuheizen trachtet und daß dieser Prozeß sich fortsetzt, solange das Sterngas ideal bleibt. Gibt es einen Grund dafür, daß es nicht ideal bleiben könnte? Wir können erwarten, daß Abweichungen vom idealen Gasgesetz bei entsprechend hohen Dichten auftreten, wobei die Teilchen im Gas eng zusammengepackt sind, wie im Fall der wohlbekannten van der Waals-Kräfte.

In der Tat tritt die erste Abweichung im ionisierten Gas des Sterninneren deshalb auf, weil die Elektronen dem Paulischen Ausschlußprinzip gehorchen müssen. In seiner bekanntesten Form stellt das Pauli-Prinzip fest, daß nicht mehr als ein Elektron einen bestimmten gebundenen Energiezustand in einem Atom besetzen kann[14]. Dieses Prinzip spielt eine wichtige Rolle für die Anordnung von Elektronen in Atomen und für die Erklärung des Periodensystems der Elemente. Das Pauli-Prinzip setzt auch eine Einschränkung bezüglich der relativen Position und dem relativen Impuls zweier freier Elektronen, die nicht einem Atom ange-

---

[14] Wenn man die Eigenschaft des Elektronenspins berücksichtigt, so können sich *zwei* Elektronen mit entgegengesetzten Spins in jedem Zustand befinden.

hören. Je näher sich zwei Elektronen sind, desto größer muß die Differenz ihrer Impulse sein, wobei diese Differenzen der Heisenbergschen Unschärferelation genügen müssen:

$$\delta x \, \delta p \gg h/4\pi. \tag{4.6}$$

Wenn also Teilchen sehr eng zusammengepackt sind, so können sie gezwungen sein, einen höheren Impuls zu haben, als er von der kinetischen Gastheorie für ein ideales Gas vorausgesagt wird. Aus diesem Grund hat ein Gas bei gegebener Temperatur und Dichte eine höhere innere Gesamtenergie und einen höheren Druck, als es dem idealen Gasgesetz entspricht. Ein Gas, in dem das Pauli-Prinzip Bedeutung erlangt, wird als *entartetes Gas* bezeichnet. Da bei einer gegebenen Temperatur die Ionen einen höheren Impuls besitzen als die Elektronen, sind die Ionen weniger in Gefahr das Pauli-Prinzip zu verletzen. In Sternen können daher Elektronen ein entartetes Gas bilden, während man aber fast immer die Ionen als ideales Gas ansehen kann. Die Ableitung der Formel für den Druck eines entarteten Gases kann hier nicht ausgeführt werden, weil sie zu kompliziert ist, aber das Ergebnis der Rechnung wird im folgenden dargestellt.

Bei einer genügend hohen Temperatur wird der Impuls eines Teilchens im wesentlichen nur mehr vom Pauli-Prinzip und nicht von der Temperatur eines Gases bestimmt. Druck und innere Energie des Gases werden also praktisch unabhängig von der Temperatur. Die genaue Form des Drucks hängt davon ab, ob der größte Impuls eines Teilchens größer oder kleiner ist als $m_e c$ ($m_e$ die Elektronenmasse und $c$ die Lichtgeschwindigkeit). Die maximal erreichbare Geschwindigkeit eines Elektrons ist selbstverständlich $c$, aber nach der speziellen Relativitätstheorie kann der Impuls $p$ den Wert $m_e c$ überschreiten, entsprechend der Formel

$$p = m_e v/(1 - v^2/c^2)^{1/2}, \tag{4.48}$$

wonach der Impuls über alle Grenzen wächst, wenn sich $v$ der Lichtgeschwindigkeit $c$ nähert.

Wenn der maximale Elektronenimpuls $p_0$ sehr klein gegen $m_e c$ ist, so kann man zeigen, daß für den Druck des Gases gilt

$$P_{\text{gas}} \cong K_1 \rho^{5/3}, \tag{4.49}$$

wobei

$$K_1 = \frac{h^2}{2m_e} \left(\frac{3}{\pi}\right)^{2/3} \left(\frac{1+X}{2m_H}\right)^{5/3}. \tag{4.50}$$

Wie zuvor bedeutet $X$ den Massenanteil des Wasserstoffs, und das Gas wurde als vollionisiert betrachtet. Wenn der Impuls $p_0$ sehr groß ist gegen $m_e c$, verhält sich der Druck wie

$$P_{\text{gas}} \cong K_2 \rho^{4/3}, \tag{4.51}$$

wobei

$$K_2 = \frac{hc}{8} \left(\frac{3}{\pi}\right)^{1/3} \left(\frac{1+X}{2 m_H}\right)^{4/3}. \tag{4.52}$$

Natürlich muß es einen allmählichen Übergang zwischen beiden Gln. (4.49) und (4.51) für Zwischenwerte von $p_0/m_e c$ geben, die selbst durch die Beziehung bestimmt werden

$$\frac{p_0}{m_e c} = \left(\frac{3 h^3 \rho (1+X)}{16 \pi m_H m_e^3 c^3}\right)^{1/3}. \tag{4.53}$$

In ähnlicher Weise gibt es keinen scharfen Übergang zwischen dem idealen Gasgesetz (4.42) und den Gln. (4.49) und (4.51). Es gibt einen Bereich von Temperatur und Dichte, in dem eine viel kompliziertere Zwischenformel benützt werden muß. Wenn der Druck eines Gases der Gl. (4.49) entspricht, bezeichnet man das Gas als *nichtrelativistisch entartet*, gilt hingegen die Gl. (4.51), so heißt es *relativistisch entartet*. Zusätzlich zum Druck der Teilchen müssen wir auch den Strahlungsdruck berücksichtigen. Die Beziehung

$$P_{\text{rad}} = \frac{1}{3} a T^4 \tag{3.27}$$

gibt den Strahlungsdruck korrekt wieder unter der Voraussetzung, daß die Strahlung dem Planckschen Strahlungsgesetz entspricht. Obwohl dies normalerweise zutrifft, gibt es Bedingungen im Sterninneren, bei denen die Frequenzverteilung der Strahlung stark vom Planckschen Gesetz abweicht. Unter diesen Bedingungen ist Gl. (3.27) möglicherweise keine gute Näherung für den Strahlungsdruck. Es ergibt sich aber, daß fast immer dann, wenn Gl. (3.27) keine gute Näherung für den Strahlungsdruck darstellt, der Gasdruck sehr viel stärker ist als der Strahlungsdruck und daher der genaue Wert des Strahlungsdrucks uninteressant wird. Aus diesem Grund nehmen wir an, daß Gl. (3.27) den Strahlungsdruck immer richtig darstellt.
Bei einem vollionisierten Gas gegebener chemischer Zusammensetzung kann man die $\log \rho - \log T$-Ebene in mehrere Bereiche teilen: zunächst

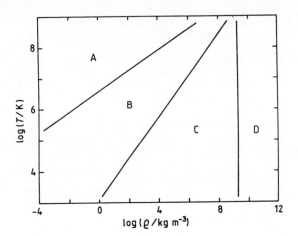

**Bild 43** Druck als Funktion von Temperatur und Dichte. Im Bereich A übertrifft der Strahlungsdruck den Gasdruck, in B verhält sich die Materie wie ein ideales Gas, in C gilt der nichtrelativistische Entartungsansatz und in D die relativistische Entartungsformel.

in einen Bereich, in dem der Strahlungsdruck wichtiger ist als der Gasdruck, und in einen solchen, in dem der Gasdruck über den Strahlungsdruck dominiert. Im zweiten Fall kann man noch einmal eine Unterteilung treffen je nachdem, wo das ideale Gasgesetz, die nichtrelativistische Näherung (4.49) und die relativistische Entartungsformel (4.51) gilt. Diese Bereiche sind in Bild 43 dargestellt.
Interessant sind für ein entartetes Gas die Konsequenzen, die sich wegen des Virialsatzes

$$3 \int (P/\rho) \, dM + \Omega = 0 \qquad (3.24)$$

ergeben. Wir haben früher diese Gleichung benützt, um zu zeigen, daß jede Kontraktion eines aus idealem Gas bestehenden Sterns zu seiner Aufheizung führt. Dies ergibt sich daraus, daß bei der Kontraktion des Sterns $\Omega$ negativer werden und so der mittlere Wert von $P/\rho$ wachsen muß. Für ein ideales Gas mit konstantem mittleren Molekulargewicht $\mu$ bedeutet dies, daß $T$ steigt. Wenn einmal die Sternmaterie ionisiert ist, wird sich $\mu$ wegen der Kernfusionsreaktionen vergrößern, was wiederum einen Anstieg der Temperatur sichert.
Wenn das Sterngas entartet, kann $P/\rho$ auch bei Abnahme der Temperatur anwachsen, weil in erster Näherung $P/\rho$ nach den Gln. (4.49) und (4.51) mit $\rho$ wächst und von $T$ unabhängig ist. Das hat zur Folge, daß

bei der Entartung die Zentralbereiche eines Stern ein Maximum ihrer Temperatur erreichen und dann abkühlen können. Ist dies der Fall, so höheren die Kernfusionsreaktionen auf und die Leuchtkraft nimmt bei der Kontraktion ab, bis schließlich der Stern unsichtbar wird. Wir haben nicht nachgewiesen, daß dies bestimmt passieren wird; anscheinend besteht aber die Möglichkeit, daß die Zentraltemperaturen nicht unwiderruflich steigen müssen, wenn die Sterne sich entwickeln. In Kapitel 2 wurden bereits die weißen Zwerge als schwache Sterne sehr hoher Dichte erwähnt. Von ihnen glaubt man, daß sie entartete Sterne im Abkühlungsstadium sind und daher die letzten Phasen der Sternentwicklung repräsentieren. Sie werden in Kapitel 8 besprochen werden.

**Zusammenfassung von Kapitel 4**

Wir haben diskutiert, wie Druck, Opazität und Energieerzeugungsrate von Temperatur, Dichte und chemischer Zusammensetzung abhängen. Energie kann von Kernfusionsreaktionen freigesetzt werden, bei denen leichte Elemente und schwerere Kerne bis hinauf zum Eisen aufgebaut werden; der größte Teil der Energie wird aber bei der Umwandlung von Wasserstoff in Helium freigesetzt. Da positiv geladene Kerne einander abstoßen, benötigen sie hohe Geschwindigkeiten, um einander so nahezukommen, daß die Kernkräfte kurzer Reichweite eine Kernreaktion verursachen können. Daher finden Kernreaktionen in signifikanter Zahl nur dann statt, wenn die Sterntemperaturen hoch sind. Die Kernreaktionsraten hängen mit einem hohen Exponenten von der Temperatur ab. Reaktionen mit leichten Elementen finden bei niedrigeren Temperaturen statt als solche mit schwereren Elementen. Wenn die Zentraltemperatur eines Sterns steigt und er ein ideales Gas bleibt, setzt eine Folge von Kernreaktionen ein, wobei die besonders wichtigen Reaktionen des Wasserstoffbrennens die ersten sind.

Die Opazität der Sternmaterie wird durch alle Prozesse bestimmt, die Photonen streuen oder absorbieren. Dazu gehört die Streuung von Strahlung an Elektronen und die Absorption von Photonen durch ein Atom, wobei entweder ein gebundenes Elektron in eine andere gebundene Bahn versetzt wird oder entweicht oder ein freies Elektron sich auf eine Bahn höherer Energie begibt. Die Berechnung der Opazität erfordert die Kenntnis der Raten, mit denen viele dieser Prozesse ablaufen.

Die Sternmaterie verhält sich oft wie ein ideales Gas, deshalb kann der Wert ihres Druckes aus dem Boyle-Mariotteschen Gesetz berechnet werden. Wenn ihre Dichte hoch wird, so kommen sich die Elektronen im Mittel so nahe, daß das Pauli-Prinzip ihre möglichen Impulswerte einschränkt. Dies bedeutet, daß die Materie nicht mehr ein ideales, sondern ein entartetes Gas ist. In einem hochentarteten Gas hängt der Druck nur mehr von der Dichte und von der chemischen Zusammensetzung ab, und es ist für einen Stern möglich, sich abzukühlen, wenn er Energie verliert.

Völlig exakte Ausdrücke für die Opazität, die Energieerzeugungsrate und den Druck sind äußerst kompliziert, man kann aber in gewissen Bereichen von Temperatur und Dichte einfache mathematische Ausdrücke finden, die gute Näherungen für die physikalischen Größen darstellen. Wir werden diese Näherungsformeln in Kapitel 5 verwenden, um qualitative Informationen über den Aufbau der Sterne zu erhalten.

# Kapitel 5
# Der Aufbau von Hauptreihensternen

### Einleitung

In Kapitel 2 haben wir gesehen, daß die Mehrzahl der Sterne Hauptreihensterne sind, und wir haben als Erklärung dafür vorgeschlagen, daß entweder die meisten Sterne während ihrer ganzen Lebenszeit Hauptreihensterne sind oder daß alle Sterne einen beträchtlichen Teil ihres Lebens auf der Hauptreihe verbringen. Jetzt meinen wir, daß letzteres zutrifft und daß die Hauptreihenzeit dadurch gekennzeichnet ist, daß die Sterne ihre Energie aus der Umwandlung von Wasserstoff in Helium beziehen, wobei 83 % der maximal aus Kernfusionsreaktionen erhältlichen Energie frei wird. Wir sind auch der Überzeugung, daß Hauptreihensterne chemisch homogen sind, also im Inneren der Sterne keine merklichen Veränderungen der chemischen Zusammensetzung von Ort zu Ort vorliegen. Da das Wasserstoffbrennen die erste bedeutende Kernreaktion ist, die beim Anwachsen der Zentraltemperatur eines Sterns einsetzt, sollten Sterne chemisch homogen sein, wenn sie die Hauptreihe erreichen, sofern dasselbe auch für die interstellare Wolke galt, aus der sie entstanden waren. In diesem Kapitel wollen wir den Aufbau solcher Sterne betrachten. In den beiden vorigen Kapiteln haben wir uns mit allen dafür relevanten Gleichungen befaßt und erfahren, daß ihre Lösung im allgemeinen nur mit großen Rechnern erhalten werden kann. Es ist aber möglich, einige allgemeine Eigenschaften chemisch homogener Sterne ohne die Lösung der Gleichungen abzuleiten und die Existenz und Lage der Hauptreihe im HR-Diagramm (Bild 2) sowie die Masse-Leuchtkraft-Beziehung zu erklären.
Im Hauptteil dieses Kapitels werden wir die Eigenschaften von Hauptreihensternen erörtern ohne zu fragen, wie die Sterne die Hauptreihe erreichen und ob die Hauptreiheneigenschaften von ihrer Vorgeschichte abhängen. Wir sind der Meinung, daß für die meisten Sterne der Aufbau auf der Hauptreihe nahezu unabhängig von ihrer Vorgeschichte ist.

Unter der Voraussetzung, daß keine signifikanten Kernreaktionen stattfinden, bevor die Hauptreihe erreicht ist, haben die Sterne auf der Hauptreihe dieselbe chemische Zusammensetzung wie zur Zeit ihrer Entstehung aus dem interstellaren Gas. Da sich die Sterneigenschaften nur sehr langsam während der Hauptreihenphase ändern, können sie durch die Lösung eines Satzes von Gleichungen studiert werden, in denen die Zeitabhängigkeit nicht explizit auftritt, die sich daher nicht auf die Vorgeschichte des Sterns beziehen. Glücklicherweise ist der Sternaufbau auf der Hauptreihe fast unabhängig von der Vorgeschichte, weil sogar heute noch die Sternentstehung nicht ausreichend verstanden ist. Hingegen zeigte es sich, daß man die Entwicklung nach der Hauptreihenphase schon untersuchen konnte, als noch fast überhaupt nichts von der Vorhauptreihenentwicklung bekannt war. Über letztere werden wir einige Bemerkungen am Ende dieses Kapitels machen.

**Der Aufbau chemisch homogener Sterne**

Wir betrachten zunächst den Aufbau von Sternen gleicher chemischer Zusammensetzung, aber verschiedener Masse. Dann wollen wir sehen, wie die Eigenschaften der Sterne von ihrer chemischen Zusammensetzung abhängen. Die Sternaufbaugleichungen der Kapitel 3 und 4 sind zu kompliziert, als daß wir eine exakte analytische Lösung dafür erhoffen dürfen. Sie müssen mit Hilfe von Rechnern gelöst werden. Trotzdem können wir mit bestimmten Näherungen herausfinden, wie sich die Eigenschaften eines Sterns wie Leuchtkraft, Radius und effektive Temperatur ändern, wenn man die Masse des betrachteten Sterns ändert, ohne die Gleichungen vollständig zu lösen. Obwohl ein solches Vorgehen kein Ersatz ist für eine vollständige Lösung des Problems, liefern die Ergebnisse doch eine sehr nützliche Kontrollmöglichkeit für detailliertere Berechnungen.

Die Näherungen beziehen sich auf die drei Gleichungen

$$P = P(\rho, T, \text{chemische Zusammensetzung}), \qquad (3.67)$$

$$\kappa = \kappa(\rho, T, \text{chemische Zusammensetzung}), \qquad (3.68)$$

$$\epsilon = \epsilon(\rho, T, \text{chemische Zusammensetzung}), \qquad (3.69)$$

welche den Druck, die Opazität und die Energieerzeugungsrate in Beziehung setzen zu Dichte, Temperatur und chemischer Zusammensetzung der Sternmaterie. Wir nehmen an, daß der Strahlungsdruck vernachlässigt werden kann und daß sich die Sternmaterie wie ein

*Der Aufbau chemisch homogener Systeme* 129

ideales Gas verhält, so daß man den Druck aus dem idealen Gasgesetz erhält:

$$P = \mathscr{R}\rho T/\mu. \tag{5.1}$$

Im Kapitel 4 haben wir gesehen, daß sich in geeigneten Intervallen von Temperatur und Dichte die Gesetze der Opazität und der Energieerzeugung genähert durch Potenzgesetze darstellen lassen:

$$\kappa = \kappa_0 \, \rho^{\lambda-1}/T^{\nu-3}, \tag{4.39}$$

$$\epsilon = \epsilon_0 \, \rho T^\eta, \tag{4.23}$$

wobei $\lambda$, $\nu$ und $\eta$ Konstanten sind und $\kappa_0$ und $\epsilon_0$ bei gegebener chemischer Zusammensetzung konstant sind. In diesem Kapitel nehmen wir zunächst an, daß die Gln. (5.1), (4.39) und (4.23) exakt gelten. Wir nehmen ferner an, daß keine Energie durch Konvektion transportiert wird und daß wir die im Kapitel 3 diskutierten einfachsten Randbedingungen verwenden können:

$$\dot{r} = 0, \quad L = 0 \quad \text{bei } M = 0 \tag{3.76}$$

und

$$\rho = 0, \quad T = 0 \quad \text{bei } M = M_s, \tag{3.77}$$

wobei $M_s$ die Gesamtmasse des betrachteten Sterns bedeutet. Die Gleichungen des Sternaufbaues

$$\frac{dP}{dM} = -\frac{GM}{4\pi r^4}, \tag{3.72}$$

$$\frac{dr}{dM} = \frac{1}{4\pi r^2 \rho}, \tag{3.73}$$

$$\frac{dL}{dM} = \epsilon \tag{3.74}$$

und

$$\frac{dT}{dM} = -\frac{3\kappa L}{64\pi^2 \, a c r^4 \, T^3} \tag{3.75}$$

müssen jetzt mit den Randbedingungen (3.76) und (3.77) und den Zusatzbeziehungen (5.1), (4.39) und (4.23) gelöst werden.
Wir können nun zeigen, daß für eine Sequenz von Sternen gleicher homogener chemischer Zusammensetzung (für die $\kappa_0$, $\epsilon_0$ und $\mu$ für alle Sterne gleich sind) die Eigenschaften eines Sterns beliebiger Masse

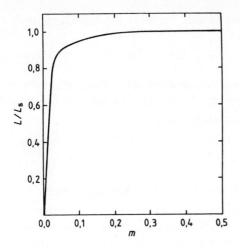

Bild 44

abgeleitet werden könnten, sobald die Eigenschaften eines Sterns irgendeiner Masse bekannt sind. Wir werden dabei zeigen, daß sich die Art, in der sich irgendeine physikalische Größe wie z.B. die Leuchtkraft vom Mittelpunkt des Sterns bis zur Oberfläche ändert, für die Sterne beliebiger Massen gleich ist und daß sich nur der absolute Wert der Leuchtkraft von Stern zu Stern ändert. Das ist schematisch in Bild 44 dargestellt, wo das Verhältnis von Leuchtkraft zur Oberflächenleuchtkraft ($L/L_s$) aufgetragen ist gegen den Massenanteil

$$m \equiv M/M_s. \tag{5.2}$$

Wir wollen zeigen, daß die in Bild 44 gezeigte Kurve für alle Sterne, die dieselben Opazitäts- und Energieerzeugungsgesetze haben, gleich ist, daß aber der Wert von $L_s$ von $M_s$ abhängt und einem bestimmten Exponenten von $M_s$ proportional ist, der von den Werten für $\lambda$, $\nu$ und $\eta$ in den Gln. (4.39) und (4.23) abhängt. Dasselbe gilt auch für andere Größen wie Radius $r_s$, effektive Temperatur $T_e$ und Zentraltemperatur $T_c$. Die Gleichungen des Sternaufbaus brauchen nur einmal gelöst zu werden, worauf sich die Eigenschaften von Sternen beliebiger Masse ableiten lassen.

Unsere obige Aussage über die Leuchtkraft ist gleichwertig der Feststellung, daß die Leuchtkraft an einem beliebigen Punkt innerhalb des Sterns von einer bestimmten Potenz von $M_s$, sonst aber nur noch vom Massenanteil $m$ abhängt. Mathematisch heißt dies (analog auch für die anderen physikalischen Größen)

# Der Aufbau chemisch homogener Systeme

$$r = M_s^{a_1}\,\bar{r}(m),$$
$$\rho = M_s^{a_2}\,\bar{\rho}(m),$$
$$L = M_s^{a_3}\,\bar{L}(m),$$
$$T = M_s^{a_4}\,\bar{T}(m)$$

und

$$P = M_s^{a_5}\,\bar{P}(m), \qquad (5.3)$$

wobei $a_1$, $a_2$, $a_3$, $a_4$ und $a_5$ Konstanten sind und $\bar{r}$, $\bar{\rho}$, $\bar{L}$, $\bar{T}$ und $\bar{P}$ nur vom Massenanteil $m$ abhängen. Wir beweisen jetzt, daß Ausdrücke der Form (5.3) den Sternaufbaugleichungen dann entsprechen, wenn Werte für die Konstanten $a_1$ bis $a_5$ richtig gewählt werden. Dazu betrachten wir jede einzelne Gleichung. Die Gl. (3.72) sieht dann wie folgt aus:

$$M_s^{a_5-1}\,d\bar{P}/dm = -GM_s^{1-4a_1}\,m/4\pi\bar{r}^4.$$

Wenn diese Gleichung für alle Werte von $M_s$ erfüllt sein soll, so müssen die Exponenten von $M_s$ auf beiden Seiten der Gleichung gleich sein:

$$4a_1 + a_5 = 2. \qquad (5.4)$$

Die Gleichung wird dann zu

$$d\bar{P}/dm = -Gm/4\pi\bar{r}^4. \qquad (5.5)$$

Ähnlich kann Gl. (3.73) behandelt werden:

$$M_s^{a_1-1}\,d\bar{r}/dm = 1/4\pi M_s^{2a_1+a_2}\,\bar{r}^2\bar{\rho},$$

was wiederum auf eine von $M_s$ unabhängige Gleichung reduziert werden kann, wenn

$$3a_1 + a_2 = 1. \qquad (5.6)$$

Die Gleichung hat dann die Form

$$d\bar{r}/dm = 1/4\pi\bar{r}^2\bar{\rho}. \qquad (5.7)$$

Bevor wir Gl. (3.74) ebenfalls in eine algebraische und eine Differentialgleichung auftrennen, setzen wir den Ausdruck (4.23) für $\epsilon$ auf der rechten Seite ein, wodurch die Gleichung folgendermaßen aussieht:

$$M_s^{a_3-1}\,d\bar{L}/dm = \epsilon_0 M_s^{a_2+\eta a_4}\,\bar{\rho}\,\bar{T}^\eta.$$

Sie ist von $M_s$ unabhängig, wenn

$$a_3 = 1 + a_2 + \eta a_4, \qquad (5.8)$$

und dann ist
$$d\bar{L}/dm = \epsilon_0 \bar{\rho} \bar{T}^\eta.\tag{5.9}$$

Ähnlich gehen wir bei Gl. (3.75) vor; wir substituieren den Ausdruck (4.39) für $\kappa$ und erhalten

$$M_s^{(a_4-1)} d\bar{T}/dm = -3\kappa_0 M_s^{[a_3+(\lambda-1)a_2-4a_1-\nu a_4]} \bar{\rho}^{(\lambda-1)} \bar{L}/64\pi^2 ac\bar{r}^4 \bar{T}^\nu.$$

Das ist unabhängig von $M_s$, wenn

$$4a_1 + (\nu+1)a_4 = (\lambda-1)a_2 + a_3 + 1,\tag{5.10}$$

und dann ist

$$d\bar{T}/dm = -3\kappa_0 \bar{\rho}^{(\lambda-1)} \bar{L}/64\pi^2 ac\bar{r}^4 \bar{T}^\nu.\tag{5.11}$$

Schließlich ergibt Gl. (5.1)

$$a_5 = a_2 + a_4\tag{5.12}$$

und

$$\bar{P} = \mathscr{R}\bar{\rho}\bar{T}/\mu.\tag{5.13}$$

Wir haben jetzt fünf algebraische Gleichungen (5.4), (5.6), (5.8), (5.10) und (5.12) für die Konstanten $a_1 \ldots a_5$. Dies sind *inhomogene algebraische Gleichungen*, weil einige von ihnen Terme enthalten, die unabhängig sind von den $a$'s. Ein solches System inhomogener Gleichungen hat eine eindeutige Lösung, wenn die Determinante der Koeffizienten $a_1 \ldots a_5$ *nicht* verschwindet. Die Bedingung für das Verschwinden der Determinante lautet

$$\nu - 3\lambda = \eta + 3,\tag{5.14}$$

dies trifft aber für keinen der Näherungsausdrücke für Opazität und Energieerzeugung zu, die wir im Kapitel 4 behandelt haben; $\eta$ ist normalerweise groß und positiv, während $\nu - 3\lambda$ nahe bei Null liegt. Es scheint also, daß die Gln. (5.4), (5.6), (5.8), (5.10) und (5.12) gelöst werden können, so daß eindeutige Werte für die Konstanten $a_1 \ldots a_5$ resultieren. Da die allgemeine Lösung kompliziert ist, wird sie hier nicht wiedergegeben, hingegen werden binnen kurzem Lösungen für spezielle Werte von $\lambda$, $\nu$ und $\eta$ angegeben werden.

Um die Einzelheiten des Aufbaus eines Sterns gegebener Masse zu erhalten müssen die Differentialgleichungen (5.5), (5.7), (5.9) und (5.11) und die Gl. (5.13) gelöst werden. Auf diese Weise wird der Verlauf von

*Masse-Leuchtkraft — effektive Temperatur* 133

$\bar{r}$, $\bar{\rho}$, $\bar{L}$, $\bar{T}$ und $\bar{P}$ in Abhängigkeit von $m$ gefunden. Beim Mittelpunkt ist $m = 0$, an der Oberfläche $m = 1$ und die Randbedingungen sind

$$\bar{r} = \bar{L} = 0 \quad \text{bei } m = 0 \tag{5.15}$$

und

$$\bar{\rho} = \bar{T} = 0 \quad \text{bei } m = 1. \tag{5.16}$$

Dieser Satz von Gleichungen kann jetzt an einem Rechner gelöst werden. Danach werden die Größen $\bar{r}$, $\bar{\rho}$ usw. umgewandelt in $r$, $\rho$ usw. für einen Stern gegebener Masse $M_s$ mit Hilfe der Beziehungen (5.3) und den Werten, die vorher für die Konstanten $a_1 \ldots a_5$ errechnet wurden. Wie schon erwähnt, braucht man die Gleichungen nur einmal zu lösen und kann dann die Eigenschaften von Sternen beliebiger Massen bestimmen. Ein solcher Satz von Sternmodellen, bei denen die Abhängigkeit der physikalischen Größen vom Massenanteil $m$ keine Abhängigkeit von der Gesamtmasse des Sterns enthält, wird als *homologe Sequenz von Sternmodellen* bezeichnet.

## Die Beziehungen von Masse-Leuchtkraft und Leuchtkraft-effektive Temperatur

Für diese homologen Sternmodelle gibt es klarerweise eine Masse-Leuchtkraft-Beziehung und auch eine einfache Beziehung zwischen Leuchtkraft und effektiver Temperatur wie diejenige, welche die Hauptreihe im HR-Diagramm charakterisiert. Wir haben gezeigt, daß an jeder Stelle im Sterninneren

$$L = M_s^{a_3} \bar{L}(m).$$

An der Sternoberfläche ($m = 1$) wird diese Gleichung zu

$$L_s = M_s^{a_3} \bar{L}(1). \tag{5.17}$$

Da $\bar{L}(1)$ für alle Sterne gleicher chemischer Zusammensetzung gleich ist, sollte die Leuchtkraft der $a_3$-ten Potenz der Masse proportional sein. Wir werden bald Werte von $a_3$ untersuchen, wobei sich zeigen wird, daß sie eine Masse-Leuchtkraft-Beziehung liefern, die ähnlich ist der durch die Beobachtung von Hauptreihensternen gefundenen.
Ferner ist

$$r_s = M_s^{a_1} \bar{r}(1) \tag{5.18}$$

und

$$L_s = \pi \, a c r_s^2 \, T_e^4. \tag{2.7}$$

Durch Zusammenfassen der Gln. (5.17), (5.18) und (2.7) ergibt sich

$$T_e = M_s^{(a_3 - 2a_1)/4} [\overline{L}(1)/\pi ac\overline{r}^2(1)]^{1/4}. \qquad (5.19)$$

Für die homologe Sequenz von Sternen erhält man mit Hilfe der Gln. (5.17) und (5.19)

$$L_s \propto T_e^{4a_3/(a_3 - 2a_1)}. \qquad (5.20)$$

Das bedeutet, daß die Sterne im theoretischen HR-Diagramm ($\log L_s$ gegen $\log T_e$) auf einer geraden Linie liegen, die mit der Hauptreihe identifiziert werden kann.

**Lösungen für spezielle Gesetze der Opazität und Energieerzeugung**

Zwei Dinge müssen jetzt bedacht werden. Führen die Werte von $\lambda$, $\nu$ und $\eta$, die im Kapitel 4 vorgeschlagen wurden, zu einer theoretischen Masse-Leuchtkraft-Beziehung und Hauptreihe, die mit den Beobachtungen übereinstimmen, und in welchem Ausmaß gelten die verschiedenen Annahmen, die zur homologen Modellsequenz führten? Wir untersuchen zuerst die homologen Lösungen genauer und diskutieren dann ihre Einschränkungen.

In Kapitel 4 waren zwei spezielle Näherungen der Opazitätsfunktion (Gln. (4.36) und (4.37))

$$\kappa = \kappa_1 \qquad \lambda = 1, \nu = 3 \qquad (5.21)$$

und

$$\kappa = \kappa_2 \rho/T^{3,5} \qquad \lambda = 2, \nu = 6{,}5. \qquad (5.22)$$

Entsprechende Näherungen für die Energieerzeugungsrate der Proton-Proton-Kette und des Kohlenstoff-Stickstoff-Zyklus waren (Gln. (4.21) und (4.22))

$$\epsilon = \epsilon_0 \rho T^4 \qquad \eta = 4 \qquad (5.23)$$

und

$$\epsilon = \epsilon_0 \rho T^{17} \qquad \eta = 17. \qquad (5.24)$$

Für die vier möglichen Kombinationen dieser Funktionen für Opazität und Energieerzeugung wurden die Konstanten $a_1 \ldots a_5$ berechnet und in Tabelle 4 dargestellt. Zusätzlich findet man dort unter „$a_6$" die Größe $4a_3/(a_3 - 2a_1)$, die in die Beziehung zwischen Leuchtkraft und effektiver Temperatur eingeht.

**Tabelle 4** Die Konstanten, welche in den Homologie-Beziehungen auftreten und den vier Ansätzen für Opazität und Energieerzeugung entsprechen

| $\lambda$ | $\nu$ | $\eta$ | $a_1$ | $a_2$ | $a_3$ | $a_4$ | $a_5$ | $a_6$ |
|---|---|---|---|---|---|---|---|---|
| 1 | 3 | 4 | $\frac{3}{7}$ | $-\frac{2}{7}$ | 3 | $\frac{4}{7}$ | $\frac{2}{7}$ | $\frac{28}{5}$ |
| 1 | 3 | 17 | $\frac{4}{5}$ | $-\frac{7}{5}$ | 3 | $\frac{1}{5}$ | $-\frac{6}{5}$ | $\frac{60}{7}$ |
| 2 | 6,5 | 4 | $\frac{1}{13}$ | $\frac{10}{13}$ | $\frac{71}{13}$ | $\frac{12}{13}$ | $\frac{22}{13}$ | $\frac{284}{69}$ |
| 2 | 6,5 | 17 | $\frac{9}{13}$ | $-\frac{14}{13}$ | $\frac{67}{13}$ | $\frac{4}{13}$ | $-\frac{10}{13}$ | $\frac{268}{49}$ |

Es ist gut möglich, daß nicht alle diese Kombinationen von Opazitäts- und Energieerzeugungsfunktionen in Sternen vorkommen. Jede Näherung gilt nur in einem bestimmten Temperatur- und Dichteintervall (wie schon im Kapitel 4 gezeigt), aber wir wissen nicht im voraus, welche Werte von Temperatur und Dichte in einem Stern gegebener Masse vorkommen werden. Wenn wir eine Reihe von Sternmodellen verschiedener Masse mit dem Opazitätsgesetz (5.22) und dem Energieerzeugungsgesetz (5.23) berechnen, müssen wir im nachhinein entscheiden, ob die physikalischen Bedingungen in den Modellen so sind, daß diese Gesetze gelten. Erwartungsgemäß werden für Sterne eines bestimmten Massenbereichs die Ergebnisse konsistent sein; d.h. es zeigt sich bei diesen Sternen, daß unter den physikalischen Bedingungen, die das Ergebnis der Rechnungen sind, die angenommenen Gesetze der Opazität und der Energieerzeugung gute Näherungen darstellen. Für Sterne, die außerhalb dieses Bereichs fallen, wären andere Näherungen angebracht gewesen, weshalb die Rechnungen mit diesen zu wiederholen sind.

Aus den Resultaten der Tabelle 4 kann man unmittelbar folgendes ablesen: Alle Opazitäts- und Energieerzeugungsgesetze sagen eine Masse-Leuchtkraft-Beziehung voraus, in der die Leuchtkraft proportional einer Potenz der Masse ist, die zwischen 3 und 5,5 liegt. Die beobachtete Masse-Leuchtkraft-Beziehung (Kapitel 2) entspricht nicht einem einfachen Potenzgesetz, wenn man aber dafür eine Näherung sucht, so hat ihr Exponent einen Wert in diesem Bereich. Die Beobachtungen ergeben für Hauptreihensterne von ungefähr einer Sonnenmasse $L_s \propto M_s^5$, während für die massiveren Sterne $L_s \propto M_s^3$. Zusätzlich kann man sagen, daß der Exponent stark vom Opazitätsgesetz, hingegen nur schwach vom Energieerzeugungsgesetz abhängt. In der Tat verstand man die Masse-Leuchtkraft-Beziehung recht gut, bevor noch der Energieerzeugungsverlauf in Sternen genau bekannt war und sogar bevor der nukleare Ursprung der Sternenergie feststand. Der Grund dafür liegt im folgenden. Wenn wir ein Potenzgesetz

$$\epsilon = \epsilon_0 \rho^\alpha T^\eta \tag{5.25}$$

für die Energieerzeugungsfunktion annehmen, aber nicht die Werte von $\alpha$ und $\eta$ kennen, so existieren dennoch homologe Lösungen der Gleichungen, und eine Beziehung zwischen den Konstanten $a_3$ und $a_1$ in Gl. (5.3) kann erhalten werden, in der $\alpha$ und $\eta$ nicht vorkommen. Aus den Gln. (5.4), (5.6), (5.10) und (5.12) erhält man

$$a_3 = (\nu - \lambda + 1) + (3\lambda - \nu)a_1. \tag{5.26}$$

Dies ergibt in Zusammenhang mit Gl. (5.3) an der Stelle $m = 1$:

$$L_s = [\overline{L}(1)/\overline{r}(1)^{3\lambda - \nu}] M_s^{\nu - \lambda + 1} r_s^{3\lambda - \nu}. \tag{5.27}$$

Die Gl. (5.27) ist eine Masse-Leuchtkraft-Radius-Beziehung, die nur dann in eine Masse-Leuchtkraft-Beziehung umgewandelt werden kann, wenn das Energieerzeugungsgesetz bekannt ist, so daß die modifizierte Gl. (5.8), die $\alpha$ und $\eta$ enthält, zur Elimination von $a_1$ aus Gl. (5.26) herangezogen werden kann. Bei den Opazitätsgesetzen (5.21) und (5.22) sieht man aber, daß $3\lambda - \nu$ Null oder sehr klein ist und daher die Leuchtkraft nur schwach vom Radius abhängt. Eddington erhielt die Beziehung (5.27), bevor noch irgendetwas über Kernreaktionen in Sternen bekannt war, und er zeigte, daß sie in qualitativer Übereinstimmung mit der beobachteten Masse-Leuchtkraft-Beziehung stand.

**Auswirkung einer Änderung der chemischen Zusammensetzung**

Wir haben eben die Eigenschaften von Sternen verschiedener Masse und gleicher chemischer Zusammensetzung erörtert. Jetzt können wir fragen, wie sich die Eigenschaften eines Sterns gegebener Masse ändern, wenn sich seine chemische Zusammensetzung ändert. Nach wie vor sei der Strahlungsdruck zu vernachlässigen und Opazität sowie Energieerzeugung seien durch Potenzgesetze darstellbar. Ohne die Gleichungen vollständig zu lösen, können wir dann die Variation der Sterneigenschaften mit der chemischen Zusammensetzung herausfinden. Wir diskutieren

*Auswirkungen der chemischen Zusammensetzung* 137

dies für ein spezielles Paar von Opazitäts- und Energieerzeugungsfunktionen, aber die Ergebnisse sind ganz typisch. Die gewählten Funktionen sind vernünftige erste Näherungen für Sterne von ungefähr einer Sonnenmasse. Für die Opazität setzen wir

$$\kappa = \kappa_0 Z (1 + X) \rho / T^{3,5} \qquad (5.28)$$

und für die Energieerzeugungsfunktion

$$\epsilon = \epsilon_0 X^2 \rho T^4, \qquad (5.29)$$

wobei — wie im Kapitel 4 — $X$ und $Z$ die Massenanteile von Wasserstoff bzw. schweren Elementen bedeuten, wo also nun explizit die Abhängigkeit von der chemischen Zusammensetzung des Sterns auftritt. Wenn $Z$ klein ist, dann kann als gute Näherung für das mittlere Molekulargewicht gelten

$$\mu = 4/(3 + 5X). \qquad (4.47)$$

Es läßt sich nun zeigen, daß mit den Ansätzen (5.28) und (5.29) die Gln. (3.72) bis (3.75) Lösungen folgender Form besitzen:

$$\left. \begin{array}{l} r = r_1(X) r_2(Z) r_3(M), \\ \rho = \rho_1(X) \rho_2(Z) \rho_3(M), \\ L = L_1(X) L_2(Z) L_3(M), \\ T = T_1(X) T_2(Z) T_3(M) \end{array} \right\} \qquad (5.30)$$

und

$$P = P_1(X) P_2(Z) P_3(M).$$

Wenn dies richtig ist, so folgt daraus, daß wir bei Änderung der chemischen Zusammensetzung eines Sterns gegebener Masse voraussagen können, wie sich seine Eigenschaften (Leuchtkraft, Radius und effektive Temperatur) ändern, ohne daß wir die ganzen Gleichungen lösen müssen. Der Beweis dafür ist ähnlich dem Fall gleicher chemischer Zusammensetzung und variabler Masse, weshalb er hier nicht angeführt wird. Der Schlüssel zur Lösung besteht darin, daß $X$ und $Z$ nur algebraisch in den Gleichungen auftreten und algebraische Ausdrücke für $r_1(X)$, $r_2(X)$, usw. gefunden werden müssen, so daß die Terme in $X$ und $Z$ auf beiden Seiten der Gleichungen gleich sind. Die explizite Form der $X$- und $Z$-Abhängigkeit der Lösungen (5.30) ist unten angegeben, und man kann sich davon überzeugen, daß man durch Einsetzen dieser Ausdrücke in die Gln. (3.72) bis (3.75) und (5.1) Gleichungen für

$r_3$, $\rho_3$, $L_3$, $T_3$ und $P_3$ als Funktionen von $M$ erhält, in denen $X$ und $Z$ nicht vorkommen. Die Lösungen sind die folgenden:

$$\left.\begin{aligned}
r &= X^{4/13}(1+X)^{2/13}(3+5X)^{7/13}Z^{2/13}\,r_3(M),\\
\rho &= X^{-12/13}(1+X)^{-6/13}(3+5X)^{-21/13}Z^{-6/13}\,\rho_3(M),\\
L &= X^{-2/13}(1+X)^{-14/13}(3+5X)^{-101/13}Z^{-14/13}\,L_3(M),\\
T &= X^{-4/13}(1+X)^{-2/13}(3+5X)^{-20/13}Z^{-2/13}\,T_3(M)
\end{aligned}\right\} \quad (5.31)$$

und

$$P = X^{-16/13}(1+X)^{-8/13}(3+5X)^{-28/13}Z^{-8/13}\,P_3(M).$$

Wenn man die Ausdrücke für $L$ und $r$ an der Stelle $M = M_s$ kombiniert, so kann man auch einen Ausdruck für die Abhängigkeit der effektiven Temperatur von $X$ und $Z$ gewinnen:

$$T_e = X^{-5/26}(1+X)^{-9/26}(3+5X)^{-115/52}Z^{-9/26}[L_3(M_s)/\pi a c\, r_3^2(M_s)]^{1/4}. \tag{5.32}$$

Aus den Gln. (5.31) und (5.32) ist ersichtlich, daß der Radius zunimmt und Leuchtkraft und effektive Temperatur abnehmen, wenn entweder $X$ bei konstantem $Z$ erhöht wird oder wenn $Z$ erhöht wird und $X$ konstant bleibt oder wenn beide zunehmen. Diese Veränderungen beziehen sich auf einen Stern vorgegebener Masse. Wenn wir die Lage der Hauptreihe im HR-Diagramm betrachten, so ergibt sich für eine Änderung der chemischen Zusammensetzung eine kleinere Verschiebung für die Hauptreihe als für die Lage einzelner Sterne, was in Bild 45 illustriert wird. In diesem Diagramm sind drei Hauptreihen verschiedener chemischer

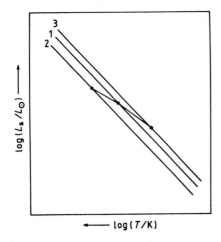

**Bild 45**
Drei Hauptreihen mit verschiedenen chemischen Zusammensetzungen. Die Hauptreihe 2 enthält mehr Helium un die Hauptreihe 3 mehr schwere Elemente als die Hauptreihe 1. Die Punkte zeigen die Lagen eines Sternes gegebener Masse.

Zusammensetzung und auf ihnen die Positionen eines Sterns gegebener Masse eingezeichnet. Das bedeutet, daß homogene Sterne unterschiedlicher chemischer Zusammensetzung auf einer ziemlich verbreiterten Hauptreihe liegen.

Ein Resultat der gegenwärtigen Rechnungen, das von besonderer Bedeutung ist, wenn es durch Rechnungen mit genaueren Opazitäts- und Energieerzeugungsfunktionen bestätigt wird, besteht darin, daß sich Sterne mit homogener chemischer Zusammensetzung und nuklearer Energieerzeugung im Bereich der beobachteten Hauptreihe befinden und nicht in den Bereichen der Riesen, Überriesen und weißen Zwerge. Die Lage eines Sterns auf der Hauptreihenzone hängt von seiner chemischen Zusammensetzung ab, dennoch bleiben bei allen möglichen chemischen Zusammensetzungen die eben erwähnten Bereiche im HR-Diagramm unberührt. Das heißt, daß Sterne in der Nachbarschaft der Hauptreihe bleiben, wenn sie sich so entwickeln, daß sie bei der Umwandlung von Wasserstoff in Helium gut durchmischt bleiben. Dies ist nicht der Fall, wenn, wie im Kapitel 3 allgemein angenommen, die Änderung der chemischen Zusammensetzung an ihrer Entstehungsstelle lokalisiert bleibt, so daß der Stern chemisch inhomogen wird. Dies betrachten wir im nächsten Kapitel.

Alle diese Ergebnisse lassen es plausibel erscheinen, daß Hauptreihensterne tatsächlich chemisch homogen zusammengesetzt sind, daß sie allmählich in ihrem Inneren Wasserstoff zu Helium verbrennen und daß die genaue Position eines Sterns auf der Hauptreihe in erster Linie von seiner Masse bestimmt wird, in zweiter Linie von seiner chemischen Zusammensetzung. Die oben gegebenen Argumente sind aber noch keineswegs schlüssig, weil viele Näherungen bei der Diskussion dieser homologen Modelle gemacht wurden. Sie seien nochmals aufgezählt:

I.  Vernachlässigung der Konvektion.
II. Vernachlässigung des Strahlungsdruckes.
III. Vereinfachte Ansätze für $\epsilon$ und $\kappa$.
IV. Verwendung der Randbedingung $\rho = T = 0$ bei $M = M_s$ statt einer realistischeren Bedingung.

Die Existenz der homologen Modelle hängt entscheidend von den Ausdrücken (4.39), (4.23) und (5.1) für $\kappa$, $\epsilon$ und $P$, welche Produkte von Potenzen von $\rho$ und $T$ sind, und von den Randbedingungen ab, die einfache Ausdrücke bei $m = 0$ und $m = 1$ haben. Irgendeine Modifikation der Annahmen II, III und IV würde fast sicher bedeuten, daß solche homologen Lösungen nicht existieren. Wenn man z.B. die Gl. (5.1) ersetzt durch

$$P = \frac{\mathcal{R}\rho T}{\mu} + \frac{1}{3}aT^4,$$

so werden alle Terme in dieser Gleichung nur dann von derselben Potenz von $M_s$ abhängen, wenn die Werte von $\lambda$, $\nu$ und $\eta$ so sind, daß $a_2 = 3a_4$.

Wenn II, III und IV gültig sind und Konvektion nur in der inneren Region auftritt, in der die gesamte Energieerzeugung stattfindet und in der die Konvektion so effizient ist, daß

$$\frac{P}{T}\frac{dT}{dP} = \frac{\gamma-1}{\gamma}, \tag{3.86}$$

so kann man noch immer homologe Lösungen erhalten. Im Innenbereich, wo Gl. (3.86) gilt, nimmt diese Gleichung die Form

$$\frac{\bar{P}}{\bar{T}}\frac{d\bar{T}}{d\bar{P}} = \frac{\gamma-1}{\gamma} \tag{5.33}$$

für beliebige Werte von $a_4$ und $a_5$ in den Gln. (5.3) an, weshalb die Werte von $a_4$ und $a_5$, die für die äußeren Bereiche des Sterns erforderlich sind, auch im konvektiven Kern benützt werden können. Der Nachweis der Existenz homologer Lösungen ist ziemlich kompliziert, weil die innere Region, in der Konvektion auftritt, von einer äußeren umgeben wird, in der die Energie durch Strahlung transportiert wird. So können wir hier nur das Ergebnis darstellen. Man findet, daß Sterne mit konvektiven Kernen und Potenzgesetzen für Opazität und Energieerzeugung alle denselben Bruchteil ihrer Gesamtmasse im konvektiven Kern haben.

Besitzt ein Stern eine äußere Konvektionszone, in der die Konvektion kaum so effizient ist, daß Gl. (3.86) überall gilt, dann sind die Gleichungen der konvektiven Zone viel komplizierter und es existieren keine homologen Lösungen mehr, selbst wenn II, III und IV zutreffen. Etwas später in diesem Kapitel werden wir die Umstände diskutieren, bei denen die Annahme IV nicht möglich ist. Wir werden dann eine realistischere Randbedingung besprechen.

Wir haben jetzt lange über die Eigenschaften homologer Sternsequenzen gesprochen, die man erhält, wenn Näherungsansätze für Opazität, Energieerzeugung und Druck verwendet werden. Wir haben dabei ein qualitatives Verständnis der Eigenschaften homogener Sterne erworben. Andererseits müssen wir aber die bestmöglichen Ausdrücke für die physikalischen Größen einsetzen, wenn ein quantitativer Vergleich zwischen Theorie und Beobachtung angestellt werden soll. Da die Sternaufbaugleichungen dann aber nur mit einem Rechner gelöst werden können, bleibt uns nur die Diskussion der erzielten Ergebnisse und der noch anstehenden Probleme.

## Allgemeine Eigenschaften homogener Sterne

Die allgemeinen Eigenschaften von Sternen, die Wasserstoff zu Helium verbrennen und die chemisch homogen sind, weil das Brennen eben erst begonnen hat oder weil die Sterne aus irgendeinem Grund gut durchmischt sind, sind wie folgt:

I. Massive Sterne haben einen Zentralbereich, in dem ein merklicher Anteil der Energie durch Konvektion transportiert wird. Die Zentraltemperatur wächst mit der Sternmasse, wie es sich auch bei den Homologieresultaten der Tabelle 4 ergab; dies bedeutet, daß in den massiven Sternen die Energieerzeugung durch den CN-Zyklus und nicht durch die PP-Kette erfolgt. Zusätzlich sinken die Zentraldichten mit wachsender Sternmasse, was ebenfalls von den meisten der Homologie-Resultate vorausgesagt wurde. Wie wir in Bild 41 sahen, ist die Opazität bei genügend hohen Temperaturen kaum von Temperatur und Dichte abhängig; wir sahen auf Seite 117, daß dies der Fall ist, wenn Elektronenstreuung die Hauptquelle der Opazität ist. Daher wird die zweite Reihe der Tabelle 4 (konstante Opazität und CN-Energieerzeugung) sehr wahrscheinlich die beste Näherung für die Eigenschaften dieser Sterne liefern. Konvektion tritt in den Zentralbereichen dieser Sterne auf, weil der CN-Zyklus eine hochkonzentrierte Energiequelle ergibt und Strahlung allein nicht in der Lage wäre, die Energie aus den Zentralbereichen fortzuschaffen. Die Existenz eines konvektiven Kerns in diesen Sternen hat zur Folge, daß die Materie tief im Inneren gut durchmischt ist, was wiederum wichtige Folgen für ihre Entwicklung hat, wie wir im nächsten Kapitel sehen werden.

II. In den masseärmeren Sternen erfolgt die Energieerzeugung hauptsächlich durch die PP-Kette, und die Opazität entspricht eher Kramers' Formel

$$\kappa = \kappa_2 \rho / T^{3,5}. \qquad (5.22)$$

Die Quelle der nuklearen Energie ist nicht mehr genügend konzentriert, um einen konvektiven Kern entstehen zu lassen. Diese Sterne haben aber äußere Bereiche, in denen Konvektion auftritt, was folgendermaßen erklärt werden kann: Die Oberflächentemperaturen massereicher Hauptreihensterne sind höher als bei Sternen niederer Masse (was ebenfalls von den homologen Lösungen in Tabelle 4 vorausgesagt wurde), und zwar so hoch, daß die häufigsten Elemente, Wasserstoff und Helium, an der Oberfläche ionisiert sind. In den masseärmeren Sternen sind die Oberflächentemperaturen niedriger und die genannten Elemente neutral. In diesem Fall gibt es einen Bereich unterhalb der Sternoberfläche, in welchem diese Elemente ionisiert werden, weshalb dort das Verhältnis der spezifischen Wärmen der Sternmaterie viel kleiner als üblich und vergleichbar mit eins ist. Deshalb ist dort das Kriterium für Konvektion

$$\frac{P}{T}\frac{dT}{dP} > \frac{\gamma-1}{\gamma} \tag{3.65}$$

erfüllt. In diesen äußeren Konvektionszonen hängt der Aufbau des Sterns von der Wirksamkeit ab, mit der die Konvektion Energie transportieren kann. Das Fehlen einer wirklich guten Theorie der Konvektion bedeutet daher eine merkliche Ungewissheit in der Theorie des Sternaufbaus. *Sie ist wahrscheinlich die einzige große Unsicherheit in der Theorie der Hauptreihensterne und von größerer Bedeutung als Ungenauigkeiten in den Formeln von Opazität und Energieerzeugung.* Wir können den Spieß umdrehen und fragen, wieviel Energie von der Konvektion transportiert werden muß, wenn Theorie und Beobachtung übereinstimmen sollen, wobei diese Energiemenge aber einen plausiblen Wert haben muß.

III. Unterhalb einer bestimmten Grenzmasse kann keine widerspruchsfreie Lösung der Gleichungen mehr erhalten werden. Wie früher erwähnt wurde, nimmt die Zentraltemperatur mit der Sternmasse zu, während das Gegenteil für die Zentraldichte zutrifft. Bei Verringerung der Sternmasse verstärkt sich damit die Tendenz, daß die Materie im Zentrum des Sterns vom idealen Gaszustand abweicht oder entartet. Wir haben im Kapitel 4 gesehen, daß das ideale Gasgesetz bei niedriger Temperatur und hoher Dichte zusammenbricht. Beim Studium der Entwicklung von Sternen sehr kleiner Masse findet man, daß zwar zunächst die Zentraltemperatur anwächst, dann aber nach Erreichen eines Maximums wieder sinkt, wenn das Zentrum entartet, bevor irgendwelche signifikanten Kernreaktionen einsetzen, die Wasserstoff in Helium umwandeln. Solche Sterne haben — astronomisch gesehen — eine sehr kurze Existenz, denn sie kühlen ab und sterben, ohne jemals eine Kernenergiequelle angezapft und eine Hauptreihenphase erlebt zu haben. Die kritische Masse, unterhalb der dies passiert, hängt von der chemischen Zusammensetzung des Sterns ab, liegt aber nach neueren Rechnungen bei ungefähr 0,1 Sonnenmassen. Es ist kaum möglich, Sterne solch niedriger Masse zu beobachten, selbst wenn es sie gibt, und es ist momentan nicht sicher, daß diese theoretische Vorhersage einer Mindestmasse für Hauptreihensterne durch die Beobachtung bestätigt wird.

Die kritische Masse hängt nur schwach von der chemischen Zusammensetzung ab, vorausgesetzt, daß die Hauptreihensterne ihre Energie vom Wasserstoffbrennen her beziehen. Wenn man Berechnungen anstellt für Sterne, die keinen Wasserstoff, sondern hauptsächlich Helium enthalten, so daß die Hauptenergiequelle das Heliumbrennen darstellt, so ergibt sich als kleinste Masse, für die ein konsistentes Hauptreihenmodell erhalten werden kann, ungefähr $0,35\,M_\odot$; für einen reinen Kohlenstoffstern ist sie noch höher und liegt bei ungefähr $0,8\,M_\odot$. Da momentan alles darauf hindeutet, daß alle Hauptreihensterne einen beträchtlichen Anteil an Wasserstoff enthalten, dürften die letzteren Resultate nur von theoretischem Interesse sein, ausgenommen den Fall, daß Sterne in einer späteren Phase ihrer Entwicklung all ihren Wasserstoff verlieren können und reine Heliumsterne werden.

IV. Die qualitativen Resultate bezüglich der Existenz einer Hauptreihe und einer Masse-Leuchtkraft-Beziehung und die Abhängigkeit der Lage der Hauptreihe von der chemischen Zusammensetzung, die für homologe Sterne gefunden wurden, finden ihre Bestätigung durch genauere Berechnungen. Die Hauptreihe ergibt sich nicht mehr als exakt gerade Linie, und die Masse-Leuchtkraft-Beziehung ist kein reines Potenzgesetz mehr. Auch die beobachteten Beziehungen zwischen Masse und Leuchtkraft sowie zwischen Leuchtkraft und effektiver Temperatur sind keine einfachen Potenzgesetze.

V. Da die Leuchtkraft eines Sterns von einer ziemlich hohen Potenz seiner Masse abhängt ($L_s \propto M_s^3$ oder $\propto M_s^5$ je nach Massenbereich), während die Kernenergie, die bei der Umwandlung eines bestimmten Bruchteils seiner Masse von Wasserstoff in Helium freigesetzt werden kann, der Masse direkt proportional ist, ist die Wasserstoffbrennphase kürzer für Sterne größerer Masse. Die gesamte Energiefreisetzung bei der Umwandlung von Wasserstoff in Helium beträgt für den Fall, daß der Stern ursprünglich nur aus Wasserstoff bestand und sein ganzer Wasserstoff verbrannt wird

$$E_{H \to He} = 0{,}007\, M_s\, c^2. \tag{5.34}$$

Dies ist eine Überschätzung der tatsächlich freigesetzten Energiemenge in der Phase des Wasserstoffbrennens, weil einerseits kaum ein Stern aus purem Wasserstoff besteht und zweitens, wie wir später sehen werden, die 100 %-ige Umwandlung von Wasserstoff in Helium unwahrscheinlich ist. Wenn die Hauptreihenleuchtkraft eines reinen Wasserstoffsterns $L_s$ ist, so läßt sich für die Zeit des Wasserstoffbrennens (= die *Hauptreihenzeit*) abschätzen

$$t_{H \to He} = 0{,}007\, M_s\, c^2/L_s. \tag{5.35}$$

Dies ist wahrscheinlich eine Überschätzung der Hauptreihenzeit, nicht nur aus den oben angeführten Gründen, sondern auch, weil $L_s$ wächst, wenn das Wasserstoffbrennen fortschreitet. Wir haben bereits gesehen, daß Gl. (5.31) dies für Sterne voraussagt, die bei ihrer Entwicklung homogen bleiben. Im nächsten Kapitel wird gezeigt, daß dies auch für Sterne gilt, die bei ihrer Entwicklung in ihrer chemischen Zusammensetzung inhomogen werden. Hauptreihenzeiten von Sternen verschiedener Masse, wie sie sich aus neueren Berechnungen der Entwicklung wasserstoffbrennender Sterne ergeben, sind in Tabelle 5 wiedergegeben. Diese Zeiten sind kürzer als die Zeiten, die aus der Gl. (5.35) berechnet werden, weil man die Faktoren berücksichtigt hat, die dazu führen, daß Gl. (5.35) eine Überschätzung der Hauptreihenzeit ergibt.

Wir können aus dieser Tabelle ein sehr wichtiges Resultat ableiten. Aus den Eigenschaften radioaktiver Elemente in der Erdkruste weiß man, daß sich die Erde seit ungefähr $4{,}5 \cdot 10^9$ Jahren im festen Zustand befindet. Aus Tabelle 5 geht hervor, daß *Hauptreihensterne mit Massen größer als ungefähr $1{,}25\, M_\odot$ noch nicht auf der Hauptreihe gewesen sein konnten, als die Erde erstarrte.*

Da die erste bedeutende Freisetzung von Kernenergie erfolgt, wenn sich die Sterne auf der Hauptreihe befinden, so ist die etwas später disku-

**Tabelle 5** Hauptreihenzeit (in Jahren) für Sterne verschiedener Massen

| $M/M_\odot$ | 15,0 | 9,0 | 5,0 | 3,0 | 2,25 | 1,5 | 1,25 | 1,0 |
|---|---|---|---|---|---|---|---|---|
| Hauptreihenzeit | $1{,}0 \cdot 10^7$ | $2{,}2 \cdot 10^7$ | $6{,}8 \cdot 10^7$ | $2{,}3 \cdot 10^8$ | $5{,}0 \cdot 10^8$ | $1{,}7 \cdot 10^9$ | $3{,}0 \cdot 10^9$ | $8{,}2 \cdot 10^9$ |

*Allgemeine Eigenschaften homogener Sterne*

tierte Vorhauptreihenzeit im wesentlichen abhängig von der Freisetzung von Gravitationsenergie. Sie beträgt für die Sonne ungefähr $3 \cdot 10^7$ Jahre (Gl. (3.40)) und maximal $4,5 \cdot 10^9$ Jahre für alle Sterne des beobachteten Massenbereichs. Wir können also nicht nur feststellen, daß sich ein massereicher Stern nicht seit der Erstarrung der Erde auf der Hauptreihe befunden haben kann, sondern mehr noch, daß jeder massereiche Stern, den wir heute beobachten, lange nach der Erstarrung der Erde überhaupt erst entstanden ist. Tabelle 5 zeigt, daß Sterne mit mehr als $15\,M_\odot$ wahrscheinlich erst in den letzten 10 Millionen Jahren entstanden sind. Dies ist vielleicht der erste definitive Hinweis darauf, daß nicht alle astronomischen Objekte zur gleichen Zeit entstanden. Deshalb ist es sehr wahrscheinlich, daß sich echte neue Sterne auch gegenwärtig bilden – im Gegensatz zu den Novae, die ja keine wirklich neuen Sterne darstellen, sondern sich nur durch einen Helligkeitsausbruch bemerkbar machen.

Diese neuen Sterne entstehen aber nicht aus dem Nichts. Die meisten Astronomen glauben, daß unsere Milchstraße vor ungefähr $10^{10}$ bis $2 \cdot 10^{10}$ Jahren als Gasmasse entstand. Seit dieser Zeit haben sich immer wieder Sterne durch Kondensationen aus diesem Gas gebildet. In diesem Kapitel stellen wir fest, daß die Gesamtheit der Sterne nicht auf einmal entstanden ist, sondern daß während der Lebenszeit der Milchstraße kontinuierlich neue Sterne gebildet werden. Da noch immer interstellares Gas und interstellarer Staub vorhanden sind, steht auch das Rohmaterial für die Bildung neuer Sterne heute noch zur Verfügung. Aus Tabelle 5 kann abgeleitet werden, daß Sterne von einer Sonnenmasse und weniger, die in der Frühzeit der Milchstraße entstanden, noch heute leuchten, wogegen massive Sterne, die ebenso früh gebildet wurden, ihre Lebensgeschichte schon längst abgeschlossen haben. Wann immer ein Stern Masse an das interstellare Medium verliert, wie es z.B. bei Nova- und Supernovaausbrüchen geschieht, kann dieses Material wieder zur Bildung künftiger Sterngenerationen verwendet werden. Einige Sternhaufen, deren HR-Diagramme im Kapitel 2 besprochen wurden, enthalten sehr leuchtkräftige und daher massive Sterne auf ihren Hauptreihen. Wenn es stimmt, daß alle Sterne eines Sternhaufens praktisch gleich alt sind, so folgt daraus, daß *ganze Sternhaufen erst in der jüngsten Vergangenheit der Milchstraße entstanden sind*. Dies werden wir eingehender im nächsten Kapitel besprechen.

VI. Wie schon erwähnt, gibt es Bereiche im HR-Digramm, die nicht von dem Satz möglicher Hauptreihen überdeckt werden, wie immer auch die angenommene chemische Zusammensetzung der Sterne sei. *Riesen, Überriesen und weiße Zwerge können keine chemisch homogenen Sterne mit bedeutender Kernenergieerzeugung sein.* Wir glauben, daß Riesen und Überriesen wichtige Inhomogenitäten der chemischen Zusammensetzung besitzen und daß andererseits in weißen Zwergen keine merkliche Kernenergie freigesetzt wird. (Aufbau von Riesen und Überriesen in Kapitel 6, von weißen Zwergen in Kapitel 8.)

**Eingehende Berechnungen des Hauptreihenaufbaus und Vergleich mit den Beobachtungen**

Bei jedem genauen Vergleich der Resultate dieses Kapitels mit der Beobachtung ergeben sich eine Reihe von Schwierigkeiten. Es gibt Ungenauigkeiten in den theoretischen Rechnungen wegen der Unsicherheiten in Größen wie Opazität, Energieerzeugung und Transport von Energie durch Konvektion. Dann gibt es die in Kapitel 2 diskutierten Probleme der Umwandlung von beobachteten Größen und Farbindizes in bolometrische Größen und effektive Temperaturen, die von den Theoretikern errechnet werden. Größen wie Masse und Radius können nur für eine beschränkte Zahl von Sternen direkt aus der Beobachtung bestimmt werden. Schließlich läßt sich nur die chemische Zusammensetzung der äußeren Sternschichten aus Beobachtungen ermitteln, und es gibt keinen direkten Hinweis darüber, ob ein Stern eine homogene chemische Zusammensetzung besitzt oder nicht. Aus diesen Gründen stimmen die von verschiedenen Autoren erzielten Resultate nicht bis ins feinste Detail miteinander überein, obwohl wir meinen, daß wir die Hauptreihenphase der Sternentwicklung im allgemeinen gut verstehen. Einige neuere Resultate werden weiter unten beschrieben.

Die Hauptreihen für vier verschiedene chemische Zusammensetzungen, die innerhalb des in Sternoberflächen beobachteten Bereichs liegen, sind in Bild 46 dargestellt. Diese Zusammensetzungen sind:

$$
\begin{aligned}
&\text{(a)} \quad X = 0{,}60, \quad Y = 0{,}38, \quad Z = 0{,}02, \\
&\text{(b)} \quad X = 0{,}70, \quad Y = 0{,}28, \quad Z = 0{,}02, \\
&\text{(c)} \quad X = 0{,}60, \quad Y = 0{,}36, \quad Z = 0{,}04, \\
&\text{(d)} \quad X = 0{,}70, \quad Y = 0{,}26, \quad Z = 0{,}04.
\end{aligned}
\qquad (5.36)
$$

Man sieht, daß die berechneten Hauptreihen annähernd gerade Linien sind, deren Steigung mit der beobachteten Hauptreihenzone generell übereinstimmt. In dem Diagramm erkennt man auch eine mittlere Linie durch die Hauptreihe, die aus Beobachtungen naher Sterne nach ent-

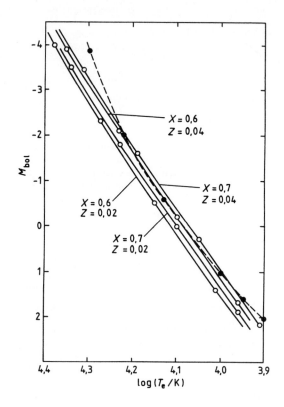

**Bild 46**

Theoretische Hauptreihen für vier chemische Zusammensetzungen. Die gestrichelte Linie ist ein Abschnitt der beobachteten Hauptreihe

sprechender Umwandlung der beobachteten Größen in $\log L_s$ und $\log T_e$ abgeleitet wurde. Natürlich ist das beobachtete Hauptreihenband ziemlich breit; deshalb liegen alle theoretischen Linien innerhalb des Bereichs der beobachteten Hauptreihe. Bild 46 zeigt, daß die Lage der Hauptreihe besonders empfindlich ist gegenüber einer Änderung im Gehalt an schweren Elementen $Z$, was allgemein mit dem Homologieergebnis von Gl. (5.32) übereinstimmt.

Für eine leicht veränderte chemische Zusammensetzung

$$X = 0{,}71, \quad Y = 0{,}27, \quad Z = 0{,}02 \tag{5.37}$$

hat I. Iben Hauptreihenmodelle für eine Anzahl von Massen zwischen $0{,}5\,M_\odot$ und $15\,M_\odot$ berechnet. Er hat auch die Vorhauptreihenphase und die Nachhauptreihenentwicklung dieser Sterne untersucht. Aus seinen Hauptreihenresultaten kann man eine theoretische Masse-Leuchtkraft-Beziehung für die Hauptreihe zusammenstellen (Bild 47).

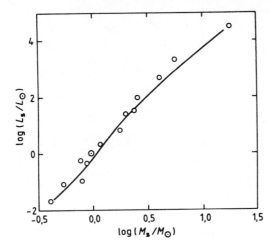

**Bild 47**

Eine theoretische Masse-Leuchtkraft-Beziehung, die auf Rechnungen von Iben beruht. Eingezeichnet sind einige Sterne gut bestimmter Masse und Leuchtkraft, sowie die Sonne ☉.

In diesem Diagramm sind auch Punkte enthalten, die nahen Sternen bekannter Masse und Leuchtkraft entsprechen. Man sieht wieder einmal, daß sich Theorie und Beobachtung in guter qualitativer Übereinstimmung befinden. Tabelle 6 zeigt, welcher Bruchteil der Masse eines jeden Sternes sich entweder in einem konvektiven Kern oder in einer konvektiven Hülle befindet.

In Kapitel 2 wurde erwähnt, daß die als Unterzwerge bezeichnete Sterngruppe unter der Hauptreihe im HR-Diagramm liegt. Ferner wurde gesagt, daß die Unterzwerge anscheinend einen geringen Gehalt an schweren Elementen aufweisen. Aus den oben genannten Ergebnissen sieht man, daß Sterne mit kleinem $Z$ unter jenen mit großem $Z$ liegen. Man kann also wenigstens einen Teil der Abweichung der Unterzwerge von der Hauptreihe mit einem geringen Gehalt an schweren Elementen erklären.

**Tabelle 6** Massenanteil des konvektiven Kernes ($M_{cc}$) und Massenanteil der konvektiven Hülle ($M_{ce}$) bei Hauptreihensternen verschiedener Massen

| $M/M_\odot$ | 15,0 | 9,0 | 5,0 | 3,0 | 1,5 | 1,0 | 0,5 |
|---|---|---|---|---|---|---|---|
| $M_{cc}$ | 0,38 | 0,26 | 0,21 | 0,17 | 0,06 | 0,00 | 0,01 |
| $M_{ce}$ | 0,00 | 0,00 | 0,00 | 0,00 | 0,00 | 0,01 | 0,42 |

## Vorhauptreihenentwicklung

Wie in der Einleitung zu diesem Kapitel erwähnt, ist die Sternentstehung und die Vorhauptreihenentwicklung gegenwärtig nicht ganz klar, und vieles von dem, was im Rest dieses Kapitels gesagt wird, wird von manchen Forschern auf diesem Gebiet angezweifelt.

Wenn sich unserer Meinung nach Sterne aus Verdichtungen des interstellaren Gases bilden, so muß ihr ursprünglicher Zustand durch einen sehr großen Radius und durch sehr niedrige Leuchtkraft und Temperatur gekennzeichnet sein. Dementsprechend befindet sich ein neugebildeter Stern tief unten rechts im HR-Diagramm. Als die Vorhauptreihen-Entwicklung von Sternen erstmals diskutiert wurde, nahm man an, daß bei der Entwicklung zur Hauptreihe der Sternradius kontinuierlich abnimmt und Leuchtkraft und Oberflächentemperatur zunehmen. Rechnungen, bei denen man annahm, daß der gesamte Energietransport in Protosternen durch Strahlung erfolgt, ergaben im wesentlichen diesen Verlauf (Bild 48).

Die Oberflächentemperatur wächst stetig an und der Radius nimmt kontinuierlich ab, aber es gibt ein Maximum der Leuchtkraft, kurz bevor die Hauptreihe erreicht wird. Dies geschieht deswegen, weil die im Sternzentrum einsetzenden Kernreaktionen zu einem Anstieg von Temperatur und Druck in den Zentralbereichen führen, worauf sich diese etwas ausdehnen und dadurch eine Abnahme von Temperatur und Leuchtkraft bewirken.

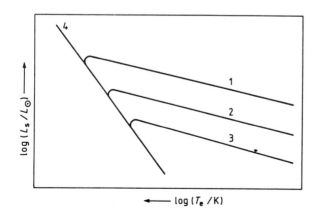

**Bild 48**
Annäherung an die Hauptreihe bei vollständig radiativen Sternen. Die Kurven 1, 2, 3 beziehen sich auf drei verschiedene Massen, die Linie 4 ist die Hauptreihe.

Als die Eigenschaften dieser kontrahierenden Protosterne genauer untersucht wurden, fand man einige Schwachstellen. Zunächst zeigte sich, daß wichtige Bereiche in ihnen das Kriterium

$$\frac{P}{T}\frac{dT}{dP} > \frac{\gamma - 1}{\gamma} \tag{3.65}$$

für konvektive Instabilität erfüllen, weshalb die Annahme eines durchweg radiativen Energietransportes falsch war. Ferner fand man, daß der Ansatz für die Randbedingung

$$\rho = 0, \quad T = 0 \quad \text{bei } M = M_s \tag{3.77}$$

unzureichend war.

### Eine verbesserte Oberflächenrandbedingung

Die sichtbare Oberfläche eines Sterns ist die Schicht, aus der die Strahlung ohne weitere Absorption entweichen kann. Die Temperatur der sichtbaren Oberfläche ist annähernd $T_e$, wie angenommen; dies besagt auch die Gleichung

$$L_s = \pi a c r_s^2 T_e^4. \tag{2.7}$$

Eine Lösung der Sternaufbaugleichungen mit der genäherten Oberflächenrandbedingung (3.77) wird gut sein, falls Strahlung aus der Schicht austreten kann, in der $T = T_e$ ist. Wenn wir annehmen, daß in einer solchen Lösung $T = T_e$ bei $r = r_e$, während $T = 0$ bei $r = r_s$, dann kann Strahlung gerade an der Stelle zu entweichen beginnen, an der $T = T_e$, wenn

$$\int_{r_e}^{r_s} \kappa \rho \, dr \cong 1. \tag{5.38}$$

(Dies ist mit Gl. (4.29) zu vergleichen. Eine genauere Untersuchung ergibt für die rechte Seite von Gl. (5.38) den Wert $\frac{2}{3}$.) Für viele Sterne ist Gl. (5.38) durch die Lösung der Gleichungen mit den einfachen Randbedingungen Gl. (3.77) erfüllt. Für Protosterne und für alle Sterne mit tiefen äußeren Konvektionszonen muß aber eine auf Gl. (5.38) basierende genauere Randbedingung herangezogen werden.

## Hayashis Theorie der Vorhauptreihenentwicklung

Als Hayashi die bessere Randbedingung einführte und Energietransport durch Konvektion berücksichtigte, fand er heraus, daß Konvektion im gesamten Protostern wichtig sein kann. Unerwartet ergab sich auch, daß es einen Bereich des HR-Diagramms gibt, in dem keine vernünftigen Lösungen der Sternaufbaugleichungen existieren. Diesen Bereich bezeichnet man als *verbotene Hayashi-Zone*, begrenzt von der sogenannten *Hayashi-Linie*. Sie ist in Bild 49 dargestellt. Darin wird auch sein Resultat für die unmittelbar vor der Hauptreihe ablaufende Entwicklung eines Sterns gezeigt, woraus erhellt, daß er eine Vorhauptreihenleuchtkraft vorhersagt, die viel höher ist als die Leuchtkraft auf der Hauptreihe. Bei Sternen, die sich gerade am Rand der verbotenen Zone, also auf der Hayashi-Linie befinden, tritt Konvektion im gesamten Inneren des Sterns auf. Hingegen besitzen Sterne, die links davon liegen, Bereiche ohne Konvektion.

Wenn die Vorhauptreihenleuchtkraft viel höher sein kann als jene der Hauptreihe, so müssen wir natürlich nach dem Grund dafür fragen und zu verstehen trachten, wie der Zustand unmittelbar vor der Hauptreihe, ausgehend vom Zustand niedriger Leuchtkraft und Temperatur, erreicht werden kann. Hayashis Arbeiten geben darauf eine mathematische Antwort; eine physikalische Interpretation ist aber ebenso wünschenswert. In den Frühphasen der Protosternentwicklung wird die Leuchtkraft dadurch festgelegt, wie schnell Energie abgestrahlt werden kann. Es gibt

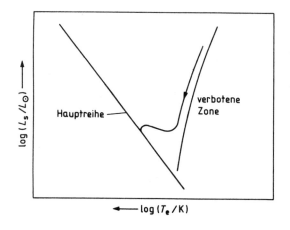

Bild 49

keinen Grund dafür, daß diese Energieverlustrate in irgendeiner Beziehung zur Hauptreihenleuchtkraft steht. Ganz zu Beginn ist die Sternmaterie für die Strahlung transparent und nicht opak, deshalb steigt die Leuchtkraft an, wenn der Stern kontrahiert. Später wird der Stern opak und fängt die Strahlung im Inneren ab, wodurch die Leuchtkraft sinkt. Während dieser Anfangsphasen hat die Sternmaterie so effizient Energie abgestrahlt, daß ihre Temperatur wahrscheinlich zwischen 10 K und 20 K gelegen ist.

Sobald der Stern opak ist, steigt seine Innentemperatur und es kommt der Punkt, da eine weitere Temperaturerhöhung zunächst den molekularen Wasserstoff dissoziieren läßt und dann der atomare Wasserstoff ionisiert wird. Beide Zustandsänderungen erfordern eine beträchtliche Energiemenge, die nur aus der Gravitationsenergie des Sterns kommen kann. Sie lösen daher eine weitere Phase rascher Kontraktion und damit verbunden eine starke Steigerung der Leuchtkraft aus. Wenn schließlich die ganze Materie ionisiert ist, hört der rasche Kollaps auf und der Stern nähert sich der Hauptreihe, wie in Bild 49 dargestellt.

Hayashi und seine Kollegen haben für einen Stern von einer Sonnenmasse die Annäherung an die Hauptreihe gerechnet; sie ist in Bild 50

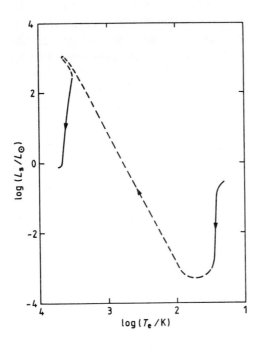

**Bild 50**
Vorhauptreihenentwicklung eines Sternes von einer Sonnenmasse

graphisch dargestellt[15]). Obwohl diese Untersuchung die Vorhauptreihenentwicklung eingehend betrachtet, sind ihre Ergebnisse nicht als endgültig anzusehen. Die Rechnungen anderer Autoren weichen nämlich in ihren Resultaten stark von denen von Hayashi ab. Wie die Beobachtungen zeigen, haben die interstellaren Gaswolken eine bestimmte Rotationsenergie und sind außerdem von interstellaren Magnetfeldern durchsetzt. Beide Faktoren dürften einen wichtigen Einfluß auf die Sternentstehung und die Vorhauptreihenentwicklung ausüben; dies zu behandeln liegt aber außerhalb der Zielsetzung dieses Buches. Ferner findet man, daß gewisse Sterne, von denen man glaubt, daß sie sich der Hauptreihe nähern, Veränderliche vom $T$-Tauri-Typ sind. Das sind unregelmäßig veränderliche Sterne, die Masse an das interstellare Medium verlieren, was sehr wichtig für die Vorhauptreihenentwicklung sein dürfte. Auf dem Gebiet der Sternentstehung ist jedenfalls noch eine ganze Menge zu tun.

Hingegen gibt es eine Menge neuerer Arbeiten über die letzten Phasen der Vorhauptreihenentwicklung. Eine Reihe von Ergebnissen von Iben sind in Bild 51 dargestellt. Man sieht, daß die Phase der letzten Annäherung an die Hauptreihe ähnlich ist den in Bild 48 gezeigten Entwicklungswegen für vollständig radiative Sterne, vorausgesetzt, daß sich der Stern deutlich links von der Hayashilinie befindet. Das trifft für massereiche Sterne zu. Für diese ist das Leuchtkraftmaximum vor der Hauptreihe sicherlich weniger signifikant als für Sterne kleiner Masse.

Im ganzen gesehen vollzieht sich die Vorhauptreihenentwicklung sehr rasch im Vergleich zur Hauptreihenzeit. In Gl. (3.40) haben wir abgeschätzt, wie lange die Sonne Energie mit ihrer gegenwärtigen Rate abgestrahlt haben könnte, wenn ihr Energievorrat nur aus der Gravitationskontraktion geschöpft würde. Dabei erhielten wir

$$t \cong GM_\odot^2/L_\odot \, r_\odot \cong 10^{15} \, \text{s} \cong 3 \cdot 10^7 \, \text{Jahre}. \qquad (3.40)$$

Dort führten wir diese Abschätzung durch, um zu demonstrieren, daß die Sonne ihre Energie während der vergangenen $10^9$ Jahre aus einer anderen Energiequelle bezogen haben muß. Während der Vorhauptreihenphase ist die Hauptquelle der Energie die Kontraktion unter dem

---

[15]) Es scheint so, als ob die Ergebnisse von Bild 50 im Gegensatz zur Existenz der verbotenen Hayashi-Zone stünden. Hayashi erhielt seine Resultate aber unter der Annahme, daß keine sehr raschen zeitlichen Änderungen auftreten. Diese sind aber charakteristisch für alle frühen Phasen.

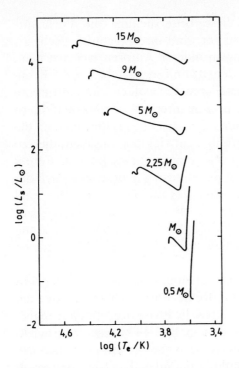

**Bild 51**

Die letzte Annäherung von Sternen verschiedener Masse an die Hauptreihe

Einfluß der Schwerkraft, daher ist ein erster Schätzwert für die Zeit, welche die Sonne zur Erreichung der Hauptreihe benötigt, durch Gl. (3.40) gegeben. Jetzt, da wir glauben, daß die Sonne 500 mal leuchtkräftiger war als sie jetzt auf der Hauptreihe ist, scheint es so, als ob das Vorhauptreihenalter merklich kürzer sein könnte als der in Gl. (3.40) angegebene Wert. In Wirklichkeit aber trifft dies für Sterne von einer Sonnenmasse und mehr nicht zu. Man kam nämlich darauf, daß die Anfangsreaktionen des CN-Zyklus Gl. (4.16), die $^{12}C$ in $^{14}N$ umwandeln, bereits vor der Hauptreihe stattfinden und so die Annäherung an die Hauptreihe verzögern. Das hat kaum eine Auswirkung auf die gesamte chemische Zusammensetzung eines Sterns und betrifft nicht unsere Behauptung, daß Sterne die Hauptreihe im wesentlichen mit ihrer ursprünglichen chemischen Zusammensetzung erreichen.

In Tabelle 7 sind die Zeiten angeführt, die Ibens Modelle zum Erreichen der Hauptreihe brauchen. Bei den massereichen Sternen ist die Zeit länger als jene, die der Gl. (3.40) entspricht, weil die durch die Kernreaktionen leichter Elemente bewirkte Verzögerung die wegen der Phase hoher Leuchtkraft erforderliche Reduktion der Zeit in Gl. (3.40)

**Tabelle 7** Zeit, die zum Erreichen der Hauptreihe von Sternen verschiedener Massen benötigt wird (Masse in $M_\odot$ und Zeit in Jahren)

| Masse | 15,0 | 9,0 | 5,0 | 3,0 | 2,25 |
|---|---|---|---|---|---|
| Zeit | $6,2 \cdot 10^4$ | $1,5 \cdot 10^5$ | $5,8 \cdot 10^5$ | $2,5 \cdot 10^6$ | $5,9 \cdot 10^6$ |
| Masse | 1,5 | 1,25 | 1,0 | 0,5 | |
| Zeit | $1,8 \cdot 10^7$ | $2,9 \cdot 10^7$ | $5,0 \cdot 10^7$ | $1,5 \cdot 10^8$ | |

überkompensiert. Für den Stern einer Sonnenmasse ergeben Hayashis Rechnungen, daß die gesamte Entwicklung bis zum Erreichen des Leuchtkraftmaximums nur ungefähr 20 Jahre dauert.
Da die Vorhauptreihenentwicklung sehr kurz ist verglichen mit der Hauptreihenzeit, können wir wahrscheinlicher nur eine relativ kleine Zahl von Sternen in der Phase der Vorhauptreihenkontraktion beobachten, falls Sterne während der Lebenszeit unserer Milchstraße kontinuierlich entstehen. *In diesem Fall sollte die Zahl der Sterne, die in einer bestimmten Phase der Entwicklung beobachtet werden, ungefähr proportional sein der Zeit, die ein Einzelstern in dieser Phase verbringt.* Das einfachste Beispiel dafür ist die Tatsache, daß die meisten Sterne Hauptreihensterne sind, weil die Sterne den größten Teil ihres Lebens auf der Hauptreihe verbringen. Dies wird im Zusammenhang mit der Nachhauptreihen-Entwicklung im Kapitel 6 diskutiert werden. Es scheint daher sehr unwahrscheinlich, daß wir irgendwelche Sterne finden können, die sich in der Phase vor dem Leuchtkraftmaximum befinden, obwohl dies für einen Fall versuchsweise vorgeschlagen wurde. Darin liegt eine der grundlegenden Schwierigkeiten des Versuchs, Sternentwicklung zu beobachten. *Im Normalfall läuft die Entwicklung so langsam ab, daß man sie gar nicht beobachten kann. Wenn aber eine Entwicklung rasch abläuft, dann ist auch die Phase dieser raschen Entwicklung bald vorüber, und wir können aus statistischen Gründen so gut wie keine Sterne in dieser Phase entdecken.* Eine Ausnahme für die Beobachtbarkeit einer raschen Entwicklung ist der Supernovaausbruch. Supernovae werden so hell, daß sie die Aufmerksamkeit selbst aus riesigen Entfernungen auf sich ziehen.
Eine Konsequenz unserer gegenwärtigen Auffassung von der Vorhauptreihenentwicklung der Sonne sollte noch erwähnt werden. Man stellt sich vor, daß die Erde und die anderen Planeten aus Sonnenmaterie oder zumindest aus demselben Material entstanden, aus dem auch die

Sonne gebildet wurde. Bis zur Zeit, als Hayashis Arbeiten veröffentlicht wurden, nahm man immer an, daß die Sonne während der Periode der Planetenentstehung weniger Energie abstrahlte als sie das gegenwärtig tut. Jetzt sieht es aber so aus, als ob die Sonne während eines Teils der Zeit viel leuchtkräftiger war, und das könnte wichtige Auswirkungen auf die Theorien vom Ursprung des Sonnensystems haben.

**Zusammenfassung von Kapitel 5**

In diesem Kapitel haben wir die Hypothese untersucht, daß Hauptreihensterne chemisch homogen zusammengesetzt sind und Wasserstoff in ihrem Inneren in Helium umwandeln. Unter Benützung einfacher Näherungsformeln für Opazität und Energieerzeugung, die im Kapitel 4 diskutiert wurden, haben wir gezeigt, daß solche Sterne einer Masse-Leuchtkraftbeziehung ähnlich jener der Hauptreihensterne gehorchen und daß sie in einem Bereich des HR-Diagramms liegen, der qualitativ mit der beobachteten Hauptreihe übereinstimmt. Die Ergebnisse genauerer Rechnungen mit besseren mathematischen Ausdrücken für die Opazität und Energieerzeugung bestätigen diese qualitativen Resultate. Rote Riesen und weiße Zwerge gehören nicht zu den Sternen homogener chemischer Zusammensetzung, die Energie abstrahlen, die von Kernreaktionen im Inneren herrührt.
Der Sternaufbau auf der Hauptreihe ist praktisch unabhängig von der Vorgeschichte des Sterns. Dies ist sehr nützlich, da die Theorie der Sternentstehung und der Vorhauptreihenentwicklung noch viele Ungewißheiten enthält. Die Sterne müssen am Anfang groß, kühl und leuchtschwach sein und bei der Annäherung an die Hauptreihe kleiner, heißer und heller werden. Man ist gegenwärtig der Auffassung, daß die Leuchtkraft eines Sterns einen Maximalwert in der Vorhauptreihenphase annehmen dürfte, der viel größer ist als sein Leuchtkraftwert auf der Hauptreihe.

# Kapitel 6
## Die frühe Nachhauptreihen-Entwicklung und das Alter von Sternhaufen

### Historische Einleitung

Neben der Hauptreihe bilden die roten Riesen und Überriesen die markanteste Gruppe von Sternen im HR-Diagramm (Bild 2). Sie haben höhere Leuchtkräfte und größere Radien als Hauptreihensterne derselben Farbe. Aus der Diskussion in Kapitel 5 ergab sich, daß rote Riesen nicht chemisch homogen zusammengesetzt sind; es ist also jetzt unsere Aufgabe herauszubekommen, wie sich rote Riesen bezüglich ihres inneren Aufbaus und ihrer Oberfläche von Hauptreihensternen unterscheiden. Wir haben bereits angedeutet (Kapitel 2, Bild 28), daß Sterne zu roten Riesen werden, wenn die Kernreaktionen in ihrem Inneren zu einer Inhomogenität der chemischen Zusammensetzung führen. Bevor wir dies weiter verfolgen, wollen wir einen kurzen historischen Überblick über das Problem der roten Riesen geben. Obwohl wir in diesem Buch hauptsächlich den heutigen Wissensstand darlegen, ist es vielleicht doch lehrreich, die Schritte zu verfolgen, mit denen die heutigen Kenntnisse erreicht wurden.

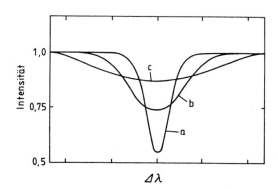

**Bild 52**

Wirkung der Rotation auf die Form einer Spektrallinie. a ist das Profil einer Spektrallinie in einem nichtrotierenden Stern, b in einem Stern mäßiger Rotationsgeschwindigkeit und c in einem rasch rotierenden Stern. Die Intensität erscheint in Einheiten der maximalen Intensität.

Als man erstmals theoretische Berechnungen des Sternaufbaus anstellte, war es kaum möglich, das Auftreten der roten Riesen zu erklären, weil man zu dieser Zeit glaubte, daß die Sterne während ihrer Entwicklung chemisch homogen bleiben würden. Man dachte dabei, daß die Sterne durch ihre Rotation in gut durchmischtem Zustand gehalten würden. Man beobachtet, daß die meisten Sterne rotieren, obwohl die Rotation bei vielen nicht so rasch ist, daß ihr Aufbau davon wesentlich beeinflußt wird.

Die Rotation läßt sich mit Hilfe des Dopplereffekts nachweisen. Wenn ein Stern rotiert, so bewegt sich ein Teil seiner Oberfläche auf uns zu (was die Spektrallinien mehr oder weniger zum Blauen — zu kürzeren Wellenlängen hin — verschiebt) und ein Teil von uns weg (ergibt eine Rotverschiebung). Über die ganze sichtbare Oberfläche gemittelt, führt dies zu einer Verbreiterung der Spektrallinien, die umso stärker wird, je schneller der Stern rotiert (Bild 52). Also leiten wir aus verbreiterten Spektrallinien ab, daß Sterne rotieren.

Ein rotierender Stern ist nicht sphärisch, die Flächen konstanter Temperatur, Dichte und Druck in einem solchen Stern sind in erster Näherung Sphäroide (Bild 53). Das Bild zeigt, daß der Temperaturgradient an den Polen eines solchen Sterns größer ist als der Temperaturgradient am Äquator, weil die Flächen gleicher Temperatur am Pol näher beieinander liegen. Das wiederum bedeutet, daß mehr Energie von der Strahlung am Pol transportiert wird, was isoliert betrachtet die Flächen konstanter Temperatur störend beeinflussen würde. Eddington zeigte, daß die Flächen konstanter Temperatur durch langsame Zirkulationsbewegungen erhalten bleiben. Letztere sind in Bild 54 dargestellt. Durch

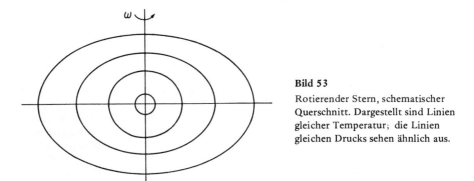

**Bild 53**
Rotierender Stern, schematischer Querschnitt. Dargestellt sind Linien gleicher Temperatur; die Linien gleichen Drucks sehen ähnlich aus.

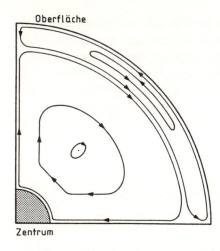

**Bild 54**
Meridionale Zirkulationsströme in einem rotierenden Stern. Der grau dargestellte Bereich ist der konvektive Kern und die Pfeile zeigen die Richtung der Strömung an.

diese Ströme, die als *Meridionalströme* bezeichnet werden, wird sowohl Materie als auch Energie von einem Teil des Sterns zu einem anderen transportiert. Eddington glaubte, daß diese Zirkulation den Stern während seiner Entwicklung chemisch homogen halten würde. Die typische Geschwindigkeit der Ströme ist nach heutigen Vorstellungen

$$v \approx (\omega^2 r_s/g)(L_s/M_s g), \tag{6.1}$$

wobei $\omega$ die Winkelgeschwindigkeit des Sterns und $g$ die Schwerebeschleunigung darstellt. Eddingtons ursprünglicher Schätzwert war aber um einige Größenordnungen höher, als es dieser Formel entspricht. Dementsprechend war er der Meinung, daß sogar langsam rotierende Sterne gut durchmischt sind. Obwohl die meridionale Zirkulation ähnliche Effekte wie die Konvektion hervorruft, ist sie doch qualitativ von ihr verschieden. Sie wird von der Rotation und nicht von einem großen Temperaturgradienten erzeugt, und ihre Bewegungen sind über große Strecken regelmäßig, während die konvektiven Bewegungen sehr irregulär sind. Ferner sind überall dort, wo Energie durch Konvektion transportiert wird, die konvektiven Bewegungen weitaus schneller als die meridionale Zirkulation.

Wenn wasserstoffbrennende Sterne bei ihrer Entwicklung chemisch homogen blieben, würden sie in der Nachbarschaft der Hauptreihe verbleiben. Wie wir in Kapitel 5 (Bild 45) sahen, bewirkt die Umwandlung von Wasserstoff in Helium im HR-Diagramm eine Bewegung nach links und nach oben, also nicht in Richtung des von den roten Riesen besetzten Gebiets. Da rote Riesen nicht von selbst aus den Sternentwicklungsrechnungen zu entstehen schienen, begannen die theoretischen Astrophysiker mit Modellen zu experimentieren, die die Eigenschaften von *Riesen* haben könnten. Sie fanden dabei heraus, daß Modelle mit einer Diskontinuität der chemischen Zusammensetzung (Bild 55) — wobei der Innenbereich des Sterns das höhere Molekulargewicht besitzt — große Radien haben, falls das Massenverhältnis von Innen- zu Außenbereich entsprechend gewählt wird. Daher mußte man nach Möglichkeiten suchen, wie eine solche Diskontinuität der chemischen Zusammensetzung erzeugt werden könnte.

F. Hoyle und R. A. Lyttleton schlugen vor, daß ein Stern beim Durchgang durch eine Wolke interstellaren Gases seine Masse durch *Akkretion* (Aufsammeln) von Wolkenmaterie erhöhen könnte. Wenn der Stern schon einen Teil seines Wasserstoffs in Helium umgewandelt hat und die interstellare Gaswolke hauptsächlich aus Wasserstoff besteht, so würde sich eine Diskontinuität der chemischen Zusammensetzung ergeben und der Stern könnte ein roter Riese werden. Er würde dann ein roter Riese bleiben, bis er durch Ströme wieder durchmischt und chemisch homogen geworden ist. Nach dieser Vorstellung würde ein Stern eine beschränkte Zeit als roter Riese verbringen und könnte mehrere Male in seinem Leben ein roter Riese werden.

Zu jener Zeit, als dieser Vorschlag gemacht wurde, waren die Wolken neutralen Wasserstoffs in der Milchstraße noch gar nicht bekannt. Sie wurden erst später von Radioastronomen entdeckt, denn selbst sehr kühler Wasserstoff emittiert Radiostrahlung bei einer Wellenlänge von 21 cm (0,21 m). Als die Verteilung des neutralen Wasserstoffs in der Milchstraße von den Radioastronomen kartographiert wurde, zeigte es

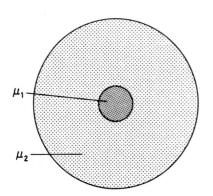

Bild 55
Stern mit einem Sprung in der chemischen Zusammensetzung. Ein Bereich mit dem Molekulargewicht $\mu_1$ ist umgeben von einem Bereich mit dem Molekulargewicht $\mu_2$.

sich, daß diese Wolken weder genügend dicht noch genügend langsam waren, um eine merkliche Akkretion von interstellarer Materie durch Sterne zu erlauben[16]). Zusätzlich war schwer einzusehen, wie sich die wohldefinierten Riesenäste von offenen und kugelförmigen Sternhaufen bilden können, wenn in den Haufen Sterne alle Massen Materie aufsammeln. Es war ein glücklicher Zufall, daß gerade zur Zeit, als die Akkretionstheorie unhaltbar geworden war, ein Irrtum in den ursprünglichen Abschätzungen der meridionalen Strömungsgeschwindigkeit aufgedeckt wurde. Mit den revidierten Geschwindigkeiten läßt sich eine Durchmischung der meisten Sterne mit Hilfe meridionaler Zirkulation nicht mehr erklären. Zum Beispiel dürften sich die Zirkulationsströme im Inneren der Sonne mit $10^{-11}$ m s$^{-1}$ bewegen. Mit dieser Geschwindigkeit brauchen sie mehr als $10^{12}$ Jahre für eine Zirkulation, wogegen wesentliche Änderungen der chemischen Zusammensetzung aufgrund nuklearer Reaktionen in weniger als $10^{10}$ Jahren im Sonneninneren stattfinden. Daraus ergibt sich also, daß bei der Entwicklung von Sternen ganz von selbst Inhomogenitäten der chemischen Zusammensetzung entstehen, die dazu führen können, daß Sterne zu Riesen werden. Damit wollen wir diese historische Einleitung abschließen und uns dem heutigen Wissensstand zuwenden.

## Allgemeiner Charakter der Nachhauptreihen-Entwicklung

Wir werden sehen, daß die Einzelheiten der Nachhauptreihen-Entwicklung von der Sternmasse abhängen und speziell davon, ob ein Stern einen konvektiven Kern auf der Hauptreihe besitzt oder nicht. Wenn ein Hauptreihenstern einen konvektiven Kern besitzt, kann Materie aus allen Teilen des konvektiven Kerns in die Zentralbereiche transportiert werden und steht für Kernreaktionen zur Verfügung, ganz gleich, welche Temperaturdifferenz zwischen dem Zentrum und der Oberfläche des Kerns herrscht. Erfolgt im Kernbereich eines Sterns der gesamte Energietransport durch Strahlung, so kann es keine Durchmischungsprozesse im Sterninneren geben. In diesem Fall wird das Erschöpfen des zentralen Wasserstoffvorrats ausschließlich von der Schnelligkeit der Kernreaktionen im Zentrum bestimmt und nicht von der Geschwindigkeit, mit der frischer Wasserstoff zum Zentrum transportiert werden kann.

---

[16]) Wolkendichten können aus der Messung der gesamten 21 cm-Emission eines gegebenen Volumens abgeleitet werden. Die Wolkengeschwindigkeiten werden mit Hilfe des Dopplereffekts (Verschiebung der 21 cm-Linie) bestimmt.

Die erste kritische Phase erreicht ein Stern, der sich von der Hauptreihe wegentwickelt, dann, wenn im Zentrum der Gehalt an Wasserstoff auf Null sinkt. Wie die Rechnungen zeigen, wächst vor diesem Zeitpunkt die Leuchtkraft des Sterns allmählich an, bleibt aber in der Nachbarschaft der Hauptreihe. Sobald kein Wasserstoff mehr im Zentrum vorhanden ist, hört die Energiefreisetzung dort auf. Stattdessen greifen die Zentralbereiche auf ihre Gravitationsenergie zurück und beginnen – anfangs nur langsam – zu kontrahieren. Dabei bewegt sich die Zone, in der Wasserstoff verbrannt wird, allmählich nach außen und bildet eine sogenannte wasserstoffbrennende Schale (Bild 56). Da im Zentrum nur die potentielle Energie der Gravitation frei wird, ist die Leuchtkraft dort sehr niedrig. Für den Abtransport der Energie nach außen wird daher nur ein sehr kleiner Temperaturgradient benötigt (siehe z.B. Gl. (3.51)), weshalb der Stern einen fast *isothermen Kern* besitzt, der aus Helium und einer kleinen Beimischung schwerer Elemente, entsprechend dem ursprünglichen Gehalt an schweren Elementen, besteht.

Verfolgt man die Entwicklung des Sterns weiter, so findet man, daß eine dramatische Wende eintritt, wenn der isotherme Kern so angewachsen ist, daß er 15 % der Masse des gesamten Sterns enthält. Der Druckgradient des so groß gewordenen, langsam kontrahierenden isothermen Kerngebiets ist dann nicht mehr in der Lage, die äußeren Bereiche des Sterns zu unterstützen. Die langsame Kontraktion endet daher in einem raschen Kollaps des Zentralbereichs. Man bezeichnet die kritische Grenzmasse eines langsam kontrahierenden isothermen Kerns als *Schönberg-Chandrasekhar-Grenze*. Wir werden noch sehen, daß diese für das Verständnis der HR-Diagramme von offenen Sternhaufen sehr wichtig ist.

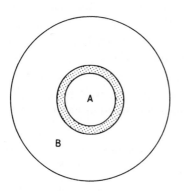

**Bild 56**
Stern mit einer wasserstoffbrennenden Schale. In der Zone A ist bereits der gesamte Wasserstoff in Helium verwandelt, in der Zone B haben noch keine Kernreaktionen stattgefunden, und im grau gerasterten Bereich verbrennt Wasserstoff zu Helium.

*Allgemeiner Charakter der Nachhauptreihen-Entwicklung* 163

Wenn man die Rechnungen nach dem Erreichen der Schönberg-Chandrasekhar-Grenze weiterführt, so ergibt sich, daß die inneren Schichten eines Sterns rasch kontrahieren und sich dabei aufheizen; gleichzeitig expandiert aber der Stern als ganzer. Die Aufheizung im Inneren wird durch die rasche Freisetzung von Gravitationsenergie bewirkt. Obwohl die Oberflächenexpansion zusammen mit der Kernkontraktion aus den Lösungen der Sternaufbaugleichungen für einen Stern veränderlicher chemischer Zusammensetzung hervorgeht und obwohl eine solche Expansion notwendig ist, um die Existenz von roten Riesen zu erklären, ist es nicht leicht, eine einfache Erklärung dafür zu geben, warum sie stattfindet. Es gab plausible Erklärungsversuche, wie z.B. die Kontraktion der wasserstoffbrennenden Schale, die zu einer sehr konzentrierten Energiefreisetzung führt, wobei die Energie den Stern nur verlassen kann, wenn die darüberliegenden Schichten zur Expansion gebracht werden und dadurch die effektive Opazität reduziert wird. Keine der einfachen Erklärungen ist völlig überzeugend, es gibt aber keinen Grund, die Lösungen der Sternaufbaugleichungen anzuzweifeln, die voraussagen, daß die Sterne expandieren und zu roten Riesen werden. Die Rechnungen ergeben, daß der Stern expandiert, ohne seine Leuchtkraft merklich zu ändern, woraus folgt, daß sich der Stern im HR-Diagramm schnell nach rechts bewegt (Bild 57).

Was kann die Kernkontraktion und die Oberflächenexpansion zum Stillstand bringen? Dazu gibt es wenigstens drei Möglichkeiten.

Erstens kann die Temperatur entsprechend dem Virialsatz (wenn die Materie im Zentrum ein ideales Gas bleibt) weiter steigen, wodurch sie jenen Wert erreichen kann, bei dem der nächste Nuklearbrennstoff, Helium, zur Verbrennung gelangt (Reaktion (4.27) im Kapitel 4). Wenn

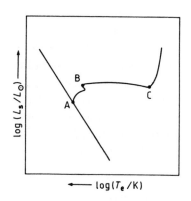

**Bild 57**

Entwicklung zur Riesenregion. Bei B wird ein isothermer Kern gebildet, und bei C erscheint eine tiefe äußere Konvektionszone.

dies geschieht, wird der isotherme Kern durch einen heliumbrennenden konvektiven Kern ersetzt. Mit der Wiederaufnahme nuklearer Energiefreisetzung hört die Abgabe gravitioneller Energie und der zentrale Kollaps auf.

Im zweiten Fall können die zentralen Bereiche so dicht werden, daß das Gas dort entartet. Dadurch wird jede weitere Kontraktion erschwert, weil der Druck eines entarteten Gases stark von der Dichte abhängt:

$$P_{Gas} \cong K_1 \rho^{5/3} . \tag{4.49}$$

Schließlich entsteht bei genügend tiefer Oberflächentemperatur eine tiefe äußere Konvektionszone, weil sich unterhalb der Oberfläche die Ionisationszonen von Wasserstoff und Helium befinden. In dieser Phase kommt die Bewegung des Sterns im HR-Diagramm zum Stehen, weil jedes weitere Fortschreiten nach rechts den Stern in die verbotene Hayashizone (Kapitel 5) bringen würde. Der Stern hört dann nicht auf zu expandieren, nimmt dabei aber hauptsächlich an Leuchtkraft zu, während seine Oberflächentemperatur kaum mehr abnimmt ($L_s = \pi a c r_s^2 T_e^4$), was ebenfalls Bild 57 entnommen werden kann.

**Abhängigkeit der frühen Entwicklung von der Sternmasse**

*Entwicklung von Sternen hoher Masse.* Wie schon erwähnt, hängt der genaue Entwicklungsweg eines Sterns von seiner Masse ab, wofür wir jetzt eine allgemeine Beschreibung geben. Sterne hoher Masse haben große konvektive Kerne auf der Hauptreihe; die Größe des konvektiven Kerns wurde in Abhängigkeit von der Sternmasse bereits in Tabelle 6 angegeben. Bei diesen massiven Sternen ist der für die Anfangsbrennphase verfügbare Wasserstoffvorrat sehr groß, weil die Konvektionsströme den ganzen konvektiven Kern durchmischen. Bei sehr massereichen ($\gtrsim 10 M_\odot$) Sternen könnte die Masse im konvektiven Bereich zunehmen, wenn sich der Stern entwickelt. Darüber gibt es aber gegenwärtig keine einheitliche Auffassung. Selbst wenn die Masse im Kern bei der Entwicklung abnimmt, kann ein beträchtlicher Teil des ursprünglichen Wasserstoffgehalts verbrannt werden, bevor der Stern den Wasserstoff in seinem Zentrum verbraucht hat. Wenn dies geschieht, erreicht der gerade gebildete isotherme Kern fast unmittelbar die Schönberg-Chandrasekhar-Grenze, so daß der Kernbereich sofort kollabiert, ohne daß eine Anfangsperiode langsamer Kontraktion durchlaufen wird.

# Abhängigkeit der frühen Entwicklung von der Sternmasse

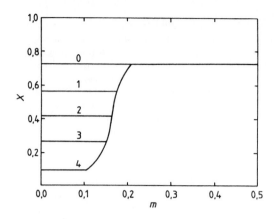

**Bild 58**

Das Verschwinden von Wasserstoff in einem massereichen Stern. Die Zahlen bezeichnen aufeinanderfolgende Phasen der Sternentwicklung.

Bild 58 zeigt, wie der Wasserstoff im Zentralbereich verschwindet, wenn sich ein solcher Stern entwickelt. Der Wasserstoffgehalt $X$ ist gegen den Massenanteil ($m \equiv M/M_s$) für mehrere Entwicklungsphasen aufgetragen. In jeder Phase gibt es einen konvektiven Kern gleichförmiger chemischer Zusammensetzung, der zunächst von einer Zwischenzone variabler chemischer Zusammensetzung und dann von einem äußeren Bereich mit der ursprünglichen Zusammensetzung des Sterns umgeben ist. Die Zwischenzone enthält Materie, die sich zur Hauptreihenzeit des Sterns im konvektiven Kern befand; ihr Wasserstoffgehalt wurde wegen der Durchmischung mit nuklear verarbeiteter Materie reduziert.

Während dieser Entwicklungsphasen entfernt sich der Stern nicht sehr von der ursprünglichen Hauptreihe im HR-Diagramm, obwohl er etwas an Leuchtkraft zunimmt und an Oberflächentemperatur abnimmt. Dieser Prozeß führt dazu, daß man eine endliche Breite der Hauptreihe beobachten kann. Aus den Oberflächeneigenschaften eines Sterns allein kann man daher unmöglich schließen, ob der Stern soeben die Hauptreihe erreicht oder sich ein wenig von seiner ursprünglichen Lage auf der Hauptreihe entfernt hat. Das ist ein — aber nicht der einzige — Grund dafür, daß die Hauptreihe der nahen Sterne eine endliche Breite besitzt. Wie wir im Kapitel 5 gesehen haben, hängt die Lage der Hauptreihe von der chemischen Zusammensetzung der Sterne ab. Da nicht alle Sterne dieselbe chemische Zusammensetzung aufweisen, resultiert daraus ebenfalls eine endliche Breite der beobachteten Hauptreihe. Ferner zeigt eine Untersuchung des Aufbaus rasch rotierender Sterne (die uns hier nicht interessieren), daß diese in ihrer Leuchtkraft und effektiven Temperatur etwas von den nicht oder nur langsam rotierenden Sternen gleicher Masse und chemischer Zusammensetzung abweichen.

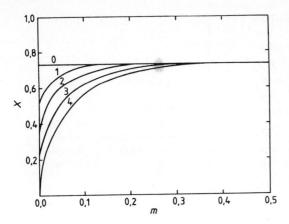

**Bild 59**

Das Verschwinden des Wasserstoffs in einem massearmen Stern. Die mit Zahlen versehenen Kurven beziehen sich auf sukzessive Phasen der Sternentwicklung. Obwohl der Wasserstoff ursprünglich sich nur in einer sehr kleinen Zentralregion erschöpft, reicht das Wasserstoffbrennen weiter hinauf als in Sternen höherer Masse. Dies beruht auf der relativ geringen Temperaturabhängigkeit der Energiefreisetzungsrate in der PP-Kette.

Sobald der Wasserstoffvorrat erschöpft und ein nahezu isothermer Kern gebildet worden ist mit einer Masse, die über der Schönberg-Chandrasekhar-Grenze liegt, bewegt sich der Stern im HR-Diagramm rasch nach rechts. Welche Folgen hat diese rasche Entwicklung für die Beobachtung? Wie schon im Kapitel 5 erwähnt, können wir nicht erwarten, viele Sterne zu einem bestimmten Zeitpunkt in einem Bereich zu beobachten, den die Sterne im HR-Diagramm in sehr kurzer Zeit durchlaufen. Daraus ergibt sich sofort eine qualitative Erklärung einer der Eigenschaften von HR-Diagrammen offener Sternhaufen, die wir bereits diskutierten (Kapitel 2, Bild 24). In Bild 24 können wir erkennen, daß in Sternhaufen, die Hauptreihensterne hoher Leuchtkraft und daher vermutlich hoher Masse besitzen, eine Lücke, die Hertzsprung-Lücke, zwischen den Hauptreihensternen und den roten Riesen auftritt. Da die Sterne nach dem Verbrauch des Wasserstoffs im Zentrum diesen Bereich sehr rasch überqueren, finden wir nur sehr wenige Sterne (wenn überhaupt) in der Hertzsprung-Lücke. Das HR-Diagramm naher Sterne (Kapitel 1, Bild 2) zeigt ebenfalls im Bereich hoher Leuchtkraft eine deutliche Lücke zwischen der Hauptreihe und dem Riesenast.

### Entwicklung von Sternen niedriger Masse

Diese Sterne haben nur einen kleinen oder überhaupt keinen konvektiven Kern. Wenn also der Wasserstoff im Kernbereich verbraucht ist, so trifft dies nur für eine sehr kleine Zentralregion zu (Bild 59). Daher wird ein kleiner isothermer Kern gebildet, der zu kontrahieren beginnt, lange bevor seine Masse mit der Schönberg-Chandrasekhar-Grenze vergleichbar ist. Daraus folgt, daß sich Sterne kleinerer Masse weniger rasch von der Hauptreihe entfernen als massive Sterne. Ferner tritt Entartung und die Bildung einer tiefen äußeren Konvektionszone rascher bei massearmen Sternen ein, weil sie höhere Zentraldichten und niedrigere Oberflächentemperaturen als massive Sterne besitzen, bevor die zentrale Kontraktion und die äußere Expansion einsetzt. In den Bildern 23 und 24 (Kapitel 2) sieht man, daß es keine Hertzsprung-Lücke in den HR-Diagrammen sowohl von Kugelhaufen als auch von alten offenen Haufen gibt, bei denen die gerade die Hauptreihe verlassenden Sterne leuchtschwach und daher massearm sind.. Dies läßt sich durch die relativ langsame Entwicklung von Sternen kleiner Masse weg von der Hauptreihe erklären. Wir werden dies später genauer besprechen, wenn die Bedeutung des Wortes „alter" offener Sternhaufen klarer geworden ist.

## Das Ende der frühen Entwicklung

Bevor wir im einzelnen die Resultate neuerer Rechnungen vorstellen, wollen wir zunächst definieren, was wir unter früher Nachhauptreihen-Entwicklung verstehen. Die von uns gewählte Definition muß nicht unbedingt astronomische Bedeutung haben. Wir werden den Begriff ‚frühe Entwicklung' so verwenden, daß wir damit die Entwicklung von der Hauptreihe weg bis zu einem Stadium meinen, in dem eine echte Unsicherheit in unseren theoretischen Berechnungen besteht. Das könnte z.B. eine Phase sein, in der wir wegen unzureichender Kenntnis physikalischer Vorgänge oder wegen zu geringer Kapazität der Rechenanlagen die weitere Entwicklung des Sterns nicht mehr verfolgen können.

Eine solche Unsicherheit tritt auf, wenn die Zentralbereiche eines Sterns entarten, aber noch nicht so weit entartet sind, um zu verhindern, daß die Temperatur bis zu jenem Wert steigt, bei dem der nächste Satz von energieliefernden Kernreaktionen gezündet wird. Das Einsetzen von Kernreaktionen in entarteter Materie kann sich sehr von jenem in nichtentarteter Materie unterscheiden. Wenn nukleares Brennen in einem idealen Gas einsetzt, so ist es potentiell stabil im folgenden Sinn: Angenommen, es tritt eine kleine Temperaturerhöhung auf. Dabei ergibt sich eine starke zusätzliche Freisetzung von Energie, weil die Kernreaktionsrate von einer hohen Potenz der Temperatur abhängt. Wenn die Sternmaterie ziemlich opak ist, kann diese Energie nicht so schnell entweichen, wie sie erzeugt wird. In diesem Fall wird die lokale Temperatur weiter erhöht. Wenn das Gas ideal ist, wird dabei auch der Druck wachsen, und dies führt wiederum zu einer Expansion, zur Abkühlung und zur Verringerung der Energiefreisetzungsrate. Als Beispiel dafür haben wir bereits im Kapitel 5 gesehen, daß die Leuchtkraft beim Einsetzen von Kernreaktionen vor der Hauptreihe etwas höher ist als die Leuchtkraft, die der Stern nach dem Erreichen der Hauptreihe besitzt.

Wenn nukleares Brennen in einem entarteten Gas einsetzt, können die Folgen ganz anders sein. Die oben gegebene Argumentation ist nach wie vor richtig, wenn die Temperatur weiter anwächst. Wie wir aber im Kapitel 4 diskutiert haben, hängt der Druck eines entarteten Gases kaum von der Temperatur ab. Daher führt diese Temperaturerhöhung zu einer vernachlässigbaren Erhöhung des Druckes, die völlig unzureichend ist, um Expansion und Abkühlung zu verursachen. In diesem Fall steigt dann die Temperatur weiter, weil rasch noch mehr Energie freigesetzt wird. Dies setzt sich fort, bis die Temperatur so hoch ist, daß die Entartung der Materie aufgehoben wird. Dann kann die Materie expandieren, was aber wegen der immer schnelleren Freisetzung von Energie in eine Explosion mündet. In manchen Fällen können die beobachteten Explosionen von der Zündung eines Kernbrennstoffs in einem entarteten Gas herrühren. Eine Explosion der Zentralbereiche eines Sterns muß aber nicht notwendigerweise auch zu einer Explosion der sichtbaren Bereiche führen. Wenn dies geschehen soll, muß die zentrale Explosion so stark sein, daß sie alle über ihr liegenden Sternschichten nach außen reißt.

In Sternen kleiner Masse setzt das Heliumbrennen in einer bereits entarteten Materie ein. Die Zündung dieser Reaktion wird als *Heliumflash (-blitz)* bezeichnet. Die äußerst starke Temperaturabhängigkeit der Energiefreisetzung beim Heliumbrennen,

$$\epsilon_{3\,He} = \epsilon_3 \, X_{He}^3 \, \rho^2 \, T^{40}, \qquad (4.28)$$

macht eine explosive Abgabe von Energie sehr wahrscheinlich. Wenn ein solcher Heliumblitz eintritt, ist es sehr schwierig, die Sternaufbaugleichungen genau zu lösen, weshalb bis jetzt noch keine völlig befriedigende Studie der Entwicklung von massearmen Sternen nach dem Beginn des Heliumbrennens existiert. Während in den meisten Abschnitten der Sternentwicklung keine merkliche Veränderung des Aufbaus eines Sterns von einer Sonnenmasse über Millionen Jahre hinweg auftritt, verändert sich das Sterninnere beim Heliumflash merklich in 100 s. Selbst mit einem sehr großen Rechner ist es kaum möglich, die Änderungen im Sternaufbau in so raschen Entwicklungsphasen zu verfolgen. Man kann also bei den massearmen Sternen den Beginn des Heliumbrennens als Endpunkt der frühen Nachhauptreihen-Entwicklung ansehen. In den massereicheren Sternen scheint das Heliumbrennen ohne größere Ereignisse einzusetzen, und man kann die Entwicklung des Sterns so lange verfolgen, bis im Zentrum das ganze Helium in Kohlenstoff umgewandelt ist. Wenn die Zentralbereiche dann entarten, bevor die Temperatur genügend hoch ist, um das Kohlenstoffbrennen zu zünden, besteht wiederum die Möglichkeit einer explosiven Energiefreisetzung am Beginn dieser Reaktion.

## Detaillierte Berechnungen der Nachhauptreihen-Entwicklung

*Relativ massereiche Sterne* ($3M_\odot \leq M \leq 10M_\odot$). Neuere Berechnungen der Entwicklung von relativ massereichen Sternen durch I. Iben sind in Bild 60 dargestellt. Bei diesen Rechnungen wurde für alle Sterne eine ursprüngliche chemische Zusammensetzung gewählt, die ähnlich ist der chemischen Zusammensetzung von Population-I-Sternen in unserer Milchstraße:

$$X = 0{,}708; \quad Y = 0{,}272; \quad Z = 0{,}020. \tag{6.2}$$

Der Grund dafür ist, daß alle relativ massereichen Sterne, die sich in der Phase der frühen Nachhauptreihen-Entwicklung befinden, erst in der jüngsten galaktischen Vergangenheit entstanden sind, da ihre Hauptreihenzeit ziemlich kurz ist (s. Tabelle 5). Population-I-Sterne sind ziemlich jung und haben einen höheren Gehalt an schweren Elementen als die älteren Population-II-Sterne. Bei den Rechnungen wurde ange-

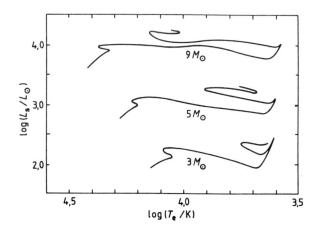

**Bild 60**
Nachhauptreihenentwicklung relativ massiver Sterne

nommen, daß sich die Sterne mit konstanter Masse entwickeln. Die besten verfügbaren Werte für Opazität und Energieerzeugung wurden verwendet. Bild 60 zeigt, daß nach den gegenwärtigen Theorien der Entwicklungsweg eines Einzelsterns sehr kompliziert ist.

R. Kippenhahn und Mitarbeiter haben ebenfalls die Entwicklung von relativ massereichen Sternen untersucht und sie bis zu einem späteren Stadium ihrer Entwicklung verfolgt. Sie wählten eine andere chemische Zusammensetzung als Iben:

$$X = 0{,}602; \quad Y = 0{,}354; \quad Z = 0{,}044. \tag{6.3}$$

Die Kippenhahnschen Ergebnisse sind in Bild 61 enthalten. Soweit sie mit denen von Iben vergleichbar sind, zeigen sie eine allgemeine Ähnlichkeit, weichen aber in gewissen Einzelheiten davon ab. Ein Vergleich der beiden Bilder 60 und 61 gibt uns eine Vorstellung von den Unsicherheiten in der Theorie der Sternentwicklung in diesem Massebereich. Kippenhahns Gruppe hat die Rechnungen auch mit anderen chemischen Zusammensetzungen durchgeführt. Dabei zeigte es sich, daß schon kleine Änderungen im Wert von $Z$ zu wesentlichen Modifikationen der Entwicklungswege führen. Ihre Resultate für die chemische Zusammensetzung

$$X = 0{,}739; \quad Y = 0{,}240; \quad Z = 0{,}021 \tag{6.4}$$

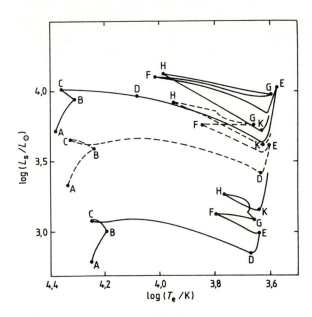

**Bild 61**

Nachhauptreihenentwicklung relativ massiver Sterne. Die Sterne haben eine andere chemische Zusammensetzung als jene von Bild 60 und werden durch einen längeren Abschnitt ihres Sternlebens verfolgt. Die drei Entwicklungskurven sind (von oben nach unten) jene für $9 M_\odot$, $7 M_\odot$ und $5 M_\odot$; vgl. auch Tabelle 8.

*Detaillierte Berechnungen der Nachhauptreihen-Entwicklung* 171

zeigt Bild 62. Man erkennt einige wesentliche Unterschiede zwischen diesen und den Ergebnissen von Iben.
Obwohl die einzelnen Entwicklungswege von Sternen sehr kompliziert sind, heißt das nicht, daß sich diese Komplexitäten im HR-Diagramm eines Sternhaufens wiederspiegeln. Wie schon früher erwähnt, werden manche der Entwicklungsphasen äußerst rasch durchlaufen; es gibt auf den Entwicklungswegen Abschnitte, in denen wir kaum Sterne sehen werden. Die Zeiten, die für verschiedene Abschnitte der Entwicklungswege in Bild 61 benötigt werden, sind in Tabelle 8 angegeben.

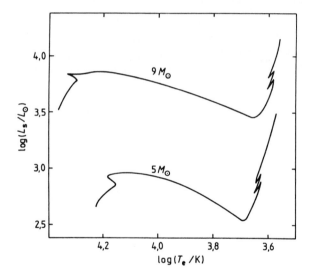

**Bild 62**
Nachhauptreihenentwicklung relativ massiver Sterne mit einer wiederum verschiedenen chemischen Zusammensetzung

**Tabelle 8** Durchgangszeiten (in $10^7$ Jahren, gerechnet vom Beginn der Hauptreihenzeit) bei den mit Buchstaben bezeichneten Punkten der Entwicklungswege von Bild 61

| $\dfrac{M_s}{M_\odot}$ | Durchgangszeiten/$10^7$ Jahre | | | | | | | |
|---|---|---|---|---|---|---|---|---|
| | B | C | D | E | F | G | H | K |
| 5 | 5,37 | 5,62 | 5,91 | 5,94 | 6,76 | 7,04 | 7,83 | 7,86 |
| 7 | 2,56 | 2,60 | 2,65 | 2,66 | 3,15 | 3,31 | 3,56 | 3,57 |
| 9 | 1,59 | 1,65 | 1,66 | 1,67 | 1,86 | 1,94 | 1,96 | 1,96 |

## Entwicklung eines Sterns von fünf Sonnenmassen

Für einen der von Kippenhahn und seinen Mitarbeitern untersuchten Fälle wollen wir die Resultate genauer diskutieren. Es handelt sich dabei um das Sternmodell mit fünf Sonnenmassen[17], dessen chemische Zusammensetzung in Gl. (6.3) angegeben ist. Der Entwicklungsweg dieses Sterns ist in Bild 63 dargestellt, die Bedingungen im Sterninneren in den verschiedenen Entwicklungsphasen in Bild 64. Da der Entwick-

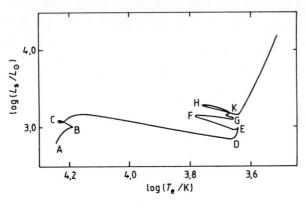

**Bild 63**
Nachhauptreihenentwicklung eines Sternes von fünf Sonnenmassen

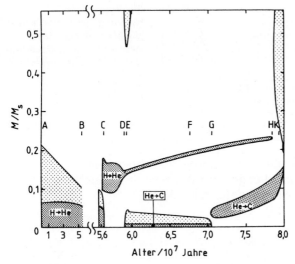

**Bild 64**
Der innere Aufbau eines Sternes von fünf Sonnenmassen als Funktion des Alters. Die dunkel gerasterten Bereiche sind solche, in denen die bezeichneten Kernreaktionen stattfinden. Konvektionszonen sind durch hell gerasterte Flächen gekennzeichnet.

---

[17] Es wäre schön, diese Diskussion auf einen bestimmten Stern beziehen zu können. Es gibt aber keinen Riesenstern bekannter Masse (Kapitel 2). Die beiden Hauptreihen-Komponenten des Bedeckungsveränderlichen U Ophiuchi haben ungefähr 5 Sonnenmassen, weshalb man diese Diskussion als Voraussage ihrer künftigen Lebensgeschichte betrachten kann.

lungsweg sehr kompliziert ist, ist es nützlich, den Zustand des Sterns an allen genauer bezeichneten Punkten in Bild 63 zu beschreiben. Das sind:
**A:** Der Stern ist noch auf der Hauptreihe, er hat einen konvektiven Kern mit 21 % Massenanteil. Kernreaktionen, bei denen Wasserstoff in Helium umgewandelt wird, sind im wesentlichen auf die inneren 7 % der Sternmasse beschränkt.
**B:** Der konvektive Kern ist (was seine Masse betrifft) auf die Hälfte seiner ursprünglichen Größe zusammengeschrumpft, und ein beträchtlicher Teil des zentralen Wasserstoffs ist nun aufgebraucht.
**C:** Der Punkt völliger Erschöpfung des zentralen Wasserstoffs. Ein isothermer Kern ohne Wasserstoff entsteht. Dieser hat sehr bald eine Masse, die größer ist als die Schönberg-Chandrasekhar-Grenze; deshalb fällt der Kern rasch in sich zusammen. Außerhalb des isothermen Kerns existiert eine wasserstoffbrennende Zone. Sie ist am Anfang ziemlich dick, wird aber viel schmäler, wenn sie im Stern nach außen brennt.
Von C und D bewegt sich der Stern äußerst schnell im HR-Diagramm. Diese Strecke entspricht dem Kollaps des isothermen Kerns. Gleichzeitig expandieren die äußeren Schichten. Die Zentraltemperatur ist noch zu gering, um Helium zu verbrennen.
**D:** An dieser Stelle entwickelt der Stern eine tiefe äußere Konvektionszone, die bei ihrer maximalen Ausdehnung ungefähr 54 % der gesamten Sternmasse enthält. Der Stern zeigt nun einen Aufbau, der einem weitgehend konvektiven Stern entspricht; deshalb verläuft seine Bewegungsrichtung im HR-Diagramm fast senkrecht links von der Hayashilinie. Leuchtkraft und Temperatur folgen jetzt einem Weg, der sehr ähnlich ist dem umgekehrten Weg, den der Stern für seine Annäherung an die Hauptreihe benützte (Bild 51). Der innere Aufbau ist aber jetzt völlig anders. Die wasserstoffbrennende Schale ist sehr dünn geworden und enthält von hier bis zum Punkt H nur ungefähr 1 % der Sternmasse.
**E:** Der Punkt, an dem das zentrale Heliumbrennen gezündet wird. Sobald das Helium brennt, entwickelt der Stern einen neuen konvektiven Kern mit ungefähr 5 % der Sternmasse. Helium verbrennt zu Kohlenstoff im inneren Teil dieser Konvektionszone. Da die Reaktionsrate des Heliumbrennens von einer sehr hohen Potenz der Temperatur (Gl. (4.28)) abhängt, ergibt sich nur in dem inneren 1 % des Sterns eine signifikante Energiefreisetzung.
**F:** In diesem Stadium ist der konvektive Kern etwas geschrumpft, und der zentrale Heliumgehalt hat sich beträchtlich verringert. Es ist nicht unmittelbar einsichtig, warum jetzt der Stern seine Richtung im HR-

Diagramm umkehrt. Eine ähnliche Umkehr wurde ja schon im Punkt B festgestellt, der die analoge Phase im zentralen Wasserstoffbrennen repräsentiert.

G: An diesem Punkt ist der zentrale Heliumgehalt auf Null gefallen. Der Stern hat jetzt einen isothermen Kern aus Kohlenstoff mit der ursprünglichen Beimischung von schwereren Elementen, soweit sie nicht von irgendeiner der Kernreaktionen betroffen wurden. Von diesem Zeitpunkt an verbrennt Helium zu Kohlenstoff in einer Schale außerhalb des isothermen Kernbereichs.

H: Seit der Phase C hat Wasserstoff in einer Schale gebrannt, die sich allmählich nach außen bewegte, wie Bild 64 zeigt. Die Temperatur dieser wasserstoffbrennenden Schale ist zum Teil von den Eigenschaften des Sternbereichs bestimmt, der in ihr liegt. Beim Punkt H ist diese Temperatur, die seit einiger Zeit bereits im Sinken begriffen ist, so tief geworden, daß der Wasserstoff nicht mehr zu Helium verbrannt werden kann, weshalb die Wasserstoffschalenquelle verschwindet. Wir bemerken in Bild 63, daß der Stern im HR-Diagramm abrupt seine Richtung ändert, wenn die Schalenquelle zu brennen aufhört.

K: Der Stern entwickelt wiederum eine tiefe äußere Konvektionszone, die diesmal mehr als 80 % der Sternmasse enthält. Da der Stern deshalb größtenteils konvektiv aufgebaut ist, bewegt er sich wiederum mehr oder weniger senkrecht im HR-Diagramm links neben der Hayashilinie. Diese Konvektionszone reicht bis hinunter in den Bereich, wo der gesamte Wasserstoff in Helium umgewandelt worden ist, und vermischt diese Materie mit jener der äußeren Schichten, die ja noch ihren Wasserstoff enthalten. Auf diese Weise bringt die Konvektion Wasserstoff aus dem äußeren Bereich des Sterns hinunter in den Bereich des Heliumbrennens. Dabei könnte eine explosive Zündung des Wasserstoffs erfolgen, wenn dieser nämlich auf eine entsprechend hohe Temperatur gebracht wird. In der erwähnten Arbeit war noch unsicher, ob dies vor der Zündung des zentralen Kohlenstoffbrennens stattfindet oder nicht.

L: Letzteres besteht aus Reaktionen wie z.B.

$$^{12}C + {}^{12}C \rightarrow {}^{24}Mg + \gamma, \tag{6.5}$$

$$^{12}C + {}^{12}C \rightarrow {}^{23}Na + p \tag{6.6}$$

und

$$^{12}C + {}^{12}C \rightarrow {}^{20}Ne + {}^{4}He. \tag{6.7}$$

Spätere Rechnungen ergeben, daß wahrscheinlich Kohlenstoff zu brennen beginnt, bevor Wasserstoff von neuem gezündet wird. Es entsteht also vermutlich ein kohlenstoffbrennender konvektiver Kern. Obwohl zu diesem Zeitpunkt die Materie im Zentrum des Sterns leicht entartet, scheint die Kohlenstoffzündung nicht explosiv zu verlaufen. Mit dieser detaillierten Beschreibung wollten wir zeigen, welchen Stand die Erforschung der Sternentwicklung erreicht hat. Der Entwicklungsweg eines Sterns scheint sehr kompliziert zu sein und enthält mehrfache Überquerungen von HR-Diagrammbereichen. Aus diesen und anderen Rechnungen wird offenbar, daß jede Richtungsänderung im Diagramm verknüpft ist mit einer Änderung der Bedeutung einer bestimmten Energiequelle. Nochmals soll unterstrichen werden, daß der Zeitablauf in den fortgeschrittenen Entwicklungsphasen sehr rasch ist verglichen mit der Dauer der frühen Phasen, so daß wir nicht erwarten, viele Sterne in einem fortgeschrittenen Stadium der Entwicklung zu beobachten. Wir erwarten daher auch nicht, daß sich die komplizierten Einzelheiten individueller Entwicklungswege in einem Haufen-HR-Diagramm nachweisen lassen.

## Das Alter junger Sternhaufen

Wir wenden uns nun dem Vergleich von Theorie und Beobachtung zu. Im Kapitel 3 wurde bereits erwähnt, daß wir nicht genügend über die Eigenschaften individueller Sterne wissen, um ihre Eigenschaften im Detail zu diskutieren, hingegen hoffen wir, die Form der HR-Diagramme von offenen und Kugelhaufen erklären zu können. Insbesondere wollen wir das ungefähre Alter von Sternhaufen bestimmen, also jene Zeitspanne, die seit der Entstehung der Haufensterne vergangen ist. Die Form der Entwicklungswege von relativ massereichen Sternen kurz nach der Hauptreihenphase kann zur Abschätzung des Alters von jungen und mäßig alten Sternhaufen herangezogen werden; dies sind Haufen, in denen sich einige Sterne des genannten Massebereichs noch nicht zu weit von der Hauptreihe wegentwickelt haben. Aus den in Tabelle 5 (Kap. 5) angegebenen Hauptreihenzeiten ergibt sich, daß diese Haufen nicht älter sein sollten als ein paar hundert Millionen Jahre.
Betrachten wir zunächst die idealisierte Situation, daß ein Sternhaufen aus Sternen identischer chemischer Zusammensetzung besteht, die alle die Hauptreihe zur exakt gleichen Zeit erreichen. Es ist also eine Gruppe von Sternen, die sich nur in ihrer Masse unterscheiden. Mit der Zeit wer-

den sich die Sterne von der Hauptreihe wegbewegen, und zwar die massereicheren Sterne wegen der Abhängigkeit der Leuchtkraft von der Masse schneller als die masseärmeren. Wenn wir die Entwicklung von Sternen verschiedener Masse in ein HR-Diagramm eintragen, so können wir in das Diagramm auch *Isochronen*, also Linien gleicher Zeit zeichnen. Das heißt, wir markieren z.B. die Lage der Sterne nach $10^8$ Jahren auf jedem Entwicklungsweg. Wenn wir diese Punkte miteinander verbinden, erhalten wir die Isochrone von $10^8$ Jahren. Eine solche Isochrone wurde bereits schematisch in Bild 28 (Kapitel 2) dargestellt, einige weitere sind in Bild 65 wiedergegeben. Wenn alle Sterne im Haufen dasselbe Alter und dieselbe chemische Zusammensetzung besäßen, sollten sie auf einer einzigen Isochrone im HR-Diagramm liegen, woraus dann das Haufenalter bestimmt werden könnte.

In der Praxis gestaltet sich das Problem nicht so einfach. Zunächst liefern die theoretischen Resultate $L_s$ und $T_e$, die Beobachtungen aber $V$ und $B$-$V$. Im Kapitel 2 haben wir die Beziehungen zwischen $L_s$ und $V$, sowie zwischen $T_e$ und $B$-$V$ besprochen, die man braucht, bevor man Theorie und Beobachtung überhaupt vergleichen kann. Wir dürfen nicht vergessen, daß diese Umwandlung von theoretischen in beobachtete Größen Unsicherheiten in sich birgt. Zweitens können wir nicht erwarten, daß alle Sterne eines Haufens die Hauptreihe zur selben Zeit erreichen. Die Sterne müssen nicht alle zur selben Zeit entstehen, aber

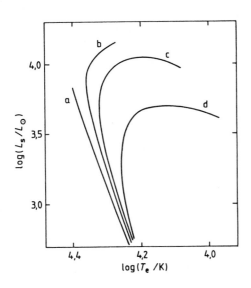

**Bild 65**

Isochronen junger Sternhaufen. a ist die Hauptreihe, die Kurven b, c und d sind die Orte der Sterne des Alters $10^7$, $1{,}66 \cdot 10^7$ und $2{,}65 \cdot 10^7$ Jahre. Die Hertzsprunglücke taucht in diesem Diagramm nicht auf, weil wir nicht versuchten, die relative Besetzungsdichte von Sternen an verschiedenen Stellen der Kurven zu zeigen.

selbst wenn sie dies tun, so benötigen Sterne verschiedener Masse verschieden lange Zeiten, um die Hauptreihe zu erreichen. Wenn der Haufen genügend alt ist, so wird die Streuung in der Ankunftszeit auf der Hauptreihe klein sein im Vergleich zum Alter des Haufens; für junge Haufen müssen die Isochronen so gezogen werden, daß die verschieden langen Vorhauptreihenzeiten berücksichtigt werden. Obwohl die HR-Diagramme von Sternhaufen ziemlich scharf definiert sind, sind sie nicht völlig scharf, und alle Sterne liegen sicherlich nicht auf einer einzigen theoretischen Isochrone. Es ist aber möglich, jene Isochrone zu finden, die am besten mit dem HR-Diagramm übereinstimmt. Mit dieser Methode lassen sich die Alter verschiedener offener Sternhaufen bestimmen. Die entsprechenden Ergebnisse sind in Tabelle 9 enthalten.

**Tabelle 9** Genähertes Alter (in Jahren) von jungen und mäßig alten offenen Sternhaufen

| Sternhaufen | Alter/Jahre |
|---|---|
| h und χ Persei | $10^7$ |
| Plejaden | $6 \cdot 10^7$ |
| Praesepe, Hyaden | $4 \cdot 10^8$ |
| NCG 752 | $10^9$ |

Die Vereinfachung, daß alle Sterne in einem Haufen genau das gleiche Alter und die gleiche chemische Zusammensetzung haben, ist nicht korrekt. Trotz des Einflusses von Beobachtungsfehlern, Unterschieden in der chemischen Zusammensetzung und dem Effekt der Rotation auf die Eigenschaften einiger Sterne scheint doch der Hauptgrund für die Verbreiterung der Hauptreihe von jungen Sternhaufen darin zu liegen, daß es eine endliche Periode der Sternentstehung in einem Haufen gibt. Um eine Übereinstimmung von Theorie und Beobachtung zu erreichen, müssen wir annehmen, daß die Sternentstehung in Haufen bis zu einigen zehn Millionen Jahren andauert. Das ist besonders wichtig für die jüngsten Sternhaufen, deren Alter mit dieser Zeit vergleichbar ist, weshalb in einigen dieser Haufen die Sternentstehung noch anhält.
Neben dem einfachen Vergleich von theoretischen und beobachteten HR-Diagrammen gibt es andere genauere Vergleiche zwischen Theorie und Beobachtung. Zwei von diesen wollen wir jetzt besprechen.

## Die ursprüngliche Massenfunktion und die relativen Zahlen von roten Riesen und Hauptreihensternen

Wenn wir nochmals annehmen, daß die Masse der einzige bedeutsame Unterscheidungsfaktor von Sternen in einem Haufen ist, so können wir den Haufen durch die sogenannte ursprüngliche Massenfunktion beschreiben. d$N$ sei die Zahl der Haufensterne mit Massen zwischen $M + dM$, die gegeben sei durch

$$dN = f(M)\,dM. \tag{6.8}$$

Wir nennen $f(M)$ die ursprüngliche Massenfunktion des Haufens. Sie wird als *ursprüngliche* Massenfunktion bezeichnet, weil sie sich durch die Entwicklung der Sterne mit Massenverlust verändern kann. Die ursprüngliche Massenfunktion ist das Ergebnis der Sternentstehungsprozesse. Wie schon im Kapitel 5 erwähnt, gibt es noch keine verläßliche Theorie der Sternentstehung, weshalb auch keine ursprüngliche Massenfunktion von der Theorie vorausgesagt wird. Es ist aber möglich, aus Beobachtungen einige Hinweise über die ursprüngliche Massenfunktion zu bekommen. Von besonderem Interesse ist dann ein Vergleich der Massenfunktionen von verschiedenen Systemen von Sternen, weil man dabei prüfen kann, ob sie immer ungefähr dieselben sind. Wenn letzteres der Fall ist, kann man daraus schließen, daß es einen Prozeß gibt, der eine Gaswolke immer auf dieselbe Weise fragmentieren läßt.

Es ist nicht leicht, die Massenfunktion für irgendeine Gruppe von Sternen zu erhalten, weil die Massen normalerweise nicht direkt meßbar sind und aus einem Vergleich zwischen Theorie und Beobachtung abgeschätzt werden müssen. E. Salpeter fand für die Sterne der Sonnenumgebung

$$f(M) = CM^{-2,33}, \tag{6.9}$$

wobei $C$ eine Konstante darstellt. Gegenwärtig gibt es keine Anzeichen für eine andere Massenfunktion in anderen Sternsystemen.

Wenn wir das HR-Diagramm eines Haufens betrachten, so unterscheiden sich jene Sterne, die sich bereits von der Hauptreihe wegentwickelt haben, nicht sehr in ihren Massen. Das kommt daher, daß die Geschwindigkeit der Nachhauptreihenentwicklung, wenn sie einmal begonnen hat, in einer ziemlich hohen Potenz von der Sternmasse abhängt. Mit anderen Worten, abseits der Hauptreihe besteht große Ähnlichkeit zwischen einer Isochrone und dem Entwicklungsweg eines einzelnen

*Die ursprüngliche Massenfunktion*

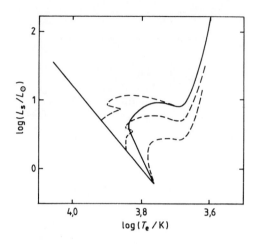

**Bild 66**

Isochronen und Entwicklungswege. Die gestrichelten Kurven sind Entwicklungswege für Sterne verschiedener Massen. Die ausgezogene Kurve ist eine Isochrone.

Sterns, was wir auch in Bild 66 sehen. Dort sind die Entwicklungswege von Sternen verschiedener Masse gezeigt, und eine Isochrone ist eingezeichnet, die nur in der Nähe der Hauptreihe deutlich vom Entwicklungsweg des massereichsten Sterns abweicht. Das heißt, daß die Dichte von Sternen in einer beliebigen Region des Haufen-HR-Diagramms abseits der Hauptreihe direkt proportional sein sollte der Zeit, die ein einzelner Stern in dieser Region verbringt, wobei natürlich vorauszusetzen ist, daß die ursprüngliche Massenfunktion nicht extrem stark in Abhängigkeit von der Masse variiert.

Wir haben uns dieser Argumentation bereits bedient um zu erklären, warum wir nicht erwarten, viele Sterne im Bereich der Hertzsprunglücke junger offener Sternhaufen zu finden. Wir können aber auch die Zahl der roten Riesen mit der Zahl der Sterne nahe und oberhalb der Hauptreihe vergleichen. Dazu betrachten wir den jungen Doppelhaufen h und χ Persei in Bild 67. Hier kann das beobachtete Verhältnis von Sternen in den Bereichen B und C mit dem von der Theorie vorhergesagten verglichen werden. Momentan ist die Übereinstimmung zwischen Theorie und Beobachtung nicht ganz befriedigend, was zu einigen Modifikationen in der Theorie führen könnte. Ein Problem, das alle Vergleiche zwischen Theorie und Beobachtung beeinträchtigt, besteht darin, daß Sterne durch Instabilitäten bei ihrer Entwicklung Masse verlieren können, wogegen bisher fast alle Rechnungen für Sterne konstanter Masse durchgeführt wurden. Wir werden uns auf diese Möglichkeit wieder im Kapitel 7 beziehen.

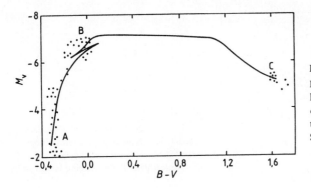

Bild 67

Das HR-Diagramm des Doppelhaufens h und χ Persei. Die durchgezogene Kurve repräsentiert den Entwicklungsweg eines Sterns von $15{,}6 M_\odot$.

## Cepheiden in offenen Haufen

Wir haben mehrmals erwähnt, daß es nur sehr wenige Sterne in der Hertzsprunglücke offener Sternhaufen gibt. Es gibt einige wenige Cepheiden in offenen Haufen. Wir entnehmen Bild 26 (Kapitel 2), daß sie zwischen Hauptreihe und Riesenast in der Hertzsprunglücke liegen. Da diese Variablen in einer wohldefinierten Region des HR-Diagramms auftreten, wollen wir natürlich wissen, warum Sterne in diesem Bereich veränderlich sind, andere Sterne im Haufen aber nicht.

Die als Cepheiden bezeichneten Veränderlichen zeigen einen regelmäßigen, aber nicht glatten Lichtwechsel. Einige typische Lichtkurven von Cepheiden sind in Bild 68 dargestellt. Die charakteristische Form

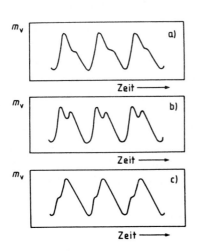

Bild 68

Cepheiden-Lichtkurven. Die charakteristische Kurvenform ändert sich mit der Schwingungsperiode. In dieser Abbildung entspricht die oberste Kurve dem Cepheiden mit der kürzesten Periode.

der Kurve variiert mit der Periode der Oszillation (Schwingung). Als die ersten Cepheiden, die nach dem seit 1784 beobachteten Stern δ Cephei benannt sind, entdeckt waren, dachte man, daß die Lichtvariationen von Bedeckungen in einem Doppelsternsystem herrühren, obgleich die Formen der Kurven für Doppelsterne ungewöhnlich waren. Später zeigte die Untersuchung der Spektren, daß diese Sterne radialen Pulsationen ausgesetzt sind, daß also der Radius mit dem Lichtausstoß variiert.

Zunächst meinte man, daß die Sterne veränderlich sind, weil sie von außen eine Störung erlitten hätten, z.B. durch den nahen Vorübergang eines anderen Sterns. Genauso wie ein einfaches Pendel eine charakteristische Schwingungsperiode besitzt, die unabhängig von der Art der Anregung ist, hat auch ein Stern eine charakteristische Periode radialer Schwingungen. Sie wurde berechnet und in Übereinstimmung mit den beobachteten Perioden variabler Sterne befunden. Ein einfaches Pendel schwingt aber nicht für immer, weil es allmählich vom Luftwiderstand und der Reibung am Aufhängungspunkt gedämpft wird. In ähnlicher Weise beeinträchtigen die innere Reibung und andere Dämpfungsprozesse die Schwingungen eines Sterns. Man kam daher sehr bald darauf, daß die Schwingungen so rasch gedämpft würden, daß es als unwahrscheinlich erschien, daß die veränderlichen Sterne rein zufällig auftreten. Diese Ansicht wurde dadurch verstärkt, daß die Variablen einen kompakten Bereich im HR-Diagramm einnehmen. Es war daher viel wahrscheinlicher, daß die Schwingung von einem Prozeß im Stern selbst herrührt und daß dieser Prozeß nur bei Sternen abläuft, die sich in einem bestimmten Bereich des HR-Diagramms befinden.

Neuere Rechnungen haben diese Vorstellung sehr stark unterstützt. Kein Stern befindet sich in einem perfekt stationären Zustand: in vielen Fällen werden kleine Abweichungen vom stationären Zustand genauso schnell abgedämpft wie sie entstehen, in manchen Fällen können sich die Fluktuationen aber verstärken. Für die in der Hertzsprunglücke befindlichen Sterne fand man, daß kleine radiale Schwingungen in ihrer Amplitude wachsen. Umfangreiche Rechnungen bezüglich des Anwachsens dieser Schwingungen wurden durchgeführt, um die Form der Licht- und Geschwindigkeitskurven und andere Eigenschaften der Veränderlichen zu erklären. Es gibt noch immer einige Unstimmigkeiten zwischen Theorie und Beobachtung, was Einzelheiten betrifft, es scheint aber gesichert zu sein, daß viele in der Hertzsprunglücke gelegene Sterne veränderlich sein sollten. Die sich schließlich ergebende stationäre

Schwingung eines Cepheiden entsteht wie folgt. Wenn der Stern eine zufällige kleine Schwingung erfährt, wird sie zunächst verstärkt. Wir sprechen davon, daß der Stern gegenüber kleinen Störungen instabil ist. Mit dem Anwachsen der Amplitude wachsen auch die erwähnten Dämpfungsfaktoren solange, bis die verstärkenden und dämpfenden Prozesse einander die Waage halten. Dann ist die stationäre Schwingung erreicht. Bei der großen Mehrheit der Hauptreihensterne wachsen aber kleine Störungen nicht an, und die Sterne sind nicht variabel.

**Die frühe Entwicklung von Sternen kleiner Masse**

Wir haben weiter oben zwei Umstände erwähnt, wodurch sich die Entwicklung von Sternen kleiner Masse von jener der massereichen Sterne unterscheidet. Nach der vollständigen Verbrennung von Wasserstoff im Sternzentrum besitzt das sich daraus ergebende isotherme Kerngebiet zunächst eine Masse, die unterhalb der Schönberg-Chandrasekhar-Grenze liegt. Der Stern bewegt sich folglich nicht so rasch nach rechts im HR-Diagramm. Zweitens entarten die Sterne im Zentrum, bevor das Heliumbrennen einsetzt. Aus diesem Grunde definieren wir den Beginn des Heliumbrennens als das Ende der frühen Entwicklung. Neuere Rechnungen von Iben über die Entwicklung von Sternen kleiner Masse sind in Bild 69 dargestellt. Auch diese Rechnungen sind für eine chemische

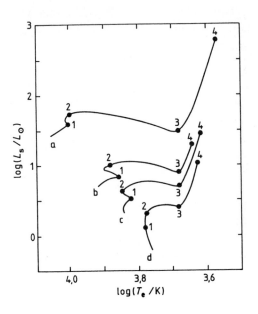

**Bild 69**

Nachhauptreihen-Entwicklung von Sternen kleiner Masse. Die Kurven a, b, c, d entsprechen Sternen von $2,25\,M_\odot$, $1,5\,M_\odot$, $1,25\,M_\odot$ und $M_\odot$. Vgl. auch Tabelle 10.

**Tabelle 10** Durchgangszeiten (in $10^9$ Jahren, gerechnet vom Beginn der Hauptreihenzeit) bei den mit Ziffern bezeichneten Punkten der Entwicklungswege von Bild 69

| $\dfrac{M_s}{M_\odot}$ | Durchgangszeit/$10^9$ Jahre | | | |
| --- | --- | --- | --- | --- |
| | 1 | 2 | 3 | 4 |
| 1,0 | 6,71 | 9,20 | 10,35 | 10,88 |
| 1,25 | 2,83 | 3,55 | 4,21 | 4,53 |
| 1,5 | 1,57 | 1,83 | 2,11 | 2,26 |
| 2,25 | 0,48 | 0,52 | 0,55 | 0,59 |

Zusammensetzung angestellt, die Sternen der Population I entspricht. Sie sind daher nicht so sehr für Kugelhaufen als für alte offene Haufen relevant. Die Durchgangszeiten bei den verschiedenen Punkten auf den theoretischen Kurven sind in Tabelle 10 angeführt.

Man kann aus den Entwicklungswegen dieser Sterne Isochronen ableiten und damit theoretische HR-Diagramme für alte offene Haufen wie z.B. M67 und NGC 188 erstellen. Wie die aus der Beobachtung erhaltenen HR-Diagramme haben auch diese keine merkliche Hertzsprunglücke (Bild 70). Wie für junge offene Haufen kann man auch für diese alten Haufen durch einen Vergleich der theoretischen und beobachteten HR-Diagramme Schätzwerte für ihr Alter bestimmen. Diese sind in Tabelle 11 enthalten. Andere Autoren haben Entwicklungswege für Sterne dieses Massebereichs mit einem viel geringeren Gehalt an schweren

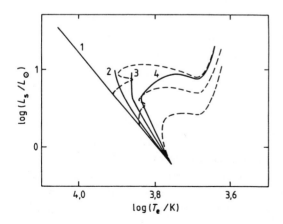

**Bild 70**

Isochronen für alte Haufen. Kurve 1 ist die Hauptreihe, die Kurven 2, 3 und 4 entsprechen der Lage der Sterne nach $0,5 \cdot 10^9$, $1,5 \cdot 10^9$ und $2,25 \cdot 10^9$ Jahren.

**Tabelle 11** Geschätztes Alter zweier alter offener Haufen (M 67, NGC 188) und von Kugelhaufen. Die Alterswerte (in $10^9$ Jahren) können einen Fehler von 50 % der angegebenen Werte haben.

| Haufen | M 67 | NGC 188 | Kugelsternhaufen |
|---|---|---|---|
| Alter | 6 | 11 | 15 |

Elementen berechnet, woraus man dann das Alter von Kugelhaufen abschätzen kann. Auch dieses ist in Tabelle 11 angegeben. Die Genauigkeit dieser Alterbestimmung sollte bei einem Fehler von nicht mehr als 50 % des angegebenes Wertes liegen. Dies mag als zu große Ungenauigkeit erscheinen; sie darf aber nicht mit den kleinen Fehlern genauer Laborexperimente verglichen werden, sondern muß im Hinblick darauf bewertet werden, daß man zuvor fast überhaupt nichts über astronomische Alter wußte.

**Die Entwicklung und das Alter der Sonne**

Auch die Sonne befindet sich in dem von Iben untersuchten Bereich der Massen und chemischen Zusammensetzungen. Obwohl sich die Sonne noch auf der Hauptreihe befindet, muß sie sich bereits etwas von ihrer ursprünglichen Hauptreihenposition wegentwickelt haben. Bei der Erforschung von Sternentwicklung und Sternaufbau wurde natürlich auch ein beträchtlicher Teil der Bemühungen darauf verwendet, alle beobachtbaren Eigenschaften der Sonne zu berücksichtigen, über die wir ja um so vieles mehr wissen als über irgend einen anderen Stern. Im Idealfall sollten wir die ursprüngliche Lage der Sonne auf der Hauptreihe berechnen können, wenn wir die chemische Zusammensetzung der Sonne bis ins kleinste Detail und alle physikalischen Gesetze genau kennen würden. Von dieser ursprünglichen Position könnten wir dann die Entwicklung bis heute verfolgen, woraus sich das Alter der Sonne ergäbe.
Tatsächlich gibt es aber bei dieser Vorgangsweise viele Schwierigkeiten. Sie sind bei der Sonne nicht schlimmer als bei irgendeinem anderen Stern, ausgenommen eben die Tatsache, daß wir wirklich genaue Messungen von so vielen Eigenschaften der Sonne, wie Masse, Radius, Leuchtkraft, Oberflächentemperatur usw., besitzen und erwarten, eine Theorie zu finden, die im Detail alle diese Größen wiedergibt. Es be-

stehen Unsicherheiten bezüglich der chemischen Zusammensetzung der Sonne, den Gesetzen von Opazität und Energieerzeugung, der Konvektionstheorie und der Umwandlung von $L_s$ und $T_e$ in $V$ und $B$-$V$. Zusätzlich haben wir einen unabhängigen Hinweis auf das Alter der Sonne. Geologische Befunde über die radioaktiven Elemente in der Erdkruste zeigen, daß die Erde seit $4{,}5 \cdot 10^9$ Jahren fest gewesen sein muß, woraus sich eine untere Grenze für das Alter der Sonne ergibt. Man versucht daher, die beobachteten Eigenschaften der Sonne so gut wie möglich mit einem Sonnenalter von mindestens $4{,}5 \cdot 10^9$ Jahren rechnerisch zu reproduzieren. Im großen und ganzen läßt sich damit die Nachhauptreihenentwicklung der Sonne recht gut beschreiben.

**Neutrinos von der Sonne**

Vor kurzem kam aber diesbezüglich eine alarmierende Nachricht (s. S. 105, Kapitel 4). Im Kapitel 4 haben wir beschrieben, wie man versuchte, die Neutrinos nachzuweisen, die beim Wasserstoffbrennen im Zentralbereich der Sonne emittiert werden. Wir haben dabei nicht erwähnt, daß die Nachweiswahrscheinlichkeit mit der Energie der Neutrinos wächst, weil erstere im allgemeinen dem Quadrat der Neutrinoenergie proportional ist. Das Neutrino, das beim β-Zerfall von $^8$B in Gl. (4.15) entsteht, ist viel energiereicher als die anderen beim Wasserstoffbrennen emittierten Neutrinos. Der Theorie nach ist die Zahl der Reaktionen, die über diesen Zweig der PP-Kette gehen, proportional $T^{14}$. Wenn man also die Neutrinos nachweisen könnte, könnte man wegen dieser starken Temperaturabhängigkeit die Zentraltemperatur der Sonne sehr genau bestimmen und sie mit der von der Theorie vorhergesagten Temperatur vergleichen.

Vor einigen Jahren ergaben Überlegungen, daß diese Neutrinos nachgewiesen werden *könnten*, wenn auch mit großen Schwierigkeiten. Deshalb wurde ein ausgeklügeltes Experiment angestellt. Neutrinos zeigen nicht sofort ihre Anwesenheit, selbst wenn sie mit Materie wechselwirken. Die einzige Möglichkeit, sie nachzuweisen, besteht darin, einen stabilen Atomkern durch Neutrino-Einfang in einen instabilen Kern zu verwandeln und dann den β-Zerfall des instabilen Kerns zu beobachten. Wenn das Experiment glücken soll, müssen die Neutrinos an einem Ort eingefangen werden, an dem sich keine anderen Teilchen befinden, die ebenfalls den instabilen Kern produzieren können. Aus diesem Grund wurde der Versuch in einem Bergwerksschacht aufgebaut, um ihn vor der Wirkung kosmischer Strahlung abzuschirmen. Wie im Kapitel 4 erwähnt, wählte man als Kern $^{37}$Cl, eines der stabilen Isotope von Chlor, das ungefähr ein Viertel des natürlichen Chlors ausmacht. Der zu untersuchende Prozeß ist dann

$$^{37}\text{Cl} + \nu \rightarrow {}^{37}\text{Ar} + e^-, \tag{4.19}$$

worauf dann:

$$^{37}\text{Ar} \rightarrow {}^{37}\text{Cl} + e^+ + \nu \tag{4.20}$$

folgt. Das Chlor befand sich in Perchlorethylen (Reinigungsmittel), $C_2Cl_4$, von dem 400 000 Liter verwendet wurden. Das Argon muß vor seinem β-Zerfall aus dem Tank entfernt werden. In einem Vorversuch fand man, daß das Argon mit Hilfe eines anderen Edelgases, Helium, das durch den Tank geblasen wird, abgeschieden und sein Zerfall dann beobachtet werden kann.

Die beobachtete Einfangsrate der Neutrinos war um wenigstens den Faktor 3 kleiner als die von der Theorie vorhergesagte. Unmittelbar bedeutet dies, daß die Zentraltemperatur der Sonne niedriger ist als die von den theoretischen Rechnungen gegenwärtig vorhergesagte. Obwohl diese Diskrepanz ziemlich klein erscheinen mag, wenn man alle Schritte der Diskussion betrachtet, ist sie dennoch so groß, daß man auf dem Gebiet des Sternaufbaus sehr sorgfältig über mögliche Fehlerquellen in den heutigen Theorien nachzudenken begann, also über die Unsicherheiten in der chemischen Zusammensetzung der Sonne und in den Ausdrücken für $P$, $\kappa$ und $\epsilon$, aber nicht so sehr über fundamentale Fehler der Theorie des Sternaufbaus.

**Die Entwicklung von sehr massearmen Sternen**

Im Kapitel 5 haben wir festgestellt, daß Sterne von weniger als 0,1 $M_\odot$ nicht einmal zum Hauptreihen-Wasserstoffbrennen kommen. Bei so massearmen Sternen, die eher Planeten als Sternen gleichen, erreicht die Zentraltemperatur einen Maximalwert, der für das Wasserstoffbrennen nicht ausreicht. Danach nimmt die Temperatur wieder ab, ebenso Leuchtkraft und Radius. Die weitere Entwicklung eines solchen Sterns ist schematisch in Bild 71 dargestellt. Wenn der Stern den Fußpunkt des dort gezeigten Entwicklungsweges erreicht, wird er kalt und sehr dicht, und seine Eigenschaften ähneln denen eines weißen Zwerges, wenn man von seiner kühleren Oberflächentemperatur und geringeren Leuchtkraft absieht. Diese sehr massearmen Sterne entwickeln sich also

## Zusammenfassung von Kapitel 6

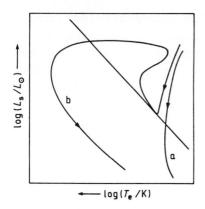

**Bild 71**
Die Entwicklung von Sternen sehr kleiner Masse. Kurve a bezieht sich auf einen Stern mit einer Masse kleiner als $0,1\,M_\odot$ und b auf einen Stern zwischen $0,1\,M_\odot$ und $0,4\,M_\odot$.

direkt zum Zustand eines weißen (realistischer: schwarzen) Zwerges hin. Die weißen Zwerge, die wir beobachten, sind in der Hauptsache massereicher und haben eine kompliziertere Vergangenheit hinter sich. Während Sterne extrem kleiner Masse überhaupt keine Hauptreihenlebenszeit haben, zünden etwas massereichere Sterne den Wasserstoff in ihrem Inneren. In einem gewissen Massebereich oberhalb $0,1\,M_\odot$ verbrennen Sterne ihren zentralen Wasserstoff, können aber nach dem Erschöpfen des Wasserstoffs im Zentrum das Heliumbrennen nicht mehr zünden, weil die Temperatur dafür nicht hoch genug werden kann. Im Kapitel 5 wurde bereits gesagt, daß Helium in einem reinen Heliumstern nicht brennen kann, wenn dessen Masse kleiner ist als ungefähr $0,35\,M_\odot$. Für einen Stern, der ursprünglich eine normale chemische Zusammensetzung hatte, ist die kritische Masse etwas größer. Ein schematischer Entwicklungsweg für einen Stern zwischen $0,1\,M_\odot$ und $0,4\,M_\odot$, der zwar seinen zentralen Wasserstoff, nicht aber sein zentrales Helium verbrennt, ist ebenfalls in Bild 71 dargestellt. Die Entwicklung nach der Hauptreihe ist anfangs ähnlich der eines massiveren Sterns (s. Bild 69), die Leuchtkraft erreicht dann aber ein Maximum und fällt, ohne daß das Heliumbrennen einsetzt. Tatsächlich haben Sterne dieses Massebereichs noch gar nicht ihre Hauptreihenlebenszeit während der Lebenszeit der Milchstraße beendet, weil ihre kleine Masse eine so lange Hauptreihenzeit ermöglicht.

## Zusammenfassung von Kapitel 6

Die frühe Nachhauptreihen-Entwicklung eines Sterns hängt von seiner Masse ab. Er bleibt in der Nähe der Hauptreihe, bis ein Großteil seines zentralen Wasserstoffs in Helium verwandelt worden ist. Bei den Sternen großer Masse, die große konvektive Kerne besitzen, kann mehr Wasserstoff verbrannt werden als in massearmen Sternen ohne konvektive Kerne. Wenn sich im Zentrum kein Wasserstoff mehr befindet, werden die Zentralbereiche nahezu isotherm. Enthält ein isothermer Kern mehr als ungefähr 10 % der Sternmasse, kontrahieren die Zentralbereiche sehr schnell, und die äußeren Schichten des Sterns expandieren gleichzeitig. Bei massiven Sternen tritt dies fast unmittelbar nach dem Verbrauch des Wasserstoffs im Zentrum ein, worauf sie sich rasch in den Bereich der roten Riesen bewegen. Dadurch erklärt sich die Hertzsprunglücke in manchen offenen Sternhaufen. Sterne niedriger Masse werden auch zu roten Riesen, aber weniger rasch, was mit dem Fehlen einer Hertzsprunglücke in Kugelhaufen und in den anderen offenen Haufen übereinstimmt. Aus den berechneten Entwicklungswegen von Sternen verschiedener Masse in Verbindung mit der Annahme, daß sich Sterne in einem Haufen hauptsächlich in ihrer Masse unterscheiden, läßt sich das Alter der Haufen abschätzen. Die so gefundenen Alter variieren von wenigen Millionen Jahren bei jungen offenen Haufen bis zu mehr als $10^{10}$ Jahren bei Kugelhaufen.

Die Rechnungen der frühen Sternentwicklung hören dort auf, wo die Zentralbereiche entarten, während die Zentraltemperatur noch immer steigt. In einem entarteten Gas können Kernreaktionen explosionsartig ablaufen und ähneln dann eher einer nuklearen Bombe als einem Kernreaktor. Aus diesem Grund ist es momentan kaum möglich, die Entwicklung von Sternen niedriger Masse über das Einsetzen des Heliumbrennens hinaus zu verfolgen. In massiven Sternen bleibt das Gas ideal, auch nachdem Helium gebrannt hat. Die berechneten Entwicklungswege von massereichen Sternen sind sehr kompliziert und überqueren mehrfach das HR-Diagramm. Durch Beobachtungen kann man die volle Komplexität dieser Entwicklungswege kaum nachweisen, weil einige Entwicklungsabschnitte sehr rasch verlaufen; deshalb können wir nicht erwarten, viele Sterne in diesen Phasen zu beobachten.

Die frühe Entwicklung und speziell der jetzige Zustand der Sonne war seit jeher Gegenstand zahlreicher Untersuchungen. Der Versuch, die Bedingungen im Zentrum der Sonne durch den Nachweis von Neutrinos zu überprüfen, führte zu einer Diskrepanz zwischen Theorie und Beobachtung, weil die Zahl der auf der Erde nachgewiesenen Neutrinos kleiner als erwartet ist.

# Kapitel 7
## Die fortgeschrittenen Entwicklungsphasen

**Einleitung**

Im vorigen Kapitel haben wir darüber berichtet, wie sich die Entwicklung weg von der Hauptreihe rechnerisch gestaltet. Diese Entwicklungsrechnungen haben aber im allgemeinen nicht den ganzen restlichen Lebensweg der Sterne erfaßt. Eine ungefähre Darstellung der ganzen restlichen Entwicklung konnten wir lediglich für die Sterne geben, die aufgrund ihrer kleinen Massen die für das Wasserstoffbrennen erforderlichen Temperaturen in ihrem Inneren nicht erreichen, daher schließlich wieder abkühlen und dann zu leuchten aufhören. Die massereicheren Sterne durchlaufen noch weitere Entwicklungsabschnitte anschließend an jene, die wir im letzten Kapitel behandelten. Obwohl man diese Entwicklungsphasen noch nicht direkt durchrechnen konnte, hat man über sie gewisse Vorstellungen, die wir im folgenden besprechen wollen. Die Lage einiger Sterntypen im Entwicklungsschema ist noch unklar. Dazu gehören die planetarischen Nebel, die Novae und Supernovae, die wir weiter unten erwähnen.

Es gibt mehrere Gründe, warum die Rechnungen weniger zuverlässig werden, wenn wir versuchen, die gesamte Entwicklung eines Sterns zu verfolgen. Eine Hauptschwierigkeit besteht darin, daß sich die Fehler im Laufe der Rechnungen kumulieren (anhäufen). Es gibt zweierlei Fehlerursachen: die numerischen Verfahren, die zur Lösung der Differentialgleichungen benützt werden, können nie vollständig genau sein; also kumulieren sich diese mathematischen Fehler über lange Integrationszeiten. Ferner gibt es für die in Sternen ablaufenden physikalischen Prozesse meist nur Näherungsausdrücke. Man kann diese Prozesse ja nicht direkt im Labor simulieren. Im Fall der Sternkonvektion gibt es weder eine gute Theorie noch ein gutes Experiment. Kleine Unsicherheiten im inneren Aufbau eines Sterns mögen in frühen Entwicklungsphasen bedeutungslos sein, können aber in einem späteren Stadium dazu führen, daß physikalische Prozesse nicht richtig erfaßt werden.

Bei dem im letzten Kapitel behandelten Problem der Entwicklung eines Sterns von fünf Sonnenmassen, nämlich der Frage, ob sich erneut eine wasserstoffbrennende Schale bildet, bevor das Kohlenstoffbrennen im Kern einsetzt, kann eine Entscheidung nur durch eine äußerst sorgfältige Rechnung getroffen werden. Wahrscheinlich spielt eine entscheidende Rolle dabei die Frage, wie weit die Sternmaterie in früheren Entwicklungsabschnitten durch Konvektion durchmischt wurde.

Zwei weitere Faktoren können das Studium der späten Sternentwicklung erschweren: Rotation und Magnetfelder. Beide sind von relativ geringer Bedeutung für die meisten Sterne der Hauptreihe, können aber wegen der Eigenschaften der Sternmaterie in späteren Entwicklungsphasen Bedeutung erlangen. Die Viskosität der Sternmaterie ist gering und ihre elektrische Leitfähigkeit hoch. Das bedeutet, daß die Zentralregionen, die bei der Entwicklung des Sterns kontrahieren, sowohl ihren Drehimpuls zu erhalten als auch ihre Magnetfeldlinien miteinzuschließen trachten. Infolgedessen nimmt die Winkelgeschwindigkeit und die Magnetfeldstärke zu. In einer einfachen geometrischen Anordnung bleiben $Br^2$ und $\omega r^2$ konstant ($B$ ist die magnetische Induktion, $\omega$ die Winkelgeschwindigkeit und $r$ der Radius der betrachten Region).

**Instabilität und Massenverlust von Sternen**

Vielleicht liegt die größte Unsicherheit darin, daß Instabilität möglich ist. Bisher haben wir angenommen, daß ein Stern sphärisch symmetrisch ist und seine Masse konstant bleibt, während er sich entwickelt. Möglicherweise wird ein Stern aber in irgendeiner Phase seiner Entwicklung instabil und verliert Masse. Um dies zu prüfen, sollten wir in jeder Stufe unserer Rechnungen versuchen herauszubekommen, was passieren würde, wenn der Stern eine kleine Störung erführe, z.B. eine kleine Kompression oder Expansion eines Teilbereichs oder eine Änderung seiner Form. Würde eine Kompression von sich aus anwachsen und der Stern instabil werden, oder würde sich der komprimierte Bereich gleich wieder in seinen ursprünglichen Zustand ausdehnen und der Stern dann seine stationäre Entwicklung wieder aufnehmen? In manchen Fällen könnten die physikalischen Instabilitäten entstehen, ohne daß wir nach ihnen gesucht haben. So könnten die erwähnten mathematischen Ungenauigkeiten die kleine Störung der wahren Lösung der Gleichungen hervorrufen, die ausreicht, um die physikalische Instabilität auszulösen. In anderen Fällen könnten die von uns benützten Gleichungen die Entstehung einer Instabilität gar nicht zulassen. Sie

kann dann nur durch eine absichtliche Störung der stationären Lösung gefunden werden.
Dies trifft z.B. zu, wenn die normale Sternentwicklung langsam vor sich geht, so daß Gl. (3.4)

$$dP/dr = -GM\rho/r^2 \qquad (3.4)$$

herangezogen werden kann. Wenn man ein kleines Ungleichgewicht zwischen beiden Seiten der Gl. (3.4) hervorruft, so wird sich der Stern in den meisten Fällen so einrichten, daß das Gleichgewicht wieder hergestellt ist. In anderen Fällen wird die Abweichung vom Gleichgewicht wachsen und der Stern instabil werden. Eine solche Instabilität kann automatisch nur dann gefunden werden, wenn man statt Gl. (3.4) die Gl. (3.7) benützt:

$$\rho a = GM\rho/r^2 + \partial P/\partial r. \qquad (3.7)$$

Man könnte nun meinen, daß wir zu allen Zeiten die Gl. (3.7) und nicht die genäherte Gl. (3.4) benützen sollten. Die Differenz zwischen den beiden Seiten der Gl. (3.4) ist aber normalerweise so winzig, daß ernst zunehmende mathematische Ungenauigkeiten eingeführt werden, wenn man versucht, die Gl. (3.7) zu verwenden. Es ist daher viel sicherer, gelegentlich die Stabilität zu überprüfen, als zu hoffen, daß Instabilitäten automatisch entdeckt werden können.
Im letzten Kapitel erwähnten wir die Auffassung, daß Cepheiden Sterne seien, die gegenüber kleinen Störungen instabil werden. In ihrem Fall scheint aber die Instabilität nicht unbegrenzt zu wachsen, vielmehr begibt sich der Stern in einen stationären Schwingungszustand. Das ist aber nicht das einzige, was passieren kann, wenn ein Stern durch eine kleine Störung instabil wird. Die Störung in den äußeren Sternschichten könnte auch anwachsen, bis die Materie eine so hohe Geschwindigkeit erreicht, daß sie den Stern verläßt. Tritt ein solcher Massenverlust in irgendeinem Stadium der Sternentwicklung auf, so kann das den ganzen weiteren Lebensweg des Sterns ändern. Massenverlust in extremem Ausmaß kommt bei der Explosion von Supernovae vor, in geringerem Ausmaß bei den Novae.

## Der Sonnenwind

Wir wissen gegenwärtig nicht, wie wichtig ein solcher Massenverlust ist. Seit einigen Jahren wissen wir, daß sogar die Sonne Masse verliert, und zwar mit einer Rate von $10^{-14}$ bis $10^{-13} M_\odot$ pro Jahr. Dieser Massenverlust wird als *Sonnenwind* bezeichnet, weil die Materie durch den interplanetaren Raum und an der Erde vorbei mit einer Geschwindigkeit von mehreren hundert Kilometern pro Sekunde strömt. Die Massenverlustrate ist zu gering, als daß man sie direkt visuell beobachten könnte, aber die Sonnenwindteilchen konnten durch Raumsonden nachgewiesen werden. Die Entdeckung des Sonnenwindes war eins der ersten astronomischen Resultate von Messungen im Rahmen des Raumprogramms. Der Massenverlust durch den Sonnenwind ist bedeutungslos für die Sternentwicklung. Es handelt sich dabei um einen direkten Verlust an Masse, der vergleichbar ist mit dem Massenäquivalent der Sonnenstrahlung. Der Sonnenwind konnte nur durch sorgfältige Experimente mit Raumsonden entdeckt werden. Bei weiter entfernten Sternen würde selbst eine viel größere Massenverlustrate unentdeckt bleiben.

Deshalb ist es wichtig herauszufinden, warum die Sonne Masse verliert, in der Hoffnung, daß dies einige Hinweise auf die wahrscheinliche Massenverlustrate anderer Sterne liefern könnte. Die Sonne besitzt unterhalb ihrer Oberfläche einen Bereich, in dem nach theoretischer Berechnung der Großteil der Energie durch Konvektion transportiert wird. Diese Auffassung wird durch das Erscheinungsbild der Sonnenoberfläche verstärkt. Die Sonne hat eine Oberfläche mit Zellenstruktur, wie bereits im Zusammenhang mit der Konvektion im Kapitel 3 erwähnt wurde, und diese wird offensichtlich durch die Existenz steigender und fallender Materieelemente verursacht. Die Oberflächenschichten der Sonne scheinen zu *kochen* und — grob gesprochen — die äußersten Schichten der Sonne aufzuheizen, wodurch sie in den Raum verdampfen und den Sonnenwind bilden. Wenn das stimmt, so können wir erwarten, daß auch andere Sterne mit einer tiefen äußeren Konvektionszone Masse verlieren, was besonders wahrscheinlich sein dürfte, wenn ein Stern mit einer tiefen äußeren Konvektionszone auch ein roter Riese ist. Der Grund dafür ist darin zu suchen, daß die Entweichgeschwindigkeit gleich ist $(2GM_s/r_s)^{1/2}$, also bei einem Stern gegebener Masse abnimmt, wenn der Radius zunimmt. Wir haben im letzten Kapitel gesehen, daß Sterne tiefe Konvektionszonen entwickeln, wenn sie zu roten Riesen werden. Es gibt Beobachtungen, die darauf hinweisen, daß einige rote Riesen Masse mit einer merklichen Rate verlieren, aber solche Beobachtungen sind sowohl schwierig zu erhalten als auch zu interpretieren. Viele Sterne dürften bei ihrer Entwicklung Masse verlieren, aber in den meisten Fällen geben weder Beobachtungen noch theoretische Studien eine definitive Antwort. Ein spezielles Problem, bei dem der

Massenverlust zu sehr interessanten Ergebnissen führt, ist die Entwicklung von engen Doppelsternsystemen, die wir unten erwähnen werden. Nachdem wir nun die Schwierigkeiten dargelegt haben, die sich ergeben, wenn man die Entwicklung eines Sterns von der Geburt bis zum Tod verfolgen möchte, werden wir uns im folgenden mit jenen Gruppen von Sternen beschäftigen, von denen man glaubt, daß sie spätere Entwicklungsphasen repräsentieren als jene Sterne, deren Eigenschaften durch direkte Berechnungen der Entwicklung von der Hauptreihe untersucht wurden. Weiße Zwerge, die letzte Phase der Sternentwicklung, sind das Thema von Kapitel 8.

### Sterne in Kugelhaufen

In Bild 72 zeigen wir erneut das HR-Diagramm eines Kugelhaufens. Direkte Entwicklungsrechnungen bei Sternen kleiner Masse haben in befriedigender Weise den Weg der Sterne von der Hauptreihe bis zum Einsetzen des Heliumbrennens beschrieben. Isochronen für Sterne verschiedener Massen haben die Form des Haufen-HR-Diagramms bis zum oberen Ende des Riesenastes (A) recht genau wiedergegeben. Nun ergibt sich die Frage: welchen Zustand besitzen die Sterne auf dem Horizontalast?

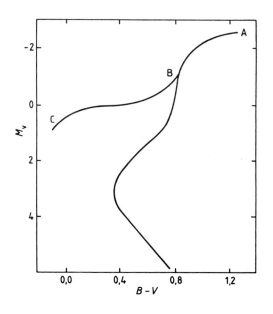

Bild 72
HR-Diagramm eines Kugelhaufens

Im Kapitel 6 sprachen wir schon von der Schwierigkeit, das Einsetzen des Heliumbrennens in Sternen kleiner Masse zu berechnen, weil die Sternmaterie entartet ist und das Heliumbrennen deswegen explosiv beginnen kann. Ist letzteres der Fall, so kann es dazu führen, daß die äußeren Bereiche eines Sterns in den interstellaren Raum abgeblasen werden. Wenn alles nicht ganz so gewaltsam vor sich geht, kann doch wenigstens die Materie im Stern so umgerührt werden, daß die chemische Zusammensetzung wieder gleichförmiger wird. Bei den ersten Versuchen zur Berechnung des Heliumflashes nahm man an, daß sich der Stern zu Beginn des Heliumbrennens rasch den Riesenast hinunter bewegen würde, um sich in der Nähe von B auf dem Horizontalast niederzulassen und sich anschließend nach C zu entwickeln. Spätere Arbeiten zeigten, daß die Anfangslage eines heliumbrennenden Sterns auf dem Horizontalast sowohl von seiner Masse als auch seiner chemischen Zusammensetzung abhängt. Der Einfachheit halber beschränken wir die nachfolgende Diskussion auf die Sterne, die sich in der Nähe von C auf dem Horizontalast befinden und sich dann hauptsächlich nach rechts entwickeln.

Es ist noch ungewiß, ob beim Heliumflash von Sternen niedriger Masse deutlicher Massenverlust oder Durchmischung auftritt oder nicht, aber wie unten gezeigt wird, ist dies vermutlich der Fall. Es gibt auf dem Horizontalast zwischen C und B einen Bereich, der von Veränderlichen des RR-Lyrae-Typs besetzt ist, falls diese im Haufen vorkommen. Rechnungen, ähnlich denen für Cepheiden (Kapitel 6), deuten darauf hin, daß Sterne veränderlich sein sollten, die sich im HR-Diagramm im Bereich der RR-Lyrae-Sterne befinden. Das erklärt aber nicht, warum manche Kugelhaufen mehr als hundert dieser Veränderlichen enthalten, während andere Haufen mit einer ähnlichen Gesamtzahl von Sternen praktisch keine Variablen aufweisen. Es gibt sicherlich kleine Unterschiede in der chemischen Zusammensetzung der Sterne von verschiedenen Haufen. Vielleicht haben diese einen bedeutenden Einfluß auf das Auftreten von Variabilität oder auf die Geschwindigkeit im Entwicklungsweg durch die Region, in der sich die Veränderlichen befinden. Das ist einer jener vorher erwähnten Fälle, für die unsere heutige Kenntnis der physikalischen Vorgänge und unsere mathematischen Verfahren nicht ausreichen, um eine Antwort zu geben. Theoretische Versuche zur genauen Interpretation der Eigenschaften veränderlicher Sterne weisen darauf hin, daß diese eine etwas geringere Masse als die Sterne oben auf dem Riesenast besitzen. Das könnte auf Massenverlust

*Sterne in Kugelhaufen*

entweder beim Heliumflash oder beim Aufstieg auf den Riesenast hinweisen. Gegenwärtig nimmt man eher einen nichtexplosiven Massenverlust von roten Riesen an.

Wenn sich die Sterne entlang des Horizontalastes von C nach B bewegt haben, klettern sie nach unseren Rechnungen wieder den Riesenast hinauf, falls sie genügend Masse besitzen. Am Ende ihres zweiten Aufstiegs, der wahrscheinlich weiter hinauf führt als der erste, dürften sie in ihren Zentren das Kohlenstoffbrennen zünden, dessen Kernreaktionen bereits in den Gln. (6.5) bis (6.7) angeführt wurden. Das Innere der Sterne ist wiederum sehr entartet, weshalb erneut die Möglichkeit einer explosiven Zündung des Kernbrennstoffs besteht, die von Massenverlust begleitet wird. Manche Autoren glauben, daß die auf S. 47 beschriebenen planetarischen Nebel in dieser Phase der Sternentwicklung entstehen. Ihrer Meinung nach produziert eine Sternexplosion beim Einsetzen des Kohlenstoffbrennens eine expandierende, nahezu sphärische Gashülle, in deren Mitte sich ein kleiner heißer Stern befindet. Beobachtungen von planetarischen Nebeln ergeben, daß sich die Nebel tatsächlich *ausdehnen*, während die Zentralsterne *kontrahieren*. Die vom Stern ausgeworfene Materie geht dann allmählich im interstellaren Medium auf, während sich die Sterne weiter zusammenziehen und zu weißen Zwergen werden.

Die mögliche Verbindung zwischen planetarischen Nebeln und weißen Zwergen ist in Bild 73 dargestellt. Ein Entwicklungsweg wurde berech-

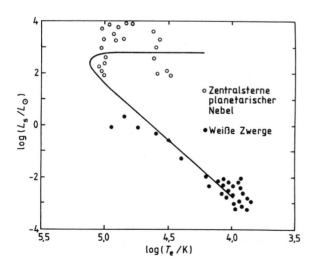

**Bild 73**

HR-Diagramm für die Kerne planetarischer Nebel und für die weißen Zwerge; eingezeichnet ist auch der Entwicklungsweg eines Sternes mit $0{,}6 M_\odot$.

net für einen Stern von $0{,}6\,M_\odot$, dessen einzige Energiequellen in der Freisetzung von Gravitationsenergie und im Abkühlen bestehen. Man sieht, daß der Entwicklungsweg sowohl durch den Bereich der Zentralsterne von planetarischen Nebeln als auch durch das Gebiet der weißen Zwerge geht. Obwohl $0{,}6\,M_\odot$ kleiner ist als der üblicherweise geschätzte Massenwert für Sterne in aktiven Entwicklungsphasen in Kugelhaufen, läßt sich wahrscheinlich doch ein Zusammenhang mit letzteren herstellen, wenn man den Massenverlust bei der Bildung eines planetarischen Nebels berücksichtigt.

Bild 74 zeigt einen möglicherweise vollständigen Entwicklungsweg (nach der Hauptreihe) für einen Stern, der genügend Masse besitzt, um Helium und Kohlenstoff zu verbrennen, der aber in seinem Zentrum niemals so heiß wird, daß die Kernreaktionen stattfinden können, die zur Bildung der am stärksten gebundenen Kerne in der Nachbarschaft von Eisen im Periodensystem führen. Dieses Diagramm ist aber nur schematisch. Einzelne Bereiche des Diagramms wurden untersucht, nicht aber die Entwicklung eines Sterns durch alle gezeigten Stufen. Die gestrichelten Abschnitte der Kurve zwischen A und C sowie D und E entsprechen äußerst raschen dynamischen Entwicklungsphasen, die kaum direkt berechnet wurden. Es soll damit ausgedrückt werden, daß die Sterne irgendwie von A nach C sowie von D nach E gelangen müssen.

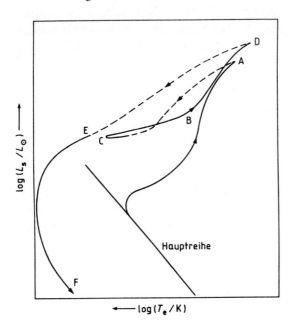

**Bild 74**
Schematischer Entwicklungsweg eines Sternes kleiner Masse

Man hat vorgeschlagen, daß der Typ von Explosion, der die planetarischen Nebel hervorrufen könnte, auch für das Auftreten von Novae und einigen Supernovae verantwortlich wäre. Supernovae teilt man üblicherweise in zwei Klassen ein, die als Typ I und Typ II bezeichnet werden, wenn es auch einige Supernovae gibt, die anscheinend in keine der beiden Kategorien passen. Die Zuordnung zu einem der beiden Typen geschah zunächst aufgrund der beobachteten Lichtkurve. Spätere Studien ergaben, daß Supernovae vom Typ I in jenen Bereichen der Galaxien vorkommen, die hauptsächlich von Population-II-Sternen besetzt sind, während die Typ-II-Supernovae mit Population-I-Sternen in Verbindung stehen. Heute hält man die Supernovae vom Typ II für massereiche und die vom Typ I für massearme Sterne und glaubt, daß die Gründe für die Explosionen in beiden Kategorien verschieden sind. Typ-I-Supernovae und Novae gehören der Population II an und sollten daher in Kugelhaufen auftreten, die ja als typisch für die Population II gelten. Wenn Supernovae vom Typ I im wesentlichen den Sternen ähnlich sind, die planetarische Nebel erzeugen, dann könnte es von einem bestimmten Massenwert oder der chemischen Zusammensetzung oder vielleicht der Rotation des Sterns abhängen, ob er ein planetarischer Nebel oder eine Supernova wird. Das Nova-Phänomen scheint hingegen von den Supernovae oder planetarischen Nebel recht verschieden zu sein. Alles weist darauf hin, daß Novae Partner in engen Doppelsternen sind und daß ihre Instabilität mit dieser Eigenschaft verknüpft ist. Wir werden später einiges zur Entwicklung enger Doppelsternsysteme sagen.

## Die späte Entwicklung von massiven Sternen

Wir haben mehrere Male erwähnt, daß in einem entarteten Stern die Zentraltemperatur ein Maximum erreichen und der Stern dann abkühlen und sterben kann (siehe z.B. S. 124). Dies ist der Fall bei den oben beschriebenen Kugelhaufensternen. Je kleiner die Masse eines Sterns, desto früher wird dies in seiner Entwicklung eintreten. Bei genügend massereichen Sternen können die Zentralgebiete bis ans Ende ihrer Entwicklung nicht entarten. Ein solcher Stern geht durch eine Folge von Entwicklungsstadien, in denen zuerst ein nuklearer Brennstoff und dann ein weiterer nuklearer Brennstoff die Energie für die Strahlung der Sterne liefert. Wenn jeweils ein Brennstoff im Sternzentrum verbraucht ist, kontrahiert das Zentrum und heizt sich auf, bis die nächste Serie von energiefreisetzenden Kernreaktionen aktiviert ist. Wir haben im Kapitel 4 nicht alle stellaren Kernreaktionen aufgezählt, bei denen Energie abgegeben wird, wir haben aber festgestellt, daß kein Energiegewinn aus Fusionsreaktionen mehr erzielt werden kann, wenn die Materie in Kerne der Nachbarschaft von Eisen umgewandelt worden ist.

Natürlich wird das nicht gleichzeitig im ganzen Stern passieren, sondern das Sternzentrum wird diesen Zustand zuerst erreichen. Die Verteilung der chemischen Zusammensetzung in einem ziemlich weit entwickelten massereichen Stern könnte schematisch so erscheinen wie in Bild 75. Wenn die Zentralregionen hauptsächlich aus Eisen bestehen, müssen diese wiederum kontrahieren ohne Aussicht darauf, daß weitere Kernreaktionen Energie liefern werden, die den Temperaturgradienten hinabfließen könnte. Dieser muß ja noch immer bestehen, wenn die Zentralbereiche einen Druckgradienten besitzen sollen, der die nach innen gerichtete Gravitationskraft auszugleichen vermag. Schließlich werden durch den Kollaps die Zentralbereiche so dicht, daß die Elektronen entarten, worauf die Kontraktion aufhört und der Stern wie die früher beschriebenen Sterne kleiner Masse abkühlt. Im nächsten Kapitel werden wir erfahren, daß es für einen kalten entarteten Stern eine Massenobergrenze gibt, d.h. bei noch massereicheren Sternen vermag auch der Druck der entarteten Elektronen den Kollaps nicht mehr aufzuhalten. Solche Sterne können daher zunächst nicht abkühlen und in Ruhe sterben.

Wenn die Zentralbereiche eines Sterns aus Elementen wie Chrom, Mangan, Eisen, Kobalt und Nickel (= der sogenannten Eisengruppe)

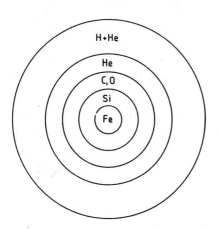

**Bild 75**
Chemische Zusammensetzung eines hochentwickelten massiven Sternes

bestehen, heißt das dann, daß keine weiteren Kernreaktionen im Sternzentrum stattfinden? Das ist nicht der Fall, denn es gibt dann zwar keine Kernreaktionen mehr, die Energie liefern, wenn aber die Teilchen der Sternmaterie genügend hohe kinetische Energien besitzen (was bei hohen Temperaturen gegeben ist), dann gibt es keinen Grund dafür, warum Kernreaktionen nicht stattfinden sollten, bei denen die kinetische Energie der Teilchen dazu benützt wird, weniger stark gebundene Kerne zu erzeugen. Genau dies geschieht im Labor bei vielen künstlich hervorgerufenen Kernreaktionen, bei denen hochbeschleunigte Teilchen auf ruhende Zielteilchen treffen. Wenn die Temperatur im Zentrum des Sterns steigt, tritt eine Situation ein analog jener, wenn ein Atomgas aufgeheizt wird. Es wird Energie zur Trennung von Elektronen und Ionen benötigt, und diese Energie wird von der Temperatursteigerung aufgebracht. Dieser Ionisationsvorgang, der in den Frühphasen der Protosternentwicklung stattfindet, wurde im Kapitel 5 beschrieben. Wenn die Materie im Zentrum eines hochentwickelten Sterns auf Temperaturen von 5 bis $7 \cdot 10^9$ K aufgeheizt worden ist, so werden analog dazu die Kerne dissoziieren und ein Gemisch von Protonen und Neutronen bilden.

Auf diese Weise wird die ganze nukleare Entwicklung, die wir so sorgfältig in den früheren Phasen der Sternentwicklung verfolgt haben, wieder rückgängig gemacht. Das erfordert einen großen Nachschub von Energie, die zunächst von der kinetischen Energie der Teilchen stammt. Da infolgedessen Temperatur und Druck fallen, werden die Teilchen im Zentrum von den äußeren Sternschichten zusammengedrückt, und die Zentralbereiche kollabieren sehr rasch. Dies entspricht in der Protosternentwicklung den Phasen, wo Wasserstoff dissoziiert bzw. ionisiert wird. Dieser Kollaps der Zentralbereiche bedeutet, daß die Gravitationsenergie für die Umwandlung der Eisengruppenelemente zurück in Neutronen und Protonen verantwortlich ist. Bei diesem Vorgang kann es im Zentrum des Sterns zu einer solchen Kompression kommen, daß Protonen und Elektronen gezwungen werden miteinander zu verschmelzen und so neue Neutronen zu bilden. Auf diese Weise kann der Stern einen Kern dichtgepackter Neutronen entwickeln, was demnächst und im Kapitel 8 weiter erörtert werden wird.

### Die Theorie der Supernovae vom Typ II

Die eben gegebene Darstellung der Spätentwicklung massereicher Sterne ist eine rein theoretische. Die genannten Vorgänge dürften aber für die

Eigenschaften von Typ-II-Supernovae von Bedeutung sein. Nach Kapitel 2 sind Supernovae Sterne, deren Leuchtkraft plötzlich um viele Größenordnungen wächst, bis sie der Leuchtkraft einer ganzen Galaxie normaler Sterne entspricht. Ein Supernovaausbruch ist von einem gewaltigen Massenverlust des Sterns begleitet. Tatsächlich scheint es, daß ein Stern durch eine Supernovaexplosion zertrümmert und vernichtet wird.
Supernovae können klarerweise eine solche Abstrahlung nicht lange Zeit aufrechterhalten, sie sind nur einige wenige Monate hell, werden dann schwächer und schließlich unsichtbar. Die Lichtkurve einer Supernova ist in Bild 76 dargestellt. Gegenwärtig ist noch sehr wenig von Prä- und Postsupernovae bekannt. In unserer eigenen Galaxis wurde zuletzt 1604 eine Supernova beobachtet, die wegen seiner sorgfältigen Beobachtungen auch Keplers Supernova genannt wird. Viele Supernovae sind bisher in anderen Galaxien beobachtet worden. Aus den Beobachtungen der letzten 30 Jahre schloß man, daß ungefähr alle 30 Jahre eine Supernova in einer (großen) Galaxie auftritt. Dies ist aber eine etwa unsichere Abschätzung, und man könnte meinen, daß sie im Widerspruch dazu steht, daß in den letzten tausend Jahren in unserer eigenen Galaxis nur drei Supernovae beobachtet wurden. Diese Diskrepanz ist aber dadurch zu erklären, daß in unserer Milchstraße in vielen Richtungen so starke Absorption vorliegt, daß nicht einmal eine Supernova sie durchdringen kann. Da wir kaum etwas über Prä- und Postsupernovae wissen, ist es nicht unmittelbar klar, ob eine Supernova den Ausbruch eines speziellen Sterntyps darstellt oder als eine Art Unfall jedem Stern passieren kann. Auf jeden Fall muß der Stern eine riesige Menge von Energie in kürzester Zeit freisetzen können, wozu die meisten gewöhn-

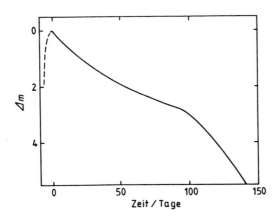

**Bild 76**

Lichtkurve einer Supernova vom Typ II. Der gestrichelte Anstieg zum Maximum wird gewöhnlich nicht beobachtet.

lichen Sterne nicht imstande sind. So wie man heute meint, daß veränderliche Sterne eine bestimmte Phase der Entwicklung von Sternen repräsentieren, so dürften bestimmte Sterne unvermeidlich Supernovae werden.

Wir haben schon einige Bemerkungen über den Entwicklungszustand von Typ-I-Supernovae gemacht. Man glaubt heute, daß Typ-II-Supernovae hochentwickelte massive Sterne sind und daß die Explosion in den letzten Phasen des stellaren Kollapses eintritt. Wir haben bereits gesehen, daß das Innere eines hochentwickelten Sterns vermutlich kollabieren wird. Jetzt müssen wir erklären, warum das Äußere explodieren soll. Einige Gründe wurden dafür vorgeschlagen. Allen ist gemeinsam, daß genügend viel Energie so rasch in die äußeren Schichten gebracht oder dort freigesetzt werden muß, daß die Außenbereiche des Sterns weggesprengt werden. Zur Erläuterung wollen wir den einfachsten der vorgeschlagenen Mechanismen besprechen. Gleichzeitig muß aber betont werden, daß noch andere Faktoren beteiligt sind, die möglicherweise wichtiger sind als die hier diskutierten.

Wenn die Zentralbereiche des Sterns kollabieren, wird die weiter außen befindliche Materie, die noch nuklearen Brennstoff enthält, ebenfalls nach innen stürzen und sich dabei rasch aufheizen. Infolgedessen können dort energiefreisetzende Kernreaktionen explosiv einsetzen, was ausreichen könnte, um die äußeren Schichten des Sterns wegzusprengen und die Leuchtkraft wesentlich zu erhöhen. Was vom Stern nach einer Supernovaexplosion übrig bleibt, kann ein weißer Zwerg oder ein *Neutronenstern* werden. Letzterer besteht fast gänzlich aus Neutronen und besitzt eine sehr viel höhere Dichte als selbst ein weißer Zwerg. Im Kapitel 8 werden wir einiges über die Beziehung zwischen Supernovae, weißen Zwergen, Neutronensternen und *Pulsaren* hören. Pulsare, eine Klasse von Objekten, die 1968 entdeckt wurde, emittieren gepulste Radiostrahlung (außerdem manchmal sichtbare und Röntgenstrahlung) mit Pulsintervallen der Größenordnung von einer Sekunde oder weniger, was für astronomische Objekte extrem kurz ist.

## Ursprung der chemischen Elemente und kosmische Strahlung

Es gibt neben den erwähnten noch andere Gründe, warum Supernovae so interessant sind. Viele Astronomen glauben, daß die ursprüngliche chemische Zusammensetzung der Milchstraße sehr einfach war (möglicherweise bestand sie aus Wasserstoff, Helium und nur sehr wenig anderen Elementen) und daß die schwereren Elemente alle durch Kernreaktionen in Sternen aufgebaut wurden. Wenn dem so ist, dann müssen die schweren Elemente, die wir heute in den Sternen beobachten, in vorherigen Sterngenerationen erzeugt und in den interstellaren Raum hinausgeschleudert worden sein. Aus diesem Grund, und nicht nur wegen seines Effektes auf die Sternentwicklung, ist der Massenverlust von Sternen von besonderem Interesse. Viele Sterne verlieren wahrscheinlich Masse, aber in den meisten Fällen handelt es sich dabei um Materie aus den äußeren Sternschichten, welche dieselbe chemische Zusammensetzung wie bei der Entstehung des Sterns haben dürften. In diesem Fall wird daher das interstellare Medium nicht mit schwereren Elementen angereichert. Dies ist hingegen möglich, wenn bei einem Supernovaausbruch der größte Teil des hochentwickelten Sterns dem interstellaren Medium einverleibt wird. Einige Astronomen sind tatsächlich der Meinung, daß die meisten der schweren Elemente in Sternen erzeugt werden, die als Supernovae ausbrechen.

Die *kosmische Strahlung* dürfte auch mit den Supernovae in Verbindung stehen. Sie erreicht die Erde in gleicher Stärke aus allen Richtungen und besteht aus energiereichen Teilchen, die annähernd Lichtgeschwindigkeit besitzen und einen signifikant höheren Anteil an schweren Elementen enthalten als die Sternatmosphären. Möglicherweise wird bei einem Supernovaausbruch ein Teil der Materie auf nahezu Lichtgeschwindigkeit beschleunigt, so daß auf diese Weise die kosmische Strahlung entsteht. Der vorgeschlagene Zusammenhang zwischen Supernovae und kosmischer Strahlung gründet nicht nur auf dem Anteil der schweren Elemente in der kosmischen Strahlung, sondern auch darauf, daß eine Supernovaexplosion das energiereichste Ereignis darstellt, das wir in unserer Milchstraße kennen. Da man einzelne Teilchen der kosmischen Strahlung mit Energien bis zu $10^{20}$ eV entdeckte, müssen diese ihren Ursprung in einem äußerst gewaltsamen Vorgang gehabt haben. Die Verbindung von Supernovae und kosmischer Strahlung ist gegenwärtig nicht generell akzeptiert. Manche Astronomen glauben, daß der Großteil der kosmischen Strahlung bei noch gewaltigeren Explosionen erzeugt wird, wie sie im manchen anderen Galaxien beobachtet werden.

**Der Crabnebel**

Eines der bemerkenswertesten astronomischen Objekte ist der Crabnebel. Er liegt an der Stelle der von den Chinesen im Jahre 1054 nach

Chr.[18]) entdeckten Supernova. Der Nebel wird als Produkt der Supernovaexplosion angesehen. Optisch erscheint er als Komplex heller Gasfilamente, die durch Dunkelgebiete voneinander getrennt sind. Mehrere Sterne stehen in derselben Richtung und es ist nicht leicht zu entscheiden, ob sich einer von diesen in dem Nebel befindet, obwohl einer von ihnen sicher darinnen ist, wie wir später erfahren werden. Die optischen Filamente expandieren mit einer solchen Geschwindigkeit, daß sie rückwärts gerechnet einen Beginn der Expansion (= Explosion) vor 900 Jahren ergeben. Der Crabnebel ist auch eine starke Radio- und Röntgenquelle. In beiden Fällen haben die Emissionsgebiete eine komplizierte Struktur. In der Richtung des Crabnebels wurde eine Radioquelle entdeckt, die alle 0,03 s Strahlungspulse emittiert. Diese als Pulsar bezeichnete Quelle ist, wie man heute annimmt, der Überrest einer Supernova und sehr wahrscheinlich ein Neutronenstern (s. Kapitel 8). Der Crabnebel-Pulsar emittiert auch im optischen und im Röntgenbereich Pulse und wurde mit einem im Nebelbereich liegenden Stern optisch identifiziert. Längere Beobachtungsreihen ergaben, daß die Pulsperiode langsam wächst. Die Periode ändert sich dabei merklich in einer charakteristischen Zeitspanne von 1000 Jahren. Auch diese Periodenänderung ist ein Indiz dafür, daß der Crabpulsar ein Überbleibsel der Supernova von 1054 ist. Offensichtlich ist eine Supernovaexplosion ein sehr komplexes Ereignis. Die Astronomen wären begeistert, wenn es bald eine weitere Supernova in unserer Milchstraße gäbe, wenn möglich eine, die uns näher liegt als die vom Crabnebel, allerdings auch nicht zu nahe!

## Entwicklung von engen Doppelsternen

Der Aufbau von engen Doppelsternen ist kompliziert, weil sie einander so nahe sind, daß sie sich unter dem Einfluß der gegenseitigen Schwerkraft verformen. Ihre Entwicklung ist noch komplizierter, wir wollen aber ein wichtiges Charakteristikum derselben qualitativ beschreiben. Betrachten wir die Entwicklung der massereicheren Komponente. Sie wird ihre Hauptreihenphase abschließen und sich zum Riesenast hin entwickeln, während sich der masseärmere Partner noch auf der Haupt-

---

[18]) Die chinesischen Aufzeichnungen von Novae und Supernovae haben sich als sehr wertvoll erwiesen. Diese wurden von den Chinesen als Gaststerne bezeichnet. Der Wert sorgfältiger Beobachtungen für die Nachwelt wurde kaum jemals eindringlicher demonstriert als in diesem Fall.

reihe befindet. Wenn die Sterne einander genügend nahe sind, so können die äußeren Schichten des neu entstandenen roten Riesen bis zu einer Stelle reichen, an der die Schwerkraftwirkung des masseärmeren Sterns stärker ist als die Anziehungskraft des Sterns, zu dem diese Schichten gehören. In diesem Fall wird die Materie, die über diesen Punkt hinausgeht, auf den anderen Stern übergehen. Auf diese Weise kann ein Massenaustausch zwischen beiden Sternen bis zu einem solchen Ausmaß stattfinden, daß der ursprünglich masseärmere Stern nun der massivere wird. Dieser Massenaustausch hört erst dann auf, wenn der Verlust an Masse beim roten Riesen so groß geworden ist, daß dieser in den Einflußbereich der eigenen Schwerkraft zurückschrumpft.

Diese Art der Entwicklung kann viele interessante Konsequenzen haben. Sie erklärt, warum es Doppelsterne gibt, bei denen der massereiche Stern sich auf der Hauptreihe befindet, während der masseärmere bereits stark entwickelt ist. Dies war in der Vergangenheit rätselhaft, weil man immer davon ausging, daß die Theorie für den massiveren Stern eine raschere Entwicklung vorhersagt. Jetzt scheint es so, daß die Sterne ihre Rollen getauscht haben, nachdem bei dem einen eine deutliche Entwicklung stattgefunden hat; andererseits ist aber noch nicht genügend Zeit vergangen, daß sich der neue massive Stern von der Hauptreihe hätte wegentwickeln können. Sirius und sein Begleiter bilden wahrscheinlich so ein System. Sirius ist ein Hauptreihenstern, während sein masseärmerer Begleiter ein weißer Zwerg ist.

Wenn die Sterne einander genügend nahe sind, so tritt der Massenaustausch vermutlich öfter als einmal auf; der ursprünglich massivere Stern könnte dann wieder der dominierende Partner werden. Obwohl der Massenaustausch in den meisten Fällen ziemlich ruhig vor sich gehen dürfte, kann er unter bestimmten Voraussetzungen auch sehr rasch stattfinden. Ein solcher eher katastrophaler Massenaustausch wurde als Mechanismus für die Erklärung der Novae vorgeschlagen. Von einigen Postnovae weiß man, daß sie Partner in Doppelsternsystemen sind. Möglicherweise sind alle Novae Partner in Doppelsternen. Man arbeitet gegenwärtig an Theorien, welche erklären sollen, wie durch einen solchen Massenaustausch zwischen Komponenten eines Doppelsternsystems ein Novaausbruch zustande kommen kann.

### Zusammenfassung von Kapitel 7

Einige Abschnitte der Sternentwicklung wurden noch nicht durch direkte Entwicklungsrechnungen von der Hauptreihe aus erreicht. Solche direkte Rechnungen sind aus mehreren Gründen sehr schwierig. Fehler neigen zur Kumulation, was die Resultate sehr unsicher werden läßt. In manchen Fällen werden Sterne instabil, wobei die sich daraus ergebenden Phasen des Massenverlustes kaum rechnerisch untersucht werden können. Im Fall der massearmen Sterne ist die erste natürliche Zäsur der Beginn des Heliumbrennens. Wenn dieser Vorgang nicht katastrophal verläuft, läßt sich der Stern auf dem Horizontalast im HR-Diagramm nieder, was aber im Detail noch unklar ist. Die weitere Entwicklung bringt den Stern in die Riesenregion zurück, und es gibt eine weitere Zäsur in den direkten Rechnungen, wenn das Kohlenstoffbrennen gezündet wird. Man hat vorgeschlagen, daß das explosive Einsetzen des Kohlenstoffbrennens zur Bildung der planetarischen Nebel und möglicherweise der Typ-I-Supernovae führt.

Man glaubt, daß Typ-II-Supernovae aus massereichen Sternen entstehen, deren Zentralgebiete schon in Eisen und dessen Nachbarelemente umgewandelt worden sind. Es kann dann keine Energie aus Kernrekationen mehr freigesetzt werden, aber die Temperatur der Zentralbereiche steigt weiter an. Schließlich wird Eisen in Protonen und Neutronen zurückverwandelt, wofür die Energie von einem raschen Kollaps geliefert wird. Als Folge davon werden die äußeren Schichten, die noch nuklearen Brennstoff enthalten, auf sehr hohe Temperaturen gebracht und reagieren darauf in Form einer Explosion, die den Stern in einem Supernovaausbruch zersprengt. Eine solche Explosion dürfte zur Erzeugung schwerer Elemente und kosmischer Strahlung führen. Der vom Stern übrigbleibende Rest entwickelt sich zu einem Pulsar. Novae sind mit sehr großer Wahrscheinlichkeit Partner in engen Doppelsternsystemen. Ein Novaausbruch dürfte mit einem raschen Massenaustausch zwischen den beiden Mitgliedern des Systems zusammenhängen.

*Aufgrund der Art ihrer Ableitung sind alle in diesem Kapitel gemachten Schlußfolgerungen ziemlich unsicher. Es wäre nicht überraschend, wenn sich einige von ihnen später als falsch herausstellen sollten.*

# Kapitel 8
## Die Endstadien der Sternentwicklung: Weiße Zwerge, Neutronensterne und Gravitationskollaps

### Einleitung

In der bisherigen Diskussion der Sternentwicklung haben wir wiederholt festgestellt, daß die Zentraltemperatur eines Sterns während seiner Entwicklung nur solange steigen kann, als die Sternmaterie sich wie ein ideales Gas verhält. Dieses Ergebnis erhielten wir aus dem Virialsatz (Gl. (3.24), S. 62). Wie wir auf S. 198 erwähnten, gibt es noch keine klare Antwort auf die Frage, was mit einem Stern geschieht, dessen Zentraltemperatur noch immer ansteigt, selbst wenn durch Kernfusionsreaktionen die Materie im Zentrum vollständig in Eisen umgewandelt worden ist. Wie wir noch sehen werden, kann sich dieses Problem sogar schon in einer früheren Entwicklungsphase ergeben. Andererseits kann die Zentraltemperatur ein Maximum erreichen, wenn das Zentrum des Sterns entartet, worauf der Stern dann auskühlt und schließlich *stirbt*. Diese Möglichkeit wurde für Sterne kleiner Masse in den Bildern 71 und 74 dargestellt. Solch ein sterbender Stern hat wahrscheinlich eine geringe Leuchtkraft und eine hohe Dichte. Er beginnt erst dann auszukühlen, wenn seine Zentralbereiche entartet sind. Ist hingegen die Zentraltemperatur eines Sterns so gestiegen, daß ein oder mehrere Sätze von energiefreisetzenden Kernreaktionen ablaufen können, so kann Entartung nur dann eintreten, wenn die Dichte äußerst hoch wird (siehe Kapitel 4, Bild 43).

Solch lichtschwache dichte Sterne sind schon beobachtet worden. Es handelt sich dabei um die auf S. 44 beschriebenen weißen Zwerge. Sie haben geringe Leuchtkraft, und ihre hohe Dichte läßt sich unmittelbar berechnen, falls sie Partner in Doppelsternsystemen sind und daher ihre Massen bestimmt werden können. Auch wo dies nicht der Fall ist, folgt aus ihren mit Sicherheit kleinen Radien (s. S. 211), daß auch sie hohe Dichten aufweisen, außer ihre Massen wären ungewöhnlich klein. Die

*Der Aufbau der weißen Zwerge* 207

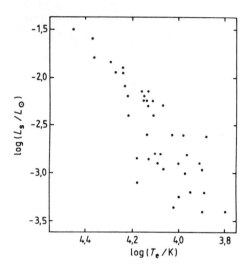

Bild 77
HR-Diagramm für weiße Zwerge

beobachteten weißen Zwerge haben keine besonders niedrigen Oberflächentemperaturen, obwohl wir dies für sterbende Sterne erwarten könnten. Wie Bild 77 zeigt, sinkt die Leuchtkraft der bekannten weißen Zwerge mit ihrer Oberflächentemperatur. Selbst wenn es also weiße Zwerge mit viel geringeren Oberflächentemperaturen gäbe, wären sie viel zu lichtschwach um entdeckt zu werden, auch wenn sie sich in der Nachbarschaft der Sonne befänden.

## Der Aufbau der weißen Zwerge

Sterbende Sterne müssen in ihren Zentralbereichen entartet sein. Aus Bild 43 leiten wir ab, daß sie während ihrer Abkühlung zunehmend entarten. Wir wollen daher — als ersten Versuch den Aufbau weißer Zwerge zu studieren — die Eigenschaften von Sternen untersuchen, welche vollständig aus entartetem Gas bestehen. In realen Sternen wird es wahrscheinlich eine dünne Oberflächenschicht geben, in der sich die Materie eher wie ein ideales Gas verhält. Im Kapitel 4 erwähnten wir zwei Formeln für den Druck eines entarteten Gases. Da ist zunächst die nichtrelativistische Formel:

$$P_{gas} \cong K_1 \rho^{5/3}, \tag{4.49}$$

die gilt, wenn der maximale Impuls $p_0$ der Elektronen der Beziehung $p_0 \ll m_e c$ genügt. Die relativistische Formel lautet:

$$P_{gas} \cong K_2 \rho^{4/3}, \tag{4.51}$$

sie ist für $p_0 \gg m_e c$ anzuwenden. Wir stellten in Kapitel 4 auch fest, daß es einen allmählichen Übergang von der ersten zur zweiten Formel geben müsse, wenn $p_0$ und $\rho$ wachsen. Man kann zeigen, daß die allgemeine Form der Druck-Dichte-Beziehung so aussieht:

$$P_{\text{gas}} = f\{(1+X)\rho\}, \tag{8.1}$$

wobei $f$ eine Funktion darstellt, die sich von $K_1 \rho^{5/3}$ bei niedrigen Dichten zu $K_2 \rho^{4/3}$ bei hohen Dichten ändert. $X$ ist, wie üblich, der Anteil des Wasserstoffes an der Gesamtmasse.

Der Aufbau eines solchen völlig entarteten Sterns kann jetzt durch Lösen der hydrostatischen Grundgleichung:

$$\frac{dP}{dr} = -\frac{GM\rho}{r^2} \tag{3.4}$$

und der Massenerhaltungsgleichung:

$$\frac{dM}{dr} = 4\pi r^2 \rho, \tag{3.5}$$

in Verbindung mit Gl. (8.1) studiert werden. Da der durch Gl. (8.1) gegebene Druck von der Temperatur unabhängig ist, bilden diese Gleichungen einen vollständigen Satz, der ohne Betrachtung der thermischen Struktur des Sterns gelöst werden kann. Man braucht also nicht zu untersuchen, wie sich die Temperatur im Stern ändert oder wie die Energie transportiert wird. Die Differentialgleichungen (3.4), (3.5) behandelt man wieder am besten in der Form:

$$\frac{dP}{dM} = -\frac{GM}{4\pi r^4}, \tag{3.72}$$

$$\frac{dr}{dM} = \frac{1}{4\pi r^2 \rho}, \tag{3.73}$$

wofür die folgenden Randbedingungen anzuwenden sind:

$$\left.\begin{array}{l} r = 0 \text{ bei } M = 0, \\ \rho = 0 \text{ bei } M = M_s. \end{array}\right\} \tag{8.2}$$

Bei Vorgabe von $X$ und $M_s$ lassen sich diese Gleichungen lösen. Wir bemerken, daß bei dieser Näherung die chemische Zusammensetzung des Sterns nur durch den Parameter $X$ eingeht.

Obwohl dies formal der einfachste Weg ist das Problem darzustellen, ist er nicht der einfachste, was die numerische Lösung betrifft. Der

Grund dafür ist in den Randbedingungen (8.2) zu suchen. Es ergibt sich nämlich für den Sternmittelpunkt die unangenehme Situation, daß unendlich viele Lösungen der Gln. (3.72), (3.73) und (8.1) der Randbedingung bei $M = 0$ genügen, wobei jede einem anderen Wert der Zentraldichte entspricht. Nur eine dieser Lösungen genügt der Oberflächenrandbedingung, und diese muß durch wiederholten Versuch gefunden werden. Es erweist sich daher als einfacher, die Zentraldichte $\rho_c$ des Sterns statt $M_s$ vorzugeben. Es gibt nämlich nur eine Lösung der Gln. (3.72), (3.73) und (8.1), die einen bestimmten Wert von $\rho_c$ und $r = 0$ bei $M = 0$ besitzt. Diese Lösung läßt sich nach außen verfolgen bis zu jenem Wert von $M$, bei dem $\rho$ verschwindet, was die Gesamtmasse und den inneren Aufbau des Sterns mit der Zentraldichte $\rho_c$ liefert. Diese Vorgangsweise läßt sich dann auf eine Folge von $\rho_c$-Werten anwenden.

### Die Chandrasekharsche Grenzmasse

Wenn man diese Integrationen durchführt, stellt man fest, daß die Masse mit der Zentraldichte wächst und der Radius mit steigender Zentraldichte abnimmt. Die massereicheren entarteten Sterne sind daher kleiner als die weniger massiven. Das überrascht gar nicht, wenn man bedenkt, daß die gesamte gravitationelle Anziehungskraft, die den Stern zusammenhält, mit $M_s^2$ wächst. Aber man erhält auch ein auf den ersten Blick sehr unerwartetes Resultat. Wenn man die Werte der Zentraldichten immer mehr erhöht, findet man, daß die Sternmasse nicht über alle Grenzen wächst, sondern einem endlichen Grenzwert, der *Chandrasekharschen Grenzmasse* zustrebt. Für Massen, die größer sind als diese Grenze, lassen sich keine Modelle vollständig entarteter Sterne mehr erstellen. Wir werden später sehen, daß dies als mathematische Grenze und nicht als physikalische Grenze anzusehen ist, weil die benützte Zustandsgleichung in der Form (8.1) ungültig wird, bevor $\rho_c$ unendlich wird. Wir werden sehen, daß die entsprechende Korrektur eher das Detail als das Grundsätzliche betrifft.
Der Wert dieser kritischen Masse hängt von der chemischen Zusammensetzung des Sterns durch den Wasserstoffanteil $X$ ab. Man kann anhand der Gln. (8.1), (3.72) und (3.73) zeigen, daß die Abhängigkeit von $X$ eine sehr einfache ist. Die Vorgangsweise ist ähnlich jener bei der Diskussion homologer Sternmodelle im Kapitel 5. Im gegenwärtigen Fall

geben wir aber nur das Resultat an, dessen Richtigkeit dann verifiziert werden kann. Wir führen statt $P$, $\rho$, $M$ und $r$ die Größen $\overline{P}$, $\overline{\rho}$, $\overline{M}$, $\overline{r}$ ein, wobei

$$\left.\begin{aligned}\overline{P} &\equiv P, \\ \overline{\rho} &= (1+X)\rho, \\ \overline{M} &= M/(1+X)^2 \\ \overline{r} &= r/(1+X).\end{aligned}\right\} \tag{8.3}$$

Die Gln. (8.1), (3.72) und (3.73) erhalten dann folgende Form:

$$\left.\begin{aligned}\overline{P} &= f\{\overline{\rho}\}, \\ \frac{d\overline{P}}{d\overline{M}} &= -\frac{G\overline{M}}{4\pi\overline{r}^4} \\ \frac{d\overline{r}}{d\overline{M}} &= \frac{1}{4\pi\overline{r}^2\overline{\rho}}.\end{aligned}\right\} \tag{8.4}$$

Die Gln. (8.4) sind unabhängig von $X$ und können gelöst werden, um neben anderen Dingen auch den kritischen Wert von $\overline{M}$ zu finden, oberhalb dessen es keine Lösung der Gleichungen mehr gibt. Dieser maximale Wert von $\overline{M}$ ist $1{,}44\,M_\odot$, so daß die maximale Masse

$$M_{\text{crit}} = 1{,}44\,(1+X)^2 M_\odot. \tag{8.5}$$

Das Vorstehende gilt für den Fall einheitlicher chemischer Zusammensetzung. Es ist schwieriger, den Fall inhomogener chemischer Zusammensetzung zu studieren, man erhält aber ein Gl. (8.5) ähnliches Ergebnis mit einem geeigneten Mittelwert von $(1+X)^2$ auf der rechten Seite. Gleichung (8.5) deutet eine maximal mögliche Masse von $5{,}76\,M_\odot$ an, wenn $X = 1$. Eine eingehendere Betrachtung des Problems ergibt aber, daß dies ein völlig unrealistischer Wert ist. Ein Stern mit $5{,}76\,M_\odot$ *würde* einige der Entwicklungsabschnitte von Kapitel 6 und 7 durchlaufen und dabei eine beträchtliche Menge seines Wasserstoffes in Helium und in schwerere Elemente verbrennen. Zusätzlich erhält man aus einem Vergleich von Theorie und Beobachtung bei weißen Zwergen, daß diese kaum viel Wasserstoff enthalten können. Die thermische Struktur eines weißen Zwerges gestaltet sich so, daß die Temperatur von ihrem Oberflächenwert $10^4$ K rasch auf einen Wert der Größenordnung $10^7$ K im Inneren ansteigt. Bei dieser Temperatur würde der allenfalls vorhandene Wasserstoff nuklear verbrennen und der Stern müßte dann eine viel höhere Leuchtkraft haben, als die bei weißen Zwergen beobachtete.

Man ist sich heute ziemlich einig, daß die weißen Zwerge — ausgenommen jene mit extrem kleinen Massen — keinen Wasserstoff mehr enthalten. Höchstens in den äußersten Sternschichten könnte noch etwas Wasserstoff vorhanden sein. Daraus folgt nach der Theorie eine Massenobergrenze von $1{,}44\,M_\odot$ (entsprechend $X = 0$).

Wirkliche weiße Zwerge sind in ihrem Aufbau etwas komplexer als die hier untersuchten Objekte. Ihre äußersten Schichten verhalten sich eher wie ein ideales als ein entartetes Gas und deswegen müssen die thermischen Eigenschaften des Sterns in Betracht gezogen werden; in der vorangegangenen Diskussion traten Temperatur und Leuchtkraft nicht auf. Wenn man diese Effekte in die Theorie einbaut, ergibt sich keine qualitative Änderung der Ergebnisse. Die Massenobergrenze wird etwas kleiner, und es gibt auch sonst geringfügige Änderungen.

Für Sterne einer Masse, die unter der kritischen Masse liegt, liefert die Lösung der Gln. (8.4) eine Masse-Radius-Beziehung, die in Tabelle 12 angegeben ist. Da wir nicht die Leuchtkraft und effektive Temperatur dieser Sterne berechnet haben, können wir für sie keinen genauen Ort im HR-Diagramm angeben. Man kann aber für jede Masse eine Linie von konstantem Radius zeichnen. Mehrere solche Linien sind in Bild 78 eingetragen. Man erkennt, daß sie in jenes Gebiet des HR-Diagramms fallen, in dem die weißen Zwerge auftreten, und zwar für Massen, die mit der kritischen Masse vergleichbar sind, ihr aber nicht zu nahe kommen. Individuelle weiße Zwerge dürften jeweils einer dieser Linien folgen, wenn sie auskühlen und sterben; es gibt kaum eine Kontraktion des ganzen Sterns, wenn er schließlich bis zur Unsichtbarkeit abkühlt. Wenn die Linien in Bild 78 in derselben Region liegen wie die beobachteten weißen Zwerge, so folgt daraus, daß die tatsächlichen Radien weißer Zwerge mit den Ergebnissen der einfachen Theorie annähernd übereinstimmen. Leider konnten mit einer (später erwähnten) Ausnahme die Radien der weißen Zwerge nicht direkt gemessen werden. Aus ihrer Strahlung kann aber ihre Oberflächentemperatur abgeschätzt

**Tabelle 12** Masse-Radius-Beziehung für vollständig entartete Sterne ohne Wasserstoff

| $M_s/M_\odot$ | 0,2 | 0,4 | 0,6 | 0,8 | 1,0 | 1,2 | 1,4 | 1,44 |
|---|---|---|---|---|---|---|---|---|
| $\log(r_\odot/r_s)$ | 1,68 | 1,81 | 1,90 | 1,99 | 2,10 | 2,24 | 2,57 | $\infty$ |

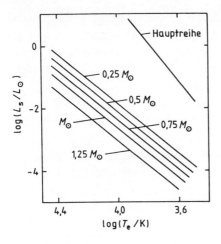

**Bild 78**
HR-Diagramm für vollständig entartete Sterne. Solche Sterne haben einen Radius, der durch ihre Masse bestimmt ist. Linien von konstantem Radius für Sterne fünf verschiedener Massen sind eingezeichnet. Ein auskühlender weißer Zwerg sollte sich der entsprechenden Linie nähern, wenn seine Temperatur und seine Leuchtkraft sinken.

werden. Falls diese nicht zu sehr von der effektiven Temperatur abweicht, erhalten wir einen Schätzwert für den Radius aus

$$r_s = (L_s/\pi a c T_e^4)^{1/2}, \tag{8.6}$$

was die üblicherweise verwendete Methode zur Abschätzung der Radien der weißen Zwerge darstellt. Diese Radien liegen sehr nahe den theoretischen Werten. Es besteht kein Zweifel, daß diese Radien sehr klein sind. Man kann die Radien von weißen Zwergen mit einiger Schwierigkeit auch aus der beobachteten *Gravitationsrotverschiebung* der Spektrallinien bestimmen. Nach Einsteins allgemeiner Relativitätstheorie verliert ein Photon ebenso wie ein Teilchen Energie, wenn es einem Bereich mit hohem Gravitationspotential entweicht. Daraus folgt, daß das Photon mit einer niedrigeren Energie registriert wird als jener, die es bei der Emission besaß. Dementsprechend tritt eine Rotverschiebung der Spektrallinien auf. Bei einem gewöhnlichen Stern ist diese Rotverschiebung sehr klein, bei weißen Zwergen ist der kritische Parameter $(GM_s/r_s c^2)$ aber viel größer. Man kann daher bei Kenntnis der Massen aus der Rotverschiebung Radien erhalten. Diese Werte stimmen mit den aus Gl. (8.6) gefundenen recht gut überein. Neben den Radien interessiert uns besonders die Masse der beobachteten weißen Zwerge. Leider befindet sich nur eine kleine Zahl in Doppelsternsystemen, die der Beobachtung leicht zugänglich sind. In allen Fällen, in denen eine Masse berechnet werden kann, ist diese kleiner als die Chandrasekharsche Grenzmasse, so daß es sichtlich kein unmittelbares Auseinanderklaffen von Theorie und Beobachtung gibt.

## Neutronensterne

Wir sagten früher, daß die Theorie vollständig entarteter Sterne zusammenbricht, bevor die Zentraldichten unendlich werden. Nach der Theorie vereinigen sich ab Dichten von $10^{12}$ kg m$^{-3}$ die Elektronen mit Protonen in den vorhandenen Kernen und erzeugen neutronenreiche Kerne, die bei geringeren Dichten instabil wären. Schließlich liegt bei Dichten über $10^{15}$ kg m$^{-3}$ fast die gesamte Materie in Form von Neutronen vor, der kleine Rest setzt sich aus Elektronen, Protonen und schwereren Kernen zusammen. Bei diesen Dichten bilden die Neutronen ein entartetes Gas und der Stern wird als Neutronenstern bezeichnet.

Wenn uns die Beziehung zwischen Druck und Dichte für entartete Neutronen bekannt wäre — analog den Gln. (4.49) und (4.51) für entartete Elektronen —, so könnten wir die vorhin gegebene Argumentation wiederholen und z.B. eine Masse-Radius-Beziehung für Neutronensterne ableiten. Leider haben wir keine direkte Kenntnis über die Zustandsgleichung der Materie bei Neutronensterndichten, und es gibt ziemlich große Differenzen zwischen verschiedenen theoretischen Schätzungen. Deshalb können wir keine eindeutige Masse-Radius-Beziehung für Neutronensterne angeben. Es wurden Rechnungen für verschiedene vorgeschlagene Formen der Zustandsgleichung angestellt, von denen wir zwei Ergebnisse schematisch in Bild 79 zeigen. Diese Abbildung enthält die Beziehung zwischen Masse und zentraler Dichte für weiße Zwerge und Neutronensterne. Alle der vorgeschlagenen Zustandsgleichungen für Neutronensterne stimmen darin überein, daß es eine obere Grenze für die Masse von Neutronensternen geben muß; anders als bei der

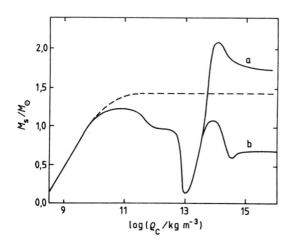

**Bild 79**

Die Beziehung zwischen Masse und Zentraldichte für weiße Zwerge und Neutronensterne. Die Kurven a und b entsprechen zwei verschiedenen Annahmen über die Zustandsgleichung bei hohen Dichten. Die gestrichelte Linie gibt die Chandrasekharsche Beziehung für weiße Zwerge wieder.

Chandrasekharschen Theorie weißer Zwerge wird diese Grenze schon bei endlicher Dichte erreicht, und bei höheren Dichten ist die zugehörige obere Massengrenze niedriger. Momentan ist noch unklar, ob die maximal mögliche Masse für einen Neutronenstern größer oder kleiner ist als die Massengrenze bei weißen Zwergen. Gleichwohl glaubt die Mehrheit der Autoren, daß sie wahrscheinlich bei 2 $M_\odot$ liegt. Dementsprechend würden sterbende Sterne mit einer Masse zwischen 1,4 $M_\odot$ und 2 $M_\odot$ wahrscheinlich als kalte Neutronensterne enden.

**Pulsare**

Obwohl die Möglichkeit der Existenz von Neutronensternen schon vor mehr als 30 Jahren diskutiert wurde, hat man erst in jüngster Zeit Beobachtungen gemacht, die darauf hinweisen, daß Neutronensterne existieren. Wir erwähnten im Kapitel 7 die als Pulsare bezeichnete Klasse von Objekten, die periodische Radiowellenausbrüche mit äußerst kurzen Zeitintervallen emittieren. Die Strahlung eines Pulsars kann dem in Bild 80 gezeigten Typ entsprechen. Die Strahlung wird in zwei verschiedenen Pulsen abgegeben, die nur einen kleinen Bruchteil der gesamten Periode überdecken. Aus der Art der Pulse kann man schließen, daß der Emissionsbereich sehr klein ist. Wenn Strahlung simultan von einem Bereich begrenzten Ausmaßes emittiert wird, so sind die Ankunftszeiten der Strahlung aus verschiedenen Unterbereichen für den Beobachter verschieden, da diese eine jeweils verschieden lange Strecke zum Beobachter zurückzulegen hat (s. Bild 81). Wenn ein Puls nicht länger als 30 ms dauern soll, so kann die emittierende Region eine Ausdehnung von ungefähr $10^7$ m nicht überschreiten, ist aber wahrscheinlich viel kleiner.

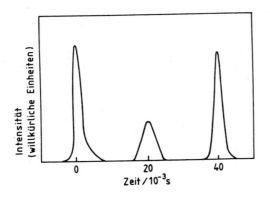

**Bild 80**
Strahlung eines Pulsars

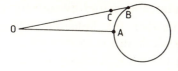

**Bild 81**

Effekt der Lichtzeit bei einer ausgedehnten Quelle. Licht braucht von zwei Punkten A und B unterschiedliche Zeiten, um den Beobachter O zu erreichen. Selbst wenn ein scharfer Puls gleichzeitig auf der ganzen Quelle zwischen A und B emittiert wird, muß er in seiner Ankunftszeit entsprechend der Zeit gedehnt werden, die das Licht von B nach C braucht.

Wenn die Emission aus einer mit der Größe des Objektes vergleichbaren Teilzone kommt, so kommen nur weiße Zwerge und Neutronensterne wegen ihrer Kleinheit für Pulsare in Frage.

Was die Ursache für die Periodizität angeht, so gibt es dafür drei Vorschläge: die Rotationsperiode eines Einzelobjektes, die Umlaufperiode eines Doppelsternes oder die Periode radialer Pulsation (ähnlich den Cepheiden). Nur sehr kleine Objekte können bei allen drei Möglichkeiten Perioden haben, die von der Größenordnung 1 s sind, wenn die auftretenden Geschwindigkeiten nicht die Lichtgeschwindigkeit überschreiten sollen. Da es einen Pulsar mit einer Periode von 0,03 s gibt, ist sogar ein weißer Zwerg zu groß dafür, und nur ein Neutronenstern kommt in Frage. Die Pulsarforschung befindet sich noch in der Entwicklung, man ist aber gegenwärtig der Auffassung, daß es sich bei Pulsaren um schnell rotierende Neutronensterne handelt, deren Radiostrahlung ein oder zwei Bereichen entstammt, die nahe ihrer Oberfläche liegen.

## Gravitationskollaps

Mit den Diskussionen über den Aufbau weißer Zwerge und von Neutronensternen haben wir eine ungefähre Beschreibung der Endphase im Leben eines Sternes von weniger als $2 M_\odot$ gegeben. Diese Sterne durchlaufen eine Folge von nuklearen Entwicklungsstufen, ihre Zentraltemperaturen erreichen ein Maximum, sinken dann, und die Sterne können in Ruhe sterben. *Vielleicht* ist ihre Lebensgeschichte dramatischer und aufregender, aber wir kennen keinen Grund dafür, warum sie so sein sollte. Hingegen sind wir uns jetzt bewußt, daß die Endstadien der Entwicklung nicht nur für Sterne, deren Zentraltemperatur auch nach Umwandlung der Zentralbereiche in Eisen noch ansteigt, schwer zu verstehen ist, sondern auch für alle Sterne, dessen Masse $2 M_\odot$ übersteigt. Diese Sterne können offensichtlich nur dann weiße Zwerge oder Neutronensterne werden, wenn sie eine Instabilität erleiden und dadurch einen beträchtlichen Bruchteil ihrer Masse an das interstellare Medium verlieren.

In der Vergangenheit wurde allgemein behauptet, daß dies die Lösung des Problems sei. In jüngerer Zeit neigt man aber zur Annahme, daß im Rahmen der physikalischen Gesetze, wie sie heute verstanden werden, nichts den Kollaps solcher Sterne bis auf einen Zustand unendlicher Dichte und den Radius Null verhindern kann. Diese Objekte, die die Dichten der Neutronensterne übersteigen, befinden sich im Zustand des *Gravitationskollaps*. Wenn die Dichten weiter ansteigen, wird die von diesen Objekten ausgehende Strahlung immer stärker rotverschoben, bis sie schließlich überhaupt unsichtbar wird. Daraus ergibt sich die Möglichkeit, daß eine beträchtliche Menge an *versteckter Masse* im Universum in Form dieser Objekte vorliegen könnte.

Wir erwähnten vorhin, daß der tatsächliche Wert der maximalen Masse für Neutronensterne unsicher ist, daß aber eine maximale Masse existieren muß. Man kann zeigen, daß es eine solche Massenobergrenze geben muß, wenn die Gravitationskraft immer anziehend ist, wie nahe einander die Teilchen auch sein mögen, und wenn das Postulat der speziellen Relativitätstheorie zutrifft, daß keine Energie mit einer größeren als der Lichtgeschwindigkeit transportiert werden kann. Die Sondernatur des Graviationskollaps hat aber manche Leute veranlaßt zu fragen, ob es nicht möglich ist, daß einige der heute als gültig angenommenen physikalischen Gesetze bei sehr hohen Dichten nicht mehr gelten.

**Zusammenfassung von Kapitel 8**

In diesem Abschnitt erörterten wir die Endstadien der Sternentwicklung. Wenn die Elektronen in den Zentralbereichen eines Sterns entarten, so besteht die Möglichkeit, daß dann die Zentraltemperatur nicht mehr weiter steigt und schließlich zu fallen beginnt. Wenn dies eintritt, so finden keine signifikanten Kernreaktionen mehr statt, der Stern kühlt allmählich aus und *stirbt*. Dies dürfte die Situation bei weißen Zwergen sein. Wenn ein solcher Stern etwas mehr Masse hat ($\gtrsim 1{,}4\,M_\odot$), so reicht der Entartungsdruck der Elektronen nicht mehr aus, um der Gravitation zu widerstehen, und der Sterne kontrahiert weiter. Bei extrem hohen Dichten vereinigen sich Protonen und Elektronen, bis der Stern fast nur mehr aus Neutronen besteht. Die Existenz solcher Neutronensterne hat man schon seit längerer Zeit vermutet; die vor kurzem entdeckten Pulsare dürften Neutronensterne sein. Für Neutronensterne gibt es offensichtlich eine obere Massengrenze, die zwar nicht genau bekannt ist, von der man aber annimmt, daß sie größer ist als die obere Grenze für die Massen weißer Zwerge. Oberhalb dieser Grenze verfällt der Stern einem unaufhaltbaren Gravitationskollaps.

## Kapitel 9
## Schlußfolgerungen und mögliche zukünftige Entwicklungen

In diesem Buch haben wir die Methoden beschrieben, die zur theoretischen Untersuchung des Sternaufbaus und der Sternentwicklung herangezogen werden, und wir haben viele der dadurch erhaltenen Ergebnisse besprochen. Mit gewissen Einschränkungen, die wir später erwähnen, war unsere Darstellung der Thematik so ziemlich auf dem neuesten Stand. Wir haben versucht, den gegenwärtigen Stand eines sich entwickelnden Gebietes zu diskutieren und die wichtigsten Unsicherheiten zu erwähnen. Wie vor allem am Ende von Kapitel 7 betont wurde, könnten sich einige der theoretischen Einzelideen als falsch herausstellen, aber man kann vertrauensvoll erwarten, daß die in den Kapiteln 3 bis 5 dargelegten Grundlagen richtig sind. In diesem Kapitel erwähnen wir kurz einige Einschränkungen unserer Vorgangsweise und beschreiben einige der herausragenden Probleme.
An erster Stelle muß festgehalten werden, daß trotz der Tatsache, daß dieses Buch von einem theoretischen Astrophysiker geschrieben wurde, der vor allem am theoretischen Verständnis des Themas interessiert ist, schließlich ja doch alle theoretische Arbeit auf die Beobachtungen bezogen werden muß. Daraus folgt zweierlei. Der Theoretiker muß einerseits ständig die Beobachtungsergebnisse im Auge behalten, andererseits besteht aber auch dauernd der Bedarf an neuen Beobachtungen. Die Thematik hängt in beachtlichem Umfang von einigen weniger spektakulären Teilgebieten der beobachtenden Astronomie ab.
In den Tagen der Quasare, Pulsare und aktiven Galaxien wird das Messen von Parallaxen und Eigenbewegungen und die Bahnbestimmung von Doppelsternen oft als fades Einerlei bewertet. Gerade diese Dinge sind aber so wichtig für die Ergänzung der bisherigen Informationen, die wir z.B. über Massen, Radien und absolute Größen besitzen. Wie schon im Kapitel 2 erwähnt, ist der Umfang an verläßlichen Daten über einige

dieser Größen sehr bescheiden, durch geduldige Beobachtungen können aber weitere Resultate dazu gewonnen werden.

Obwohl zwar keines der auf unserem Gebiet erzielten Resultate als unumstößlich angesehen werden kann, können wir mit gutem Grund annehmen, eine gute Kenntnis vom Aufbau der Hauptreihensterne und von der frühen Nachhauptreihenentwicklung zu besitzen, wenn es sich dabei um *sphärische Einzelsterne* handelt[19]. Zweifellos wird es Revisionen der Werte für die Opazität und die Energieerzeugungsrate geben und wahrscheinlich wird auch endlich eine überzeugende Theorie der Konvektion entwickelt werden. Es ist auch möglich, daß einige zusätzliche physikalische Prozesse entdeckt werden. Vor einiger Zeit kam man z.B. darauf, daß die gegenwärtige Theorie der schwachen Wechselwirkung vorhersagt, daß Elektronen und Positronen in Neutrinos und Antineutrinos verwandelt werden können, und zwar durch die Reaktion

$$e^- + e^+ \to \nu + \bar{\nu}. \tag{9.1}$$

Diese Reaktion ist unter irdischen Bedingungen äußerst unwahrscheinlich und man konnte sie im Labor nicht nachweisen. In den hochentwickelten Sternen, bei Zentraltemperaturen von $10^9$ K und mehr, werden Elektronen und Positronen ihrerseits aus Photonen erzeugt durch die Reaktion

$$\gamma + \gamma \to e^- + e^+. \tag{9.2}$$

Dadurch wird die Produktion von Neutrinos durch die Reaktion (9.1) stark erhöht, und der Energieverlust durch das Entweichen der Neutrinos aus den Sternen ist größer als ursprünglich angenommen. Diese Reaktionen wurden in einigen der Rechnungen von Kapitel 7 berücksichtigt. Man glaubt, daß sie von besonderer Bedeutung in massiven Typ-II-Supernovae sind.

Eine Verbesserung der mathematischen Ausdrücke für die physikalischen Prozesse wird sicherlich auch durch die offensichtliche Diskrepanz zwischen der beobachteten und theoretischen Neutrinorate der Sonne stimuliert werden. Wenn diese Diskrepanz auch nach weiteren Versuchen und einer Überprüfung aller physikalischen Gesetze bestehen bleiben sollte, würde das bedeuten, daß etwas an unserer gegen-

---

[19] Das heißt wir schließen rasch rotierende Sterne aus, ebenso solche mit starken Magnetfeldern oder Komponenten in engen Doppelsternen.

wärtigen Theorie des Sternaufbaus grundsätzlich falsch ist. Ich würde aber trotzdem meinen, daß sich das Problem im Rahmen der heutigen Vorstellungen lösen läßt. Ein sorgfältigeres Studium des Hauptreihenaufbaus und der Entwicklung unmittelbar nach der Hauptreihe kann zu besseren Schätzwerten für das Alter von Sternhaufen führen und damit zur besseren Erfassung der Korrelationen zwischen Sternalter, chemischer Zusammensetzung und räumlicher Verteilung in der Milchstraße. Die letztgenannten Studien sind für zwei bedeutsame Themen wichtig, die außerhalb dieses Buches liegen, nämlich die Entwicklung von Galaxien und den Ursprung der chemischen Elemente.

Wie wir schon früher erkannten, gibt es sogar im Fall sphärischer Einzelsterne kritische Phasen, über die hinaus es sehr schwierig ist, direkte Entwicklungsrechnungen anzustellen. Am augenfälligsten ist dabei der Fall des Einsetzens des Heliumbrennens in Sternen geringer Masse. Es gibt eine Vielfalt von Problemen, wenn man die Untersuchung über die bestehenden kritischen Punkte hinaus ausdehnen will. Eines ist schon allein die dafür benötigte Größe der Rechner. Man muß für jede Phase der Sternentwicklungsrechnungen über eine vollständige Beschreibung des gesamten Sternaufbaus verfügen können. Diese muß daher im Rechner gespeichert sein. Natürlich ist die Zahl der Punkte im Stern, für die die Werte aller physikalischen Größen gespeichert werden müssen, größer für Sterne mit einer komplizierten inneren Struktur. Das gilt vor allem dann, wenn ein Stern mehrere Zonen mit verschiedenen nuklearen Reaktionen besitzt und wenn einige Teile des Sterns expandieren und andere kontrahieren. Wenn man sehr genaue mathematische Ansätze für die Opazität und die Energieerzeugung benutzt, wird viel Platz für die Speicherung von Opazitäts- und Energieerzeugungstabellen oder für die Ausdrücke, aus denen diese Größen berechnet werden, verbraucht. Diese Informationsspeicherprobleme werden durch neue größere Rechner überwunden.

Zweitens wird bei rascher Entwicklung, z.B. bei explosiver Freisetzung von Kernenergie, der Zeitschritt zwischen zwei aufeinanderfolgenden Sternmodellen sehr klein, damit ein genaues Resultat erhalten werden kann. Daraus folgt, daß die Rechenzeit für das Studium signifikanter Entwicklung überlang werden kann. Auch dies läßt sich aber durch größere und schnellere Rechnergenerationen beherrschen.

Schließlich entstehen Probleme dann, wenn ein Stern ein unvorhersagbares Verhalten zeigt. In manchen Fällen kann die übliche Form der Sternaufbaugleichungen ein solches Verhalten nicht erfassen. Zum Bei-

spiel wenn ein Stern Masse verliert, ergeben sich Schwierigkeiten bei der Formulierung der Oberflächenrandbedingung, da ja möglicherweise nicht klar ist, wo sich die Oberfläche des Sterns befindet; die verlorene Masse muß irgendwann einmal aufhören, Teil des Sterns zu sein, die Frage ist nur, wann?
Man kann sicherlich weitere Fortschritte im Studium der Entwicklung von sphärischen Einzelsternen erwarten. Im Fall relativ massereicher Sterne wird man die Entwicklung in weiteren Abschnitten der Kernenergiefreisetzung verfolgen. Bei masseärmeren Sternen könnten weiterentwickelte mathematische Verfahren es ermöglichen, die Entwicklung zu Beginn des Helium- und Kohlenstoffbrennens zu verfolgen, d.h. an der Stelle der gestrichelten Abschnitte in Bild 74 (Kapitel 7). Sehr wahrscheinlich wird man auch besser in den Griff bekommen, auf welche Weise ein Stern veränderlich wird, wenn er in einen bestimmten Bereich des HR-Diagramms eintritt.
Vermutlich wird man auch verläßlicher vorhersagen können, wann wahrscheinlich Massenverlust auftreten wird. Es wird aber meiner Schätzung nach noch lange dauern, bis die Phase des Massenverlustes vollständig durchgerechnet werden kann.
In diesem Buch wurde kaum etwas über Sterne berichtet, die nicht sphärisch und Einzelsterne sind, aus drei Gründen: erstens ist die Mehrzahl der Sterne tatsächlich sphärisch und einzeln, zweitens wurde erst in jüngster Zeit an nichtsphärischen Sternen gearbeitet, weshalb allgemeine Schlußfolgerungen noch nicht feststehen, und drittens (und besonders wichtig) erfordert eine Diskussion der Theorie der nichtsphärischen Sterne mathematische Verfahren, die über dieses Buch hinausgehen. Wir wollen aber dennoch das Buch mit der Erwähnung einiger interessierender Probleme abschließen.
Rasch rotierende Sterne und Sterne, die ein starkes Magnetfeld enthalten, sind zu einem Sphäroid verformt. Wenn ein Stern sowohl schnell rotiert als auch ein starkes Magnetfeld besitzt und die Achsen von Rotation und Magnetfeld nicht zusammenfallen, kann der Stern eventuell noch weniger symmetrisch sein. In vieler Hinsicht (aber nicht in allen Aspekten) sind die Effekte von Rotation und magnetischen Feldern einander ähnlich, weshalb wir nur die Rotation diskutieren wollen. Zweierlei Effekte werden durch Rotation hervorgerufen.
Der erste betrifft den inneren Aufbau dadurch, daß die Sterne nicht sphärisch sind. Dies führt zu einem nicht sphärischen Energiefluß und somit zu einer Variation der effektiven Temperatur über die Oberfläche des Sterns. Das bedeutet, daß die scheinbare Helligkeit eines Sterns von

## Schlußfolgerungen und mögliche zukünftige Entwicklungen

der Neigung seiner Rotationsachse zur Sichtrichtung abhängt. Man findet ferner, daß die Gesamtleuchtkraft eines Sterns durch rasche Rotation verändert wird. Aus diesem Grund ist es wichtig herauszufinden, inwieweit die beobachtete Streuung in der Hauptreihenleuchtkraft bei einem bestimmten Farbindex durch Rotationseffekte verursacht wird. Dies betrifft in besonderer Weise einige junge offene Haufen, wie z.B. die Plejaden, die viele rasch rotierende Sterne enthalten.

Rotation hat auch einige subtilere Auswirkungen auf die thermischen Eigenschaften der Sterne. Wir haben schon kurz darüber im Kapitel 6 gesprochen, als wir sagten, daß man früher annahm, daß meridionale Zirkulation, die von der Rotation hervorgerufen wird, die Sterne in gut durchmischtem Zustand halten würde. Obwohl man heute weiß, daß eine solche Durchmischung bei den meisten Sternen bedeutungslos ist, sollte sie bei rasch rotierenden Sternen berücksichtigt werden. Die Zirkulation nimmt aber auch Einfluß auf das Rotationsgesetz des Sterns. Die innere Reibung der Sternmaterie beeinflußt kaum die Relativgeschwindigkeiten zwischen den Elementen der Sternmaterie. Deshalb wird jedes Element seinen eigenen Drehimpuls um die Rotationsachse des Sterns zu erhalten trachten, da der Drehimpulserhaltungssatz auf jedes Element anzuwenden ist. Da aber die meridionale Zirkulation ein Element im Stern herumführt, gelangt es auch in Bereiche, die ursprünglich von Elementen mit anderem Drehimpuls besetzt waren. Das ändert die Drehimpulsverteilung und die Verteilung der Winkelgeschwindigkeit im Stern. Seit kurzer Zeit ist man sehr daran interessiert herauszufinden, ob es spezielle Rotationsgesetze gibt, die nicht durch meridionale Zirkulation verändert werden. Wenn es sie gibt, können wir erwarten, daß ein rotierender Stern schließlich eine solche Drehimpulsverteilung annimmt. Man kann momentan darüber aber nur sagen, daß dieses Problem äußerst komplex ist und die Resultate nicht vollständig abgeklärt sind. Möglicherweise gibt es gar keine stationären Rotationsgesetze.

Die Erforschung enger Doppelsterne steht auf einer noch tieferen Stufe als jene der rasch rotierenden Sterne. Im Kapitel 7 wurde gesagt, daß der Massenaustausch zwischen den Komponenten sehr wahrscheinlich eine entscheidende Rolle bei der Entwicklung enger Doppelsterne spielt. In jüngster Zeit wurden die Folgen eines solchen Massenaustausches auf die weitere Sternentwicklung von vielen Autoren durchgerechnet. Dabei wurde die Verformung eines Sterns durch seinen nahen Begleiter aber nur sehr genähert abgeschätzt. Es ist nämlich sehr schwierig, die exakte Form der Mitglieder eines Doppelsternsystems zu berechnen. In jedem

Fall rotiert das ganze System und besitzt nicht die sphäroidische Symmetrie eines rotierenden Einzelsternes.

Im Hinblick auf die Vorhauptreihenentwicklung enger Doppelsterne gibt es ein besonders interessantes Problem. Wenn Sterne sehr nahe beieinander stehen (manche berühren einander sogar), wenn sie Hauptreihensterne sind, wie war dann ihr Zustand zu einem früheren Zeitpunkt ihrer Lebensgeschichte? Wenn wir annehmen, daß beide Komponenten des Doppelsterns — beginnend mit einem Zustand geringer Dichte — in Richtung der Hauptreihe kontrahierten, so bestehen dafür zwei Möglichkeiten. Erstens kann das System ursprünglich nur aus einem Stern bestanden haben und irgendwann vor dem Erreichen der Hauptreihe eine Instabilität aufgetreten sein, die den Stern auseinanderbrechen ließ. Diese Spaltungstheorie der Entstehung von Doppelsternen war die erste dafür vorgeschlagene Theorie. Etwas später glaubte man mathematisch nachgewiesen zu haben, daß solch eine Spaltung unmöglich sei, aber dieser Beweis erscheint jetzt weniger überzeugend. Als zweiter Vorschlag wurde angegeben, daß bei der Kontraktion der Sterne ein Prozeß, der den Rotationsdrehimpuls der einzelnen Sterne mit ihrem Bahndrehimpuls koppelt, dafür verantwortlich ist, daß sich die Sterne einander nähern. Für beide Vorstellungen wurden Argumente vorgebracht, bis jetzt ist aber noch nicht völlig klar, welche die richtige ist.

Dies bringt uns zurück zu jenem Teil unseres Themengebietes, der vielleicht am dringendsten einen weiteren Fortschritt nötig hat. Obwohl mehrmals festgestellt wurde, daß man den Sternaufbau auf der Hauptreihe und die Nachhauptreihen-Entwicklung ohne das Vorliegen einer guten Sternentstehungstheorie studieren kann, so würde unser Thema geordneter aussehen, wenn eine solche Theorie existierte. Es ist nicht schwer, den Grund für die Schwierigkeiten bei der Erforschung der Sternentstehung anzugeben. Die typische Dichte des interstellaren Mediums beträgt $10^{-21}$ kg m$^{-3}$ und die typische Sterndichte $10^3$ kg m$^{-3}$. Die Temperatur des interstellaren Gases beträgt oft weniger als 100 K und die Temperaturen im Inneren der Sterne sind von der Größenordnung $10^6$ K. Die Erforschung der Sternentstehung erfordert also die Behandlung eines extrem großen Bereiches physikalischer Bedingungen. Zusätzlich ergeben einfache Überlegungen, daß sich zunächst Objekte von der Größe von Sternhaufen im interstellaren Medium bilden und daß die einzelnen Sterne dann durch Fragmentation (Auseinanderbrechen) dieser Gebilde entstehen. Die Erforschung eines solchen Fragmentationsprozesses ist sicherlich sehr kompliziert.

## Schlußfolgerungen und mögliche zukünftige Entwicklungen

Das Buch sollte aber nicht mit einem pessimistischen Ausklang enden. Es ist richtig, daß es im Sternaufbau und in der Sternentwicklung eine ganze Reihe ungelöster Probleme gibt, andererseits ist aber der Umfang des auf diesem Gebiet erzielten Fortschrittes doch ein gewaltiger. Beobachtungen der Oberflächeneigenschaften von Sternen geben uns in Verbindung mit einigen wenigen Grundgesetzen der Physik und mit den gemessenen und berechneten Eigenschaften von Atomen und Atomkernen eine einigermaßen genaue Information über die nicht beobachtbaren Innenbereiche der Sterne. Leider werden diese Bereiche wahrscheinlich für immer unsichtbar bleiben. Aus diesem Grund wird man sich in der nächsten Zeit besonders intensiv um die Lösung des Problems der Neutrinodiskrepanz bemühen. Wenn dann Theorie und Beobachtung wieder in Einklang gebracht worden sind, wird die Theorie des Sternaufbaus auf besonders festen Füßen stehen.

# Ergänzungen anläßlich des vierten Nachdrucks der Originalausgabe

Seit 1970 gab es eine Reihe von einzelnen Entwicklungen im Themenkreis dieses Buches. Hier können nur einige der wichtigsten Fragen erörtert werden.

**Sonnenneutrinos**

Auf den Seiten 105 und 186 sowie in Kapitel 9 haben wir, wie es jetzt scheint, eine zu optimistische Darstellung bezüglich der Aufhebung der Diskrepanz zwischen dem Sonnenneutrinoexperiment und der theoretischen Vorhersage gegeben. Nach einer ausgedehnten Reihe von Experimenten und vielen Überprüfungen der Theorie des Sonnenaufbaus ist die Zahl der nachgewiesenen Neutrinos noch immer ungefähr dreimal kleiner als die von der Theorie postulierte. Verschiedene Vorschläge wurden gemacht, um diese Diskrepanz zu erklären. Dazu gehört die Möglichkeit, daß das Sonneninnere praktisch keine schweren Elemente enthält, daß sich die Sonne nicht ganz in einem stationären damit die zahlreichen Erfolge auf diesem Gebiet nicht aufgehoben werden können.

**Vorhauptreihenentwicklung**

Es gibt einige bedeutsame Entwicklungen in der Theorie der Vorhauptreihenentwicklung, die von uns auf den Seiten 151–156 beschrieben wurde. Bei den Rechnungen von Hayashi behielt ein kontrahierender Protostern eine annähernd homogene Dichte, bis er opak wurde. Demgegenüber zeigen neuere Rechnungen von R. B. Larson und anderen, daß die Zentralregionen viel rascher kollabieren als die äußeren Zonen. Als Folge davon hat das, was zuerst einem Stern ähnlich ist, eine viel kleinere Masse als der ganze Protostern und ist umgeben von einer auf ihn stürzenden Hülle. Diese absorbiert die Sternstrahlung und re-emittiert sie im Infraroten, so daß das Objekt als *Infrarotquelle* erscheint. In manchen Fällen ist die Ultraviolettstrahlung eines zentralen massiven Sterns so stark, daß sie das herabfallende Gas aufhalten und sogar vom Stern wegtreiben kann, so daß der endgültige Stern eine deutlich geringere Masse besitzt als der ursprüngliche Protostern. Larson argumentiert, daß dieser Prozeß zu einer Massenobergrenze bei Hauptreihensternen führt.

**Enge Doppelsterne und Röntgenquellen**

Viele der aufregendsten neuen Erkenntnisse in der Sternentwicklung betreffen den kurz auf S. 203 erwähnten Doppelsterntyp. Es scheint tatsächlich so, als ob alle Novae Partner in engen Doppelsternsystemen sind. Dies mag auch für manche Supernovae zutreffen. Zusätzlich hat die Weiterentwicklung der Röntgenastronomie mit Hilfe von Detektoren in künstlichen Satelliten zur Entdeckung von stark röntgenemittierenden engen Doppelsternen geführt. Dabei handelt es sich meistens um einen normalen Stern, der um einen unsichtbaren Begleiter orbitiert, wobei die Röntgenstrahlung von diesem Begleiter stammt.

Man deutet dies so, daß der unsichtbare Stern ein weißer Zwerg, ein Neutronenstern oder ein *Schwarzes Loch* (s. S. 215, dort noch als Gravitationskollaps-Objekt bezeichnet) ist und daß die Röntgenstrahlung von Materie herrührt, die von der anderen Komponente auf das kompakte Objekt, genauer gesagt auf seine sogenannte *Akkretionsscheibe* stürzt (Bild 82). Aus der Dynamik eines solchen Doppelsternsystems läßt sich die Masse des kompakten Sterns abschätzen. In wenigstens

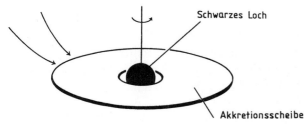

**Bild 82** Akkretionsscheibe um ein schwarzes Loch. Materie, die auf das schwarze Loch stürzt (angedeutet durch die Pfeile links), bildet eine rotierende flache Scheibe. Wegen der inneren Reibung in der Scheibe bewegt sich die Materie allmählich zum Zentrum. In der zwischen der Akkretionsscheibe und dem schwarzen Loch gezeigten Lücke kann keine Materie eine stabile Bahn haben. Ähnliche Akkretionsscheiben kann es bei weißen Zwergen und Neutronensternen geben.

einem Fall, der Röntgenquelle *Cygnus X-1*, ist diese Masse größer als die Obergrenze für Neutronensterne, so daß damit ein Schwarzes Loch entdeckt worden sein dürfte.

**Späte Stadien der Sternentwicklung**

Noch mehr wurde auf dem Gebiet der fortgeschrittenen Stadien der Sternentwicklung und der Supernovaausbrüche getan. Zum Beispiel wurden massive Sterne in den Phasen des Kohlenstoff- und Sauerstoffbrennens studiert. Direkte Entwicklungsrechnungen haben fast den Beginn von Supernovaexplosionen erreicht. Weiteres wurden viele Versuche gemacht, die Explosion einer Supernova im Modell darzustellen und zu bestimmen, ob dabei ein weißer Zwerg, ein Neutronenstern, ein Schwarzes Loch oder gar nichts überbleibt. Bei diesen Diskussionen sind neutrino-emittierende Reaktionen, einschließlich der auf S. 218 beschriebenen und andere Reaktionen, die von einer neuen Theorie der schwachen Wechselwirkung vorhergesagt werden, von besonderer Wichtigkeit. In manchen Fällen können die Zentralgebiete einer Prä-Supernova für die Neutrinos opak (undurchdringbar) werden, was dann eine wichtige Rolle bei der Supernovaexplosion spielen könnte. Die Berechnung einer Supernovaexplosion ist äußerst schwierig und die Ergebnisse sind bis jetzt nicht konklusiv. Die Spätentwicklung könnte von früheren Massenverlusten im Sternleben entscheidend beeinflußt sein. Eine beträchtliche Menge an Information über Massenverlust hat sich in den letzten Jahren angesammelt. Noch immer bestehen darüber aber schwerwiegende Lücken in unserer Kenntnis.

**Alter von Sternhaufen**

Auf S. 184 haben wir einige Alterswerte von alten offenen Haufen und Kugelhaufen gegeben und gesagt, daß deren Fehler bei 50 % liegen könnten. Neuere Altersbestimmungen ergeben deutlich kleinere Werte als unsere Angaben. M 67 dürfte etwas jünger als die Sonne sein, während die Kugelhaufen $12 \cdot 10^9$ Jahre alt sein dürften.

# Anhang
## Thermodynamisches Gleichgewicht

Wenn ein physikalisches System isoliert und sich für eine genügend lange Zeit selbst überlassen ist, so gelangt es in den Zustand des *thermodynamischen Gleichgewichts*. Im Zustand des thermodynamischen Gleichgewichts ändern sich die allgemeinen Eigenschaften des Systems nicht von Ort zu Ort und auch nicht mit der Zeit. Die einzelnen Teilchen des Systems sind in Bewegung und zeigen veränderliche Eigenschaften. Zum Beispiel können Elektronen von Atomen entfernt oder ihnen wieder zugeordnet werden. Es gibt aber einen *statistisch stationären Zustand*, bei dem jeder Prozeß und dessen Umkehr gleich häufig vorkommen. Im vorigen Beispiel muß also die Zahl der pro Zeiteinheit ionisierten Atome gleich der Zahl der Rekombinationen sein. Da sich die Eigenschaften eines Systems im thermodynamischen Gleichgewicht nicht von Ort zu Ort ändern, haben alle seine Teile dieselbe Temperatur.

Bringt man zwei solche isolierte Systeme miteinander in Kontakt, so fließt Wärme vom einen zum anderen solange, bis sie den gleichen Zustand thermodynamischen Gleichgewichts und daher die gleiche Temperatur erreicht haben. Im thermodynamischen Gleichgewicht können alle physikalischen Eigenschaften des Systems (wie Druck, innere Energie, spezifische Wärme) als Funktionen seiner Dichte, Temperatur und chemischen Zusammensetzung allein berechnet werden. In der Natur wird der Zustand des thermodynamischen Gleichgewichts bestenfalls genähert, aber nie vollständig erreicht.

Wie oben erwähnt, ist im thermodynamischen Gleichgewicht die Temperatur des Systems überall dieselbe, und sie ändert sich nicht mit der Zeit. Im Inneren eines Sterns muß es wegen des Energieflusses vom Zentrum bis zur Oberfläche Temperaturdifferenzen geben und diese sind in der Tat sehr groß. Wenn man aber voraussetzen kann, daß die Temperaturänderung zwischen zwei aufeinanderfolgenden Stellen, bei denen ein Teilchen des Systems jeweils einen Stoß erleidet, oder zwischen den Punkten der Emission und Absorption eines Photons klein ist im Vergleich zur Temperatur selbst, dann kann von einer sehr guten Annäherung an den Zustand des thermodynamischen Gleichgewichts gesprochen werden. Diese Bedingungen sind im Sterninneren sehr gut erfüllt, weshalb wir annehmen dürfen, daß Größen wie Druck, Opazität und Energieerzeugungsrate nur von Temperatur, Dichte und chemischer Zusammensetzung abhängen.

Im thermodynamischen Gleichgewicht ist die Intensität der Strahlung durch die Planck-Funktion $B_\nu(T)$ gegeben. Ein interessantes Merkmal dieser Strahlungsintensität ist ihre Unabhängigkeit von der Art der vorhandenen Materie, obwohl die für das Erreichen des Gleichgewichts erforderliche Zeit von der Art der Materie des Systems abhängt. Bei den meisten irdischen Experimenten sind die Bedingungen weit vom wahren thermodynamischen Gleichgewicht entfernt, weil die vorhandene Strahlungsmenge weit unter ihrem thermodynamischen Gleichgewichtswert liegt. Im Gegensatz dazu kommt die Strahlungsintensität im Inneren der Sterne dem vom Planckschen Strahlungsgesetz vorhergesagten Wert sehr nahe und die Energiedichte sowie der Druck der Strahlung können von Bedeutung sein.

# Weiterführende Literatur

*A. J. Meadows*, Stellar Evolution, Pergamon Press, 2. Aufl. 1978. Dies ist eine populärwissenschaftliche Darstellung ohne mathematische Details.

Eingehender wird der Aufbau und die Entwicklung der Sterne in den beiden folgenden Lehrbüchern behandelt:

*D. D. Clayton*, Principles of Stellar Evolution and Nucleosynthesis, McGraw-Hill 1968.

*M. Schwarzschild*, Structure and Evolution of the Stars, Princeton University Press 1958, auch als Paperback (Dover Publications 1965).

Besonders detaillierte Informationen über die Physik des Sterninneren und die Gleichungen des Sternaufbaus findet man in:

*J. P. Cox, R. T. Giuli*, Principles of Stellar Structure, Band 1 und 2, Gordon and Breach 1968.

Zwei weitere Bücher der Vieweg-Reihe „*Spektrum der Astronomie*" stehen in einem inhaltlichen Nahverhältnis zu diesem Buch:

*C. Payne-Gaposchkin*, Sterne und Sternhaufen, Vieweg, Braunschweig 1984.

*R. J. Tayler*, Galaxien. Aufbau und Entwicklung, Vieweg, Braunschweig 1985.

# Sachwortverzeichnis

Abknickpunkt 41, 42, 49
Absorptionslinien 31, 32
Absorption von Strahlung, frei-frei 112, 114
—, gebunden-frei 112, 114
—, gebunden-gebunden 112, 113
adiabatische Bewegung 76
adiabatischer Temperaturgradient 87
Akkretion 160
angeregter Zustand 33
Antiteilchen 96

Balmer-Serie 33, 34
Bolometer 13, 19, 30
bolometrische Korrektion 19

Cepheiden 45, 48, 180–182
Cepheiden, Periode-Leuchtkraft-Beziehung 45
Chandrasekharsche Grenzmasse 209–212
chemische Elemente, Häufigkeiten 34, 35
—, Ursprung 35, 36, 201, 202
chemische Zusammensetzung 31, 32, 48, 128, 198
—, Einfluß der Änderung auf den Sternaufbau 136–138, 147, 148, 160–164, 171
Crabnebel 202, 203

Dichte 44, 65, 124, 206, 213
Doppelsterne 10, 23, 24, 225
—, bedeckungsveränderliche 25, 27, 29
—, Entwicklung 203, 221, 222
—, Bahnen 23–27

—, spektroskopische 27
Dopplereffekt 17, 23, 27, 158, 161
Druck 54, 79, 92, 119–124
— eines entarteten Gases 122, 123
— eines idealen Gases 63, 119, 124
—, Mindestwert im Zentrum 60
—, Strahlungs- 63, 66, 123, 124
dynamische Zeitskala 53, 58, 83

effektive Temperatur 19, 34, 81
Eigenbewegung 22
elektromagnetische Wechselwirkung 96
Emissionslinien 31
Energiefreisetzungsrate 69, 79, 92–110, 129
— des Heliumbrennens 110
— des Wasserstoffbrennens 106, 107
Energiequellen 66–69
Energietransport, s. Wärmeleitung, Konvektion, Strahlung
entartetes Gas 122–124, 164, 206–213
—, Kernreaktionen in 167–169, 194, 195
entarteter Stern, Masse-Radius-Beziehung 211
—, Maximalmasse 198, 214
Entfernung der Sterne 20, 21, 38–40, 46
Entwicklungswege, Nachhauptreihen- 170–187, 195, 196
—, Vorhauptreihen- 149–154
Erdalter 66, 144, 185
Erdatmosphäre, Durchlässigkeit 15
expandierende Assoziation 42, 43, 48

Farben-Helligkeits-Diagramm 37
Farbindex 18–20, 81

# Sachwortverzeichnis

Gravitationsenergie 61, 64, 67
Gravitationskollaps 215, 216
Gravitationsrotverschiebung 212
Größenklasse 14
—, absolute 19
—, scheinbare 19
—, bolometrische 19
Größenklassen $U, B, V$ 18
Grundkräfte der Physik 95
Grundzustand 33

Hauptreihe 19, 37, 38
Hauptreihensterne, Aufbau 127—148
—, Mindestmasse 142, 143, 186, 187
Hauptreihenzeit 144
Hayashizone, verbotene 151, 152, 164, 173, 174
Heisenbergsche Unschärferelation 98, 122
Heliumbrennen, Reaktionen 109, 110
Heliumflash (-blitz) 168, 194
Hertzsprung-Lücke 42, 46, 166, 180, 183
Hertzsprung-Russell-Diagramm 5, 37, 38, 43, 48, 207
— von Haufen 38—42, 193, 194
—, theoretisches 134
homologe Sternmodelle 129—141
Horizontalast 42, 46, 193, 194
hydrostatische Grundgleichung 56

Interferometrie 28—30
interstellares Gas 12, 48, 145
—, neutraler Wasserstoff 160
interstellares Medium, Absorption und Streuung von Sternlicht 15
interstellarer Staub 12, 48, 145
Ionisationszone 87, 142
Isochronen 175—184
Isothermer Kern 162, 173

Kohlenstoffbrennen 169, 174
Konvektion 71—78, 85—91, 142, 151
—, Kriterium für das Auftreten 74—78, 89

konvektiver Kern 87—89, 140, 141, 148, 164, 165
konvektive Hülle 87, 142, 148, 173, 174
kosmische Strahlung 201, 202

Leuchtkraft 13—16
lichtelektrische Fotometrie 13
Lichtjahr 9
Lichtkurve, Bedeckungsveränderlicher 26
—, Pulsar 214
—, Supernova 200
—, Veränderlicher 45, 180

Masse, Stern- 23—28, 81, 172
Masse-Leuchtkraft-Beziehung 5, 38, 148
—, theoretische 133 ff.
Masseverlust von Sternen 179, 190—194, 204, 215, 225
Meridionalströme 159—161
Milchstraße 9, 10, 35, 48
Mira-Veränderliche 45, 46, 48
mittlere freie Weglänge 71
mittleres Molekulargewicht 120, 121
Mondbedeckung 30

Nachhauptreihenentwicklung 157—188
nahe Sterne 23, 37
Neigungswinkel 26
Neutrinos 104
Neutrinos von Sternen 218, 225
— von der Sonne 53, 105, 185, 186
Neutronensterne 47, 201, 203, 213—215
Novae 46, 48, 58, 197, 204, 225
nukleare Bindungsenergie 93, 94
— Fusionsreaktionen 49, 94—110
— Reaktionsraten 100
— Zeitskala 54, 70, 83

Opazität 72, 73, 79, 92, 110—117, 128
—, numerische Werte 116—118

Parallaxe 20−23
Parsec 21
Pauli-Prinzip 121, 122
Plancksches Strahlungsgesetz 17, 18, 30, 111, 227
Planetarische Nebel 47, 48, 195
Plasma 62
Populationen, Stern- 48, 169
Pulsar 201, 203, 214, 215

Radialgeschwindigkeit 22
Radius, Stern- 28−31, 212
Randbedingungen 80, 150
Relativitätstheorie, allgemeine 212
−, spezielle 122
Riesen 37, 146, 157 ff.
Riesenast 42, 49, 193, 194
Rote Riesen, s. Riesen
rotierende Sterne 59, 157, 158, 220, 221
RR Lyrae-Sterne 42, 45, 46, 48, 194

Schönberg-Chandrasekhar-Grenze 162, 164, 166, 173
schwache Wechselwirkung 96
Schwarzer Strahler 17, 30
− Zwerg 187
Schwarzes Loch 225, 226
Sonne, Eigenschaften 36, 184, 185, 191
Sonnensystem, Ursprung 156
Sonnenwind 191, 192
Spektrallinien 17, 31−33, 157
Spektraltypen 31−33
spezifische Wärmen, Verhältnis 67, 76, 87
Spiralarme 12
starke Wechselwirkung 96, 97
Sternalter 155, s. auch unter Sternhaufen, Alter
Sterne, Werte für Masse etc. 36
Sternentstehung 153, 178, 222
Sternhaufen, Alter 39, 145, 175−177, 184, 225
−, Eigenschaften von Sternen in 42
−, Entfernungen 38−40

−, kugelförmige 11, 38, 193−197
−, offene 11, 12, 38
Strahlung 70−73, 85
Streuung von Strahlung 112, 115
Supernovae 46−48, 58, 155, 225
Supernovae vom Typ I 197
Supernovae vom Typ II 197−201

Temperatur, Mindestwert der Durchschnitts- 63−65
−, Oberflächen- 16, 33, 80
thermische Energie 67
− Zeitskala 53, 68, 70, 83
thermodynamisches Gleichgewicht 17, 226
thermonukleare Reaktionen 99
−, kontrollierte 94, 109
T Tauri-Sterne 43, 46, 48, 153

Überriesen 37, 146, 157 ff.
Unterzwerge 47, 48, 148
ursprüngliche Massenfunktion 178, 179

veränderliche Sterne 44−46, s. auch unter Cepheiden, Mira-Veränderliche, RR Lyrae-Sterne
Virialsatz 61−64, 67, 124, 163
Vogt-Russell-Satz 82
Vorhauptreihenentwicklung 149−156, 222, 223
Vorhauptreihenzeit 155

Wärmeleitung 71, 72
Wasserstoffbrennen, Reaktionen (PF und CN-Zyklus) 102, 103
Wasserstoff-Schalenbrennen 162, 173, 174
Weiße Zwerge 17, 37, 44, 146, 187, 195, 201
−, Aufbau 206−215
Wolf-Rayet-Sterne 47

Zeitskala, s. unter dynamische, nukleare, thermische
Zustandsgleichung 62, 63, 119−124, 129

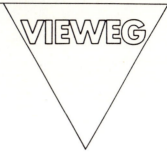

Cecilia Payne-Gaposchkin
**Sterne und Sternhaufen**
1984. VI, 230 S. mit 141 Abb., 31 Tab. und einem Sternatlas. 16,2 X 22,9 cm. (Spektrum der Astronomie.) Br.

Das Buch interpretiert das Verhalten und die Eigenschaften der Sterne im Zusammenhang mit der Tatsache, daß Sterne keine isolierten Individuen sind, sondern in Gruppen vorkommen. Besonders ausführlich wird die kleinste Gruppe, das Doppelsternsystem, behandelt. Zahlreiche Abbildungen, Tabellen und Diagramme, ein Sternatlas und der lebendige Stil der Autorin empfehlen das Buch.

Roger J. Tayler
**Galaxien. Struktur und Entwicklung**
1985. Ca. 200 S. mit 84 Abb. 16,2 X 22,9 cm. Br.

In diesem Buch werden Aufbau und Entwicklung von Galaxien behandelt, wobei besonderes Gewicht auf unsere Milchstraße gelegt wird. Zunächst werden die aus Beobachtungen zugänglichen Eigenschaften erläutert, die dann mit theoretischen Modellen interpretiert und ausgewertet werden. Zur Beschreibung werden Konzepte und Modelle aus allen Bereichen der Physik herangezogen. Besonders die Untersuchung der Evolution der Galaxien zeigt die Grenzen unseres derzeitigen Wissensstandes und die Verknüpfungen mit kosmischen Fragen auf.

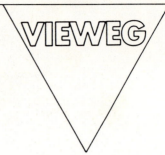

Roman U. Sexl und Hannelore Sexl
### Weiße Zwerge — Schwarze Löcher
Einführung in die relativistische Astrophysik. 2., erw. Aufl. 1979. IV, 155 S. mit 79 Abb. und 10 Tabellen. 12,5 X 19 cm. (vieweg studium, Bd. 14, Grundkurs Physik.) Pb.

Die relativistische Astrophysik ist derzeit eines der aktuellsten und interessantesten Forschungsgebiete der Physik. Die Weiterentwicklung der Meßtechnik und vor allem die Weltraumforschung haben zahlreiche neue Experimente im Zusammenhang mit der allgemeinen Relativitätstheorie möglich gemacht. Zu erwähnen ist dabei vor allem die Entdeckung der Pulsare, ferner die zufällige Auffindung der kosmischen Hintergrundstrahlung, die vermutlich auf die Entstehung des Universums im Urknall zurückgeht. Aber auch die Messung des Einflusses der Schwerkraft und der Geschwindigkeit auf den Gang von Atomuhren, die Vermessung des Sonnensystems auf wenige Kilometer genau und die daraus folgende Raumkrümmung, die Suche nach Entdeckung eines Schwarzen Lochs im Sternbild des Schwans sind Forschungsthemen höchster Aktualität.
Diese und andere Probleme der relativistischen Astrophysik können auch ohne großen mathematischen Aufwand quantitativ verstanden werden.

Horst W. Köhler
### Die Planeten
1983. VI, 206 S. mit 183 einfarb. Abb. und 8 Farbtafeln. 19,6 X 24,5 cm. Br.

Bis 1981/82 erlebte die Planetenforschung eine Blütezeit. Amerikanische und sowjetische Raumsonden mit aufwendiger Instrumentierung steuerten alle Planeten bis einschließlich Saturn an, setzten mehrere Landekörper weich auf Venus und Mars ab und umkreisten diese beiden Planeten als künstliche Satelliten. Eine Flut von Meßergebnissen und zehntausende von Nahaufnahmen der Planeten und ihrer Monde ergaben in kurzer Zeit ein ganz neues Bild unseres Planetensystems, das Thema dieses reich bebilderten Buches ist. Der Überblick ist heute besonders angebracht, da Sparmaßnahmen die Fortsetzung der Planetenmissionen in der bisherigen Art und Häufigkeit nicht mehr ermöglichen. Unser derzeitiger Wissensstand bleibt damit für viele Jahre gültig. Das Buch beginnt mit einführenden Kapiteln über die Sonne und das System Erde-Mond und schließt mit einem eindrucksvollen Farbbildanhang.